Gerhard Fasching

Sternbilderkunde

Gerhard Fasching

Sternbilderkunde

Himmelskarten
Himmelskörper
Sternbilder

Friedr. Vieweg & Sohn Braunschweig / Wiesbaden

Gerhard Fasching ist Universitätsprofessor
an der Fakultät für Elektrotechnik der Technischen Universität Wien.

1986

Softcover reprint of the hardcover 1st edition 1986

Satz: Vieweg, Braunschweig

ISBN-13: 978-3-528-08472-1 e-ISBN-13: 978-3-322-86264-8
DOI: 10.1007/ 978-3-322-86264-8

Meinen lieben Eltern zugeeignet

Vorwort

Für den berühmten deutschen Astronomen Wilhelm Olbers (1758–1840) waren die Sternbilder ein „fast unentbehrliches Hilfsmittel der Mnemonik, um die Sterne kennen und unterscheiden zu lernen, um eine Stelle am Himmel zu bezeichnen und um sich die Lage der bezeichneten Stelle am Himmel gleich wieder ins Gedächtnis zurückzurufen". Die Sternbilder und ihre scheinbare Bewegung kann man in Planetarien dem Besucher eindrucksvoll vorführen. Man kann jeden beliebigen Tageszeitpunkt wählen und jeden beliebigen Tag des Jahres. Es läßt sich auch der Anblick des Himmels von den verschiedensten geographischen Breiten aus darstellen; man kann den Himmel der Arktis sehen oder man kann auch die Sternbilder der Antarktis in die Planetariumskuppel projizieren. All das ersetzt aber nicht die eigene Beobachtung unter einem freien und sternklarem Himmel; den Sternenhimmel muß man selbst beobachten und selbst erleben. Hierbei behilflich zu sein, ist der Zweck des Buches. Es soll dem Beobachter das Zurechtfinden am Himmel erleichtern. Das Buch will aber auch jene Sternbilder zeigen, die man wegen der eigenen geographischen Lage nicht sehen kann.

Die Himmelskarten im ersten Abschnitt des Buches stellen für jeden beliebigen Tageszeitpunkt, für jeden Monat und für jeden Ort der Erde den sichtbaren Sternenhimmel dar. Auf diesen Karten sind die einzelnen Sternbilder so nebeneinander angeordnet, wie sie unmittelbar am Firmament zu sehen sind. Zwei wichtige Suchmerkmale – nämlich die Horizontlinie und die Himmelsrichtung – erleichtern ganz wesentlich das Aufsuchen der Sternbilder. Diese Karten sind also damit im wahrsten Sinn des Wortes Himmelskarten. Oft sieht man auch Himmelskarten, die nach dem Prinzip der drehbaren Sternkarten gezeichnet wurden. Solche Karten zeigen starke Verzerrungen der Himmelsrichtungen. Dieser Nachteil kann nur vermieden werden, wenn die Lage der Sterne am scheinbaren Himmelsgewölbe für jede Karte separat berechnet wird, wie es bei den hier vorliegenden Karten gemacht wurde. Über die Besonderheiten interessanter Beobachtungsobjekte wird im zweiten Abschnitt kurz referiert. Der dritte Abschnitt ist den Sternbildern gewidmet. Detailkarten, die in einem einheitlich größeren Maßstab gehalten sind, zeigen die Sternbilder stets inmitten ihrer Nachbarsternbilder dargestellt; das erweist sich bei der Beobachtung als recht angenehm, weil das Umfeld des Sternbildes die Identifikation der einzelnen Sterne erleichtert. Bei allen Karten habe ich die Koordinatenlinien und auch die Grenzlinien zwischen den einzelnen Sternbildern weggelassen, weil solche Informationen dem freisichtigen Beobachter im allgemeinen nur wenig geben. Viel wichtiger ist für ihn, daß er aus den Karten ablesen kann, wie das betreffende Sternbild im Detail im Feld der Nachbarsterne eingebettet ist. Die Linien, die die Hauptsterne eines Sternbildes zu einer einprägsamen Figur verbinden, sind für das Kennenlernen der Sternbilder dagegen ein wertvolles Hilfsmittel. Im Textteil werden die Sternbilder und was man in ihnen sehen kann, näher erläutert. Aus der Vielzahl der Objekte eine Auswahl zu treffen, ist recht schwer; ich habe mich um einen Kompromiß bemüht und dabei einerseits auf die gute Beobachtbarkeit Wert gelegt und anderseits auch besonders bekannte Objekte angeführt. Hierin liegt gewiß viel Subjektivität. Es werden im Textteil auch einige Zahlenwerte genannt, um eine Vorstellung von den Größenordnungen zu vermitteln. An die Genauigkeit dieser Angaben möge man keine allzu strengen Maßstäbe anlegen. Es ist ja nicht das Ziel des Buches Zahlenwerte und wissenschaftliche Daten über stellare Objekte zu vermitteln. Hierfür gibt es eine Reihe einschlägiger Kataloge und Atlaswerke. Die Himmelskarten in diesem Buch sollen – wie in einem Planetarium – den Sternenhimmel, der sich über dem Horizont aufspannt, unabhängig von Ort und Zeit zeigen. Die Bildkonturen und die Sternbildbenennungen, aber auch die Sternnamen gehen in vielen Fällen bis auf die Anfänge unserer Kultur zurück; die Hinweise zur Mythologie wollen dem Rechnung tragen.

Dem Vieweg-Verlag danke ich für die schöne Ausstattung des Buches und meinem Lektor, Herrn Albrecht Weis, mit dem mich inzwischen ein freundschaftlicher Kontakt verbindet, danke ich für seine Hilfe.

Waldhausen im Strudengau
Jänner 1986

Gerhard Fasching

Inhaltsverzeichnis

Verzeichnisse und Zusammenstellungen

Register

Die Planisphäre des nördlichen Himmels. Holzschnitt von A. Dürer 1515, wiedergegeben nach W. Perrey: *Sternbilder*. Urachhaus-Verlag 1981.

1
Himmelskarten

Imagines coeli Septentrionales cum duodecim imaginibus zodiaci.

1 Himmelskarten

Abseits der Städte und bei klaren Nächten können wir noch die ganze Schönheit des Sternenhimmels sehen. Das Hineinschauen in den Himmel fesselt uns immer wieder.

Wenn der Himmel klar ist und der Horizont tief liegt, kann man mit freiem Auge etwa 2000 Sterne sehen. Die anderen Sterne leuchten zu schwach, um direkt sichtbar zu werden. Aber hundertmal mehr Sterne kann man schon sehen, wenn man einen Feldstecher zur Hand nimmt. Die im Vergleich zur Augenpupille viel größere Frontlinse des Instrumentes vervielfacht den wahrnehmbaren Lichteindruck.

Ähnlich, wie man auch in Wolkenformen Gestalten sehen kann, so hat man schon seit alten Zeiten die hellsten Sterne zu Bildern zusammengefaßt und dadurch Regelloses gedanklich miteinander verknüpft. Die Bildkonturen, die zum Teil auf die Assyrer, Babylonier oder Araber und in manchen Fällen sogar bis auf die ersten Anfänge unserer Geschichte zurückgehen, sind kulturelle Zeugnisse ersten Ranges. Selbstverständlich kommt diesen Bildkonturen keine reale Bedeutung zu. Sterne, die von unserer Perspektive gesehen nahe beieinander liegen, können in Wirklichkeit weit voneinander entfernt sein.

Seit jeher waren die Sternbilder mit Sagen und Mythen in enger Verbindung. Schon vor Tausenden von Jahren waren die Mythen für die Menschen lebendige Bilder einer höheren Wirklichkeit; sie vermitteln Erlebnisse und Einsichten, die die Seele erweitern; sie stammen aus einer Epoche, in der Sitte, Gesetz, Wissen und Kunst eine Einheit gebildet haben. Für die Menschen waren die Mythen eine Wahrheit, aus der unsere Kultur entstand. Uns scheint das heute eher fremd, weil wir seit 200 Jahren nur mehr die „objektiven Erfahrungen" gelten lassen und uns so der materiellen Welt zuwenden.

Die Sternbilder am Firmament sind einem jahreszeitlichen Wechsel unterworfen. Wenn man in Europa am Abend um 22 Uhr, nach Süden gewendet, den Sternenhimmel betrachtet, dann sieht man im Frühjahr in mittlerer Höhe das Sternbild der Jungfrau vor sich. Im Sommer ist zur gleichen Uhrzeit die Jungfrau nicht mehr zu sehen; an ihrer Stelle liegt in Horizontnähe das prächtige Sternbild des Schützen. Im Herbst liegt dort das unauffällige, aber weit ausgedehnte Sternbild der Fische, und im Winter stehen relativ hoch die Zwillinge, mit den hellen Hauptsternen Kastor und Pollux am Himmel. Neben dem jahreszeitlichen Wechsel kennen wir aber auch die stündliche Bewegung der Sternbilder; die Sterne gehen im Osten auf und sinken im Westen wieder unter den Horizont. Aber auch die geographische Lage des Beobachtungsortes spielt eine Rolle. Die frühen Seefahrer, die weit in den Süden vorgedrungen sind, haben nach ihrer Rückkehr von den neu auftauchenden unbekannten Sternkonfigurationen berichtet.

In diesem Buch werden im *1. Abschnitt* Himmelskarten besprochen, die für jeden Tageszeitpunkt, für jeden Monat und für jeden Ort der Erde den sichtbaren Sternenhimmel abbilden. Die Himmelskarten (Seite 12 bis 83) erleichtern dem Beobachter das Zurechtfinden am Himmel. In den Sternbildern gibt es eine Reihe interessanter Objekte, wie veränderliche Sterne, Doppelsterne, Sternhaufen, Gasnebel, Spiralnebel u. a. m. Über die Besonderheiten dieser Himmelskörper im weiteren Sinn berichtet kurz der *2. Abschnitt.* Im *3. Abschnitt* werden die Sternbilder näher erläutert. Hinweise zur Mythologie und zur Geschichte der Sternbilder habe ich zusammengestellt. In eigenen Karten habe ich eingetragen, wo man bemerkenswerte Objekte finden kann. In vielen Fällen sind sie schon mit einem gewöhnlichen Fernglas zu sehen.

Für die Aufstellung dieser Karten wurden insgesamt über 200 000 Sternpositionen berechnet und in 160 Zeichnungen dargestellt. Die Himmelskarte ist die Projektion des gesamten Himmelszeltes auf die Papierebene. Wir wissen von den Landkarten der Erde, daß jede Projektion einer Kugelfläche auf eine Papierebene Verzerrungen mit sich bringt. Bei den hier dargestellten Himmelskarten wurde die äquidistante Azimutalprojektion gewählt. Bei dieser Projektion erscheinen die Sternbilder, wenn sie am Horizont liegen, größer als wenn sie hoch am Himmel stehen. Solche Verzerrungen stören uns bei der Beobachtung des Himmels aber relativ wenig, weil horizontnahe Gegenstände infolge einer optischen Täuschung uns ohnehin größer erscheinen als sie wirklich sind, wie man das beim Mond, der gerade über den Horizont steigt, jedesmal deutlich empfindet.

Die Auswahl der richtigen Himmelskarte

Zur Auswahl der richtigen Himmelskarte, die für einen bestimmten vorgegebenen Zeitpunkt gilt, bedient man sich der nachfolgenden Auswahltafel. Die zutreffende Nummer der Himmelskarte liest man im Schnittpunkt der betreffenden Monats-Spalte mit der gewünschten Stunden-Zeile[1] ab. Beispielsweise ist am 5. Februar um 22 Uhr noch die Himmelskarte mit der Nummer 2 heranzuziehen[2]. Zwei Stunden später, also um 24 Uhr, gilt die nächste Himmelskarte, also die Karte mit der Nummer 3. Abermals zwei Stunden später, also um 2 Uhr, gilt die Karte 4 usw. Wenn man die betreffende Himmelskarte aufsucht, muß man selbstverständlich auch die geographische Breite des Beobachtungsortes berücksichtigen. Man findet im Kartenteil dieses Buches (Seite 11) sechs verschiedene Kartensätze:

Die + 75°-Karten (Seite 12 bis 23) lassen sich in einem Bereich von + 90° bis +60° verwenden, sie überstreichen also die Breitengrade vom Nordpol bis nach Helsinki.

1) Die Stundenangabe ist die mittlere Ortszeit. Die mittlere Ortszeit weicht von der Zonenzeit je nach der Lage des betreffenden Zonenmeridians um einiges ab. Für eine erste Orientierung wird man die Unterschiede vernachlässigen können.

2) Beachte, daß die Himmelskarten derart numeriert sind, daß zur Monatsmitte für eine abendliche Beobachtung um 21 Uhr die Monatsbezifferung (z. B. Februar = II) sofort und ohne Übersetzungstabelle die zutreffende Kartennummer (also Karte Nr. 2) angibt. (Für andere Beobachtungs-Zeitpunkte als 21 Uhr muß man die Kartennummer aus dem umseitigen Schaubild entnehmen.)

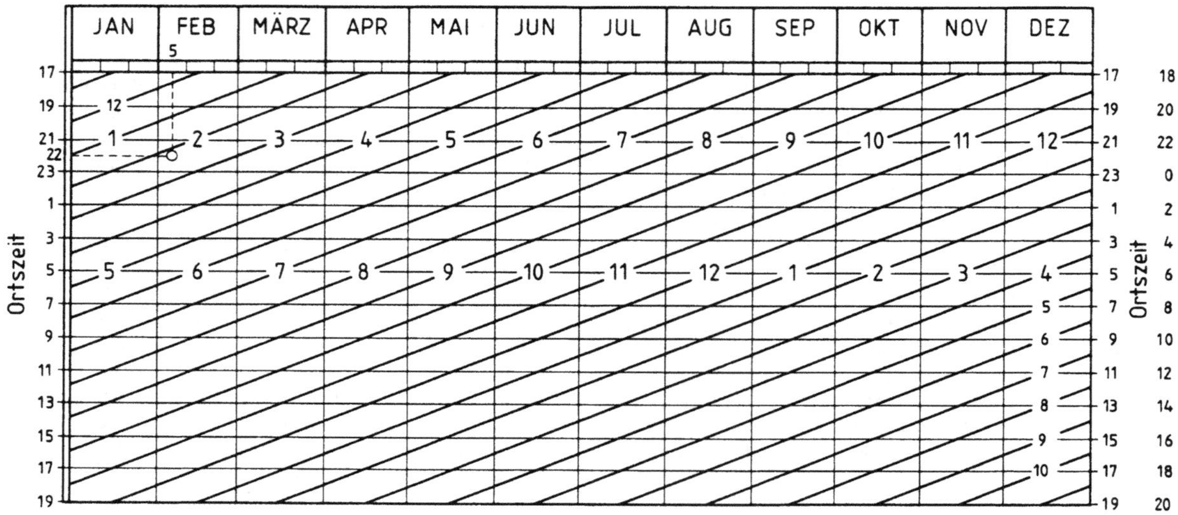

Die + 45°-Karten (Seite 24 bis 35) gelten für die geographische Breite von + 60° bis + 30°. Sie erfassen also alle Breitengrade, die zwischen Helsinki und Kairo liegen.

Die + 15°-Karten (Seite 36 bis 47) lassen sich im Bereich von + 30° bis 0° verwenden, also zwischen Kairo und dem Äquator.

Die – 15°-Karten (Seite 48 bis 59) gelten vom 0° bis zum – 30° Breitenkreis, also vom Äquator bis fast nach Kapstadt.

Die – 45°-Karten (Seite 60 bis 71) sind für Breitenkreise zwischen – 30° und – 60° gedacht; sie gelten also von Kapstadt fast bis zum südlichen Polarkreis.

Die – 75°-Karten (Seite 72 bis 83) lassen sich im Bereich von – 60° bis – 90° verwenden, also im Bereich der Antarktis.

In einer Beilage des Buches sind alle Himmelskarten für eine bestimmte geographische Breitenzone in stark verkleinerter Darstellung auf einem einzigen Blatt noch einmal zusammengefaßt. Diese Karten erleichtern den Vergleich der Himmelskarten untereinander und sind zum Mitnehmen für die Rocktasche gedacht, um das Zurechtfinden am Himmel zu vereinfachen.

Wie man die Himmelskarte benutzt

Die Uhrzeit, das Datum und die geographische Breite sind die Nominal-Kartenwerte, die man vor der Benützung der Himmelskarten auswählt. In jeder Himmelskarte ist eine Kreislinie eingezeichnet, die die idealisierte Horizontlinie für die angegebene Uhrzeit und für die angegebene geographische Breite ist. Alles, was innerhalb der Kreislinie eingezeichnet ist, ist auch am Himmel zu sehen. Man hält hierzu die Himmelskarte so vor sich hin, daß die gewünschte Himmelsrichtung am *unteren* Kartenrand zu lesen ist. Selbstverständlich kann man die Karten auch auf Zwischenwerte wie Nord-Ost, oder Süd-Süd-West einstellen. Der Mittelpunkt des kreisförmigen Kartenfeldes zeigt jenen Teil des Himmels, der genau über dem Betrachter liegt; der Kartenmittelpunkt bildet also den „Zenit" ab. Außerhalb der Horizontlinie sind solche Sterne eingezeichnet, die für uns unter dem Horizont liegen, die zum Beispiel (sofern sie im Osten liegen) erst etwas später aufgehen, oder (sofern sie im Westen liegen) schon untergegangen sind, oder jene, die infolge unserer geographischen Breite für uns überhaupt unsichtbar bleiben. Insbesondere zeigt die Karte im Osten außerhalb der Horizontlinie noch Sterne, die in Bezug auf den Nominal-Kartenwert erst in 1 Stunde aufgehen werden. Im Westen zeigt sie noch Sterne, die schon vor 1 Stunde untergegangen sind. Im Norden sind in der Karte noch Sterne eingetragen, die man sehen könnte, wenn der Beobachtungsort in Bezug zum Nominal-Kartenwert um 15° weiter nördlich läge. Und im Süden sind außerhalb der Horizontlinie Sterne zu finden, die man 15° weiter südlich beobachten könnte. Jede Karte überstreicht daher hinsichtlich der geographischen Breite eine Zone von ± 15°, hinsichtlich des Datums ein Intervall von ± 14 Tagen und in Bezug auf den Zeitpunkt einen Spielraum von ± 1 Stunde. Im Bedarfsfall wird man auf die benachbarte Himmelskarte ausweichen müssen, um das Kartenblatt an den tatsächlich beobachtbaren Sternenhimmel anzupassen.

Wie stark sich eine Abweichung auswirkt, wenn man ein Zeitintervall von 1 Stunde verstreichen läßt, ist dem Bild 1 zu entnehmen[3]. Das schwarze Druckbild zeigt die Sternbildkonturen der Karte 9 (für + 45° geographischer Breite). Das graue Druckbild zeigt den Himmel 1 Stunde später. Sternbilder, die vorher im Osten noch unter der Horizontlinie lagen, sind jetzt sichtbar geworden; Sternbilder, die am Westhorizont standen, sind untergegangen.

[3] In den Bildern 1 bis 11 sind der Einfachheit wegen nur die Konturlinien dargestellt. Die Sterne selbst wurden weggelassen.

Analog verdeutlicht Bild 2, wie sich der Sternenhimmel verschiebt, wenn man den Beobachtungsort um 15° nach Süden verlegt, also nicht mehr unter 45° geographischer Breite beobachtet (wie es das schwarze Druckbild zeigt), sondern unter einer Breite von 30°, wie im grauen Druckbild zu sehen ist. Das entspricht einem Beobachtungsort etwa in der Nähe von Suez oder Kairo. Man erkennt, daß am Südhimmel für uns neuartige Sternbilder aufgehen, während im Norden andere unter dem Horizont versinken. Die Sterne, die in unseren Karten außerhalb der Horizontlinie eingezeichnet sind, genügen also im allgemeinen, um die Sternbildverschiebungen aufzufangen, wenn man von den Nominal-Kartenwerten abweicht.

Um die Sternbilder kennenzulernen, empfiehlt es sich, aus den Himmelskarten zunächst die deutlichsten Sternbilder herauszusuchen – also jene, die die hellsten Sterne enthalten. Diese haben in den Karten auch den größten Durchmesser. Aus der Lage des Sternbildes in der Himmelskarte kann man seine Lage am Himmel entnehmen und das Sternbild daher dort identifizieren. Liegt ein Sternbild im Zentrum der Karte, dann liegt es über dem Betrachter. Liegt es näher an der Horizontlinie, dann kann man aus der Horizontlinienbeschriftung die betreffende Himmelsrichtung ablesen. (Bei jenen Sternbildern, die in der Nähe der Horizontlinie liegen, ist zu beachten, daß auf den Karten die einzelnen Sternbild-Konturlinien grundsätzlich nur dann eingezeichnet wurden, wenn sowohl der Anfangs- als auch der Endpunkt der jeweiligen Linie im Kartenfeld liegt. Die Konturen jener Sternbilder, die über den Kartenrand hinausreichen, können demnach unvollständig sein.) Die umgekehrte Vorgangsweise – von hellen Sternen des Himmels auszugehen und diese auf den Himmelskarten zu suchen – diese Vorgangsweise empfiehlt sich nicht. Es kann nämlich leicht vorkommen, daß man die Sterne falsch zusammenfaßt, oder daß man einen hell leuchtenden Planeten für einen Fixstern hält, der natürlich in den Karten dann nicht zu finden ist und sich auch nicht in die Sternbilder eingliedert.

Die Helligkeit der Sterne

Wenn man nach Abschluß der Dämmerung den Himmel betrachtet und das Auge sich an die Dunkelheit gewöhnt hat, sieht man, daß es neben den wenigen sehr hellen Sternen auch eine große Zahl schwach leuchtender Sterne und eine Unzahl schwächster Lichtpunkte gibt. In den Himmelskarten wurden alle jene Sterne berücksichtigt, deren Leuchtkraft größer als die fünfte Helligkeits-Klasse ist.

Helligkeits-Klassen standen schon im Mittelalter in Verwendung. Man hat damals den hellsten Sternen die 1. Größenklasse zugeordnet, den etwas dunkleren die 2. Größenklasse und so weiter bis zur 6. Größenklasse, das sind solche Sterne, die man mit freiem Auge in günstigen Fällen gerade noch wahrnehmen kann. Bedauerlicherweise hat sich erst nach der Einführung dieser Skala herausgestellt, daß es doch noch hellere Sterne gibt als es der 1. Größenklasse entspricht, und man mußte daher für die helleren Objekte diese Helligkeitsskala erweitern und die 0. Größenklasse einführen, oder für die noch helleren die (minus!) –1. Größenklasse und so weiter.

Bild 1

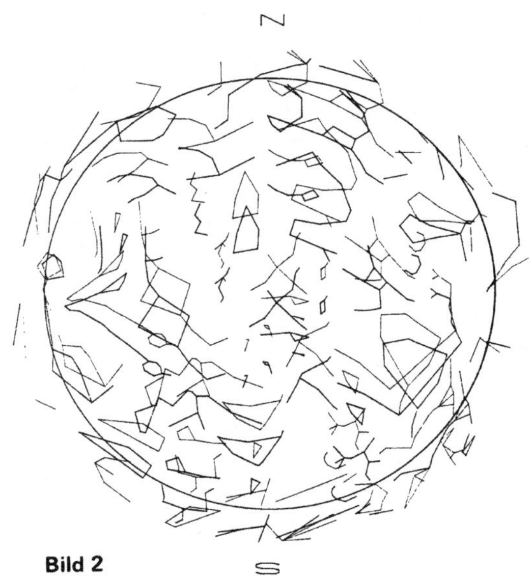

Bild 2

In diesem Helligkeits-Maßstab, der vorzugsweise für schwache Lichtpunkte ausgelegt war, erscheint zum Beispiel eine 4 cm hohe Kerzenflamme in 350 m Entfernung mit der Helligkeit –1,5, also noch ziemlich hell; wenn man sie aus einer Entfernung von 11 Kilometer betrachtet, erscheint sie nur mehr mit der Helligkeit +6 und wenn sie – um ein Extrem zu nennen – 28 000 Kilometer weit entfernt wäre, läge die Helligkeitsstufe +23 vor. Das dürfte die Grenzhelligkeit sein, die man mit großen Fernrohren gerade noch registrieren kann. Selbstverständlich wird hier in allen Fällen von einer Lufttrübung abgesehen.

In unseren Himmelskarten wurde die Helligkeit der Sterne graphisch berücksichtigt; der Durchmesser des gezeichneten Kreisscheibchens ist ein Maß für die Stern-Helligkeit. Je größer der Durchmesser des Scheibchens ist, desto heller leuchtet er[4]. Im folgenden wird im Erläuterungstext noch oft von Helligkeitswerten die Rede sein; wir werden dem betreffenden Zahlenwert ein hochgestelltes m beifügen, also zum Beispiel 6^m schreiben, um zu kennzeichnen, daß es sich um Helligkeitsgrößen handelt. m erinnert an das lateinische Wort „magnitudo" = Größe.

Die scheinbare Bewegung der Fixsterne

Wenn man in einer klaren Nacht den Himmel längere Zeit beobachtet, dann sieht man, daß sich die Sterne bewegen. Das hat seine Ursache darin, daß sich die Erde in 24 Stunden einmal um ihre Achse dreht. Die Sterne steigen dadurch in mittleren nördlichen geographischen Breiten am Himmel im Osten auf, erreichen nach einer Verschiebung gegen die südliche Richtung ihren höchsten Stand und sinken im Westen wieder unter den Horizont. Die Bewegung der Sterne am Himmelsgewölbe ist eine Drehbewegung, der Drehungsmittelpunkt ist der Polarstern, das ist die Spitze der Deichsel des kleinen Wagens. (Der kleine Wagen wird auch kleiner Bär genannt.) Die Rotationsachse der Erde durchstößt das Himmelsgewölbe im Polarstern, deshalb nimmt er an der Drehbewegung nicht teil. Steht man am Äquator, dann verschieben sich die Sternbilder in einer anderen Art, sie wandern alle in parallel liegenden Kreisbahnen am Himmel von Osten nach Westen (Bild 3). Der Mittelpunkt der Drehbewegung ist nach wie vor der Polarstern; dieser liegt aber vom Äquator gesehen genau im Norden an der Horizontlinie. Steht man am Nordpol (Bild 4), dann dreht sich die Himmelskuppel im Gegenuhrzeigersinn um den jetzt im Zenit liegenden Polarstern. Steht man am Südpol, in der Antarktis, dann ist wieder der Zenit der Mittelpunkt der Drehung, der Drehsinn ist jetzt allerdings umgekehrt, nämlich der Uhrzeigersinn, weil man ja zum Beobachter am Nordpol ein Antipode ist (Bild 5). Der Polarstern ist jetzt natürlich nicht zu sehen, er liegt genau unter dem Beobachter auf der anderen Seite der Erde, im „Nadir".

Von der Erdoberfläche kann man am Äquator in einem bestimmten Augenblick etwa nur die Hälfte aller Sterne sehen, weil uns die Erdkugel, auf der wir stehen, zum Teil die Aussicht verstellt und die Sterne verdeckt. Nach einem halben Tag hat sich die Erdkugel zwar soweit gedreht, daß man auch die andere Hälfte sehen müßte, sie bleibt aber dennoch zum größten Teil unsichtbar, weil die hell leuchtende Sonne – unser Haus-Stern – den Sternenhintergrund vor dem sie steht, durch ihre Lichtfülle überstrahlt.

Anders ist das nach einem halben Jahr. Dann hat die Erde die Hälfte ihrer Bahn um die Sonne zurückgelegt – wir stehen sozusagen jetzt auf der anderen Seite von der Sonne – und haben den bisher durch die Sonne verstellten Ausblick in das Weltall frei zugänglich. Die jährliche Bewegung um die Sonne ist die Ursache für den jahreszeitlichen Wechsel des Sternenhimmels.

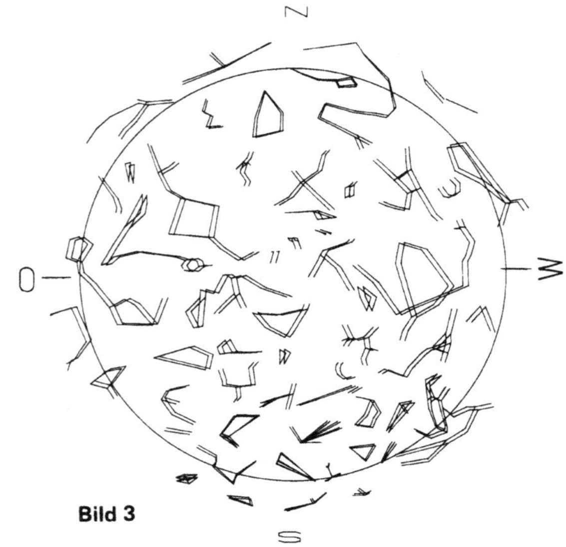

Bild 3

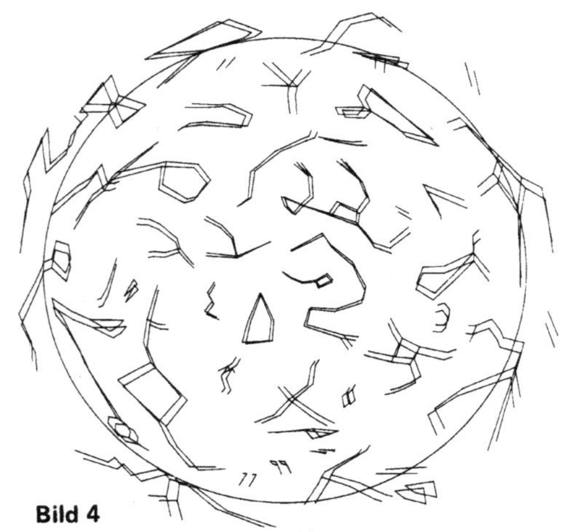

Bild 4

Bild 5

4) Bei den sog. Veränderlichen Sternen (s. Seite 88) wurde in der graphischen Darstellung der kleinere Helligkeitswert zugrunde gelegt.

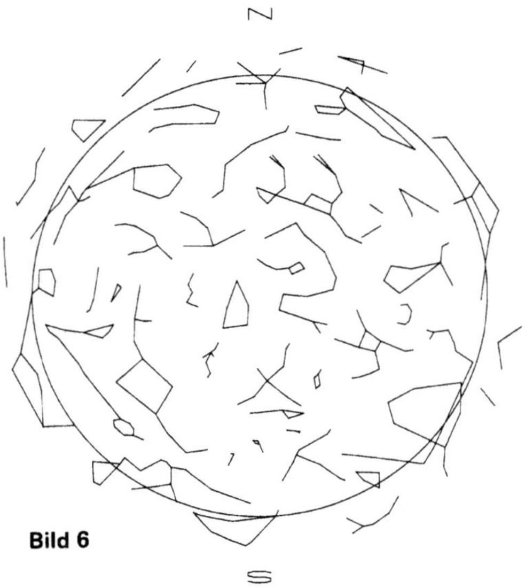

Bild 6

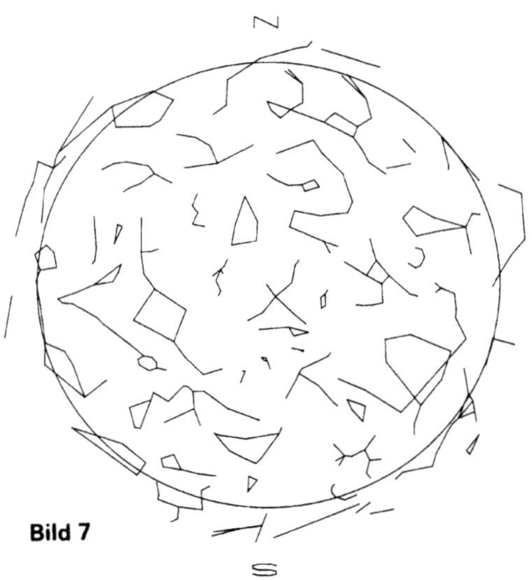

Bild 7

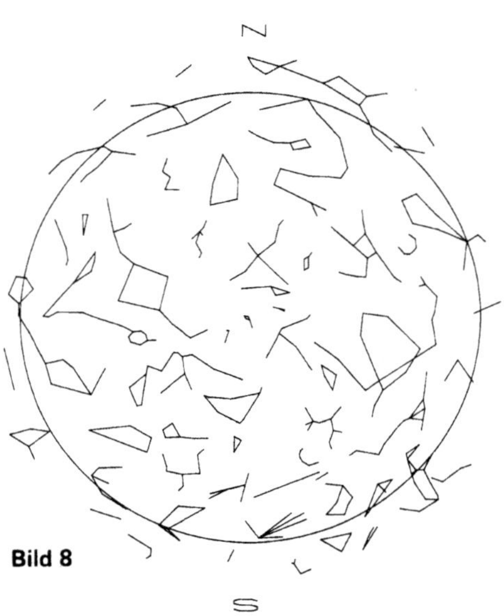

Bild 8

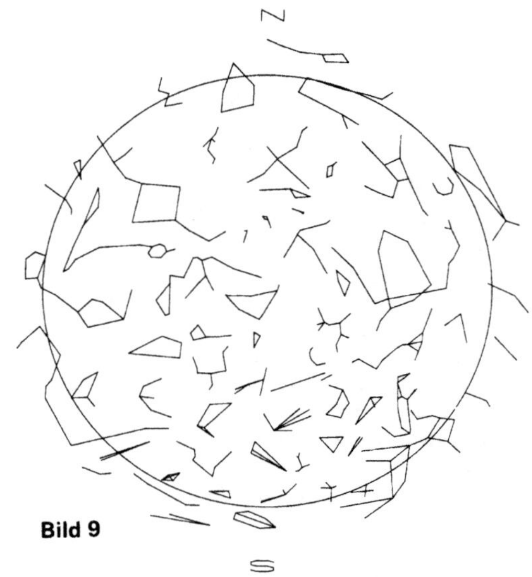

Bild 9

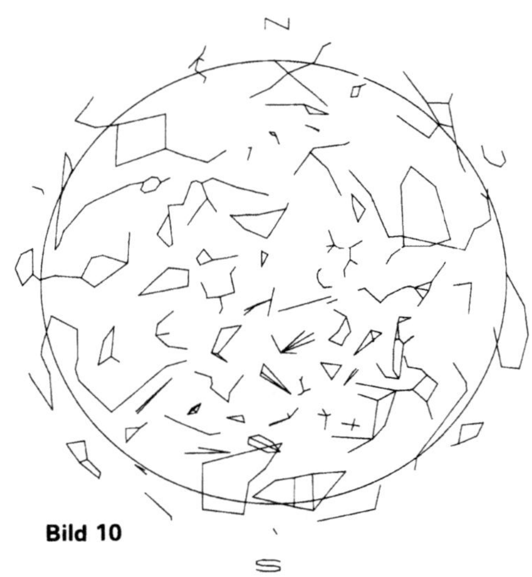

Bild 10

Bild 11

Der Sternenhimmel in verschiedenen geographischen Breiten

Zum tageszeitlichen und zum jahreszeitlichen Wechsel des Sternenhimmels kommt noch etwas Drittes dazu: die Lage des Beobachtungsortes auf dem Erdball. Während man im hohen Norden praktisch nur den nördlichen Sternenhimmel beobachten kann, wird man bei einer Reise in den Süden immer neue Sternbilder auftauchen sehen, bis man am Äquator einen Ausblick sowohl in den nördlichen als auch in den südlichen Sternenhimmel hat. Beobachtet man vom Südpol aus, dann sieht man nur mehr den südlichen Sternenhimmel.

Reist man also beispielsweise im Juli vom nördlichen Polarkreis kommend über mittlere geographische Breiten zum Äquator und von dort weiter in die Antarktis, so könnte man etwa um Mitternacht einen Sternenhimmel sehen, wie ihn die Bilder 6 bis 11 zeigen. Im hohen Norden steht der kleine Wagen (kleiner Bär) zunächst praktisch im Zenit. In Äquatornähe ist er nur mehr knapp über dem Horizont zu sehen. Dafür steigt das Kreuz des Südens immer höher am Himmelsgewölbe auf.

Kehren wir nach Europa zurück und sehen uns ein konkretes Beispiel an. Nehmen wir den 1. Juli und betrachten um Mitternacht den Sternenhimmel, der über dem nördlichen Horizont steht. Wählen wir die zutreffende Himmelskarte mit Hilfe der Auswahltafel von Seite 4 aus; wir finden als Kartennummer die Ziffer 8. Für eine geographische Breite von + 45° ist also die Himmelskarte 8 von Seite 31 zuständig. Diese Himmelskarte hält man so vor sich hin, daß (als gewünschte Himmelsrichtung) „Nord" am unteren Kartenrand zu lesen ist. Untenstehend (Bild 12) ist diese Himmelskarte noch einmal, jetzt aber in der richtigen Lage abgedruckt. Versuchen wir einige Sternbilder am Himmel zu

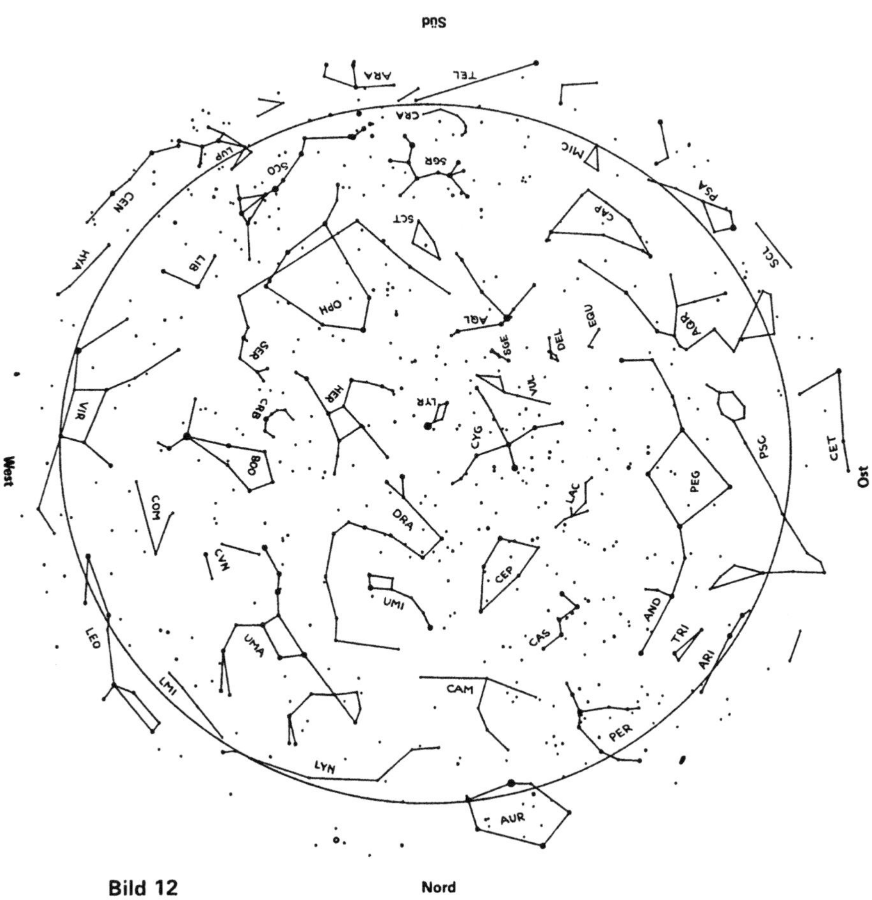

Bild 12 Nord

identifizieren. Das Bild 13 zeigt das Sternmuster, welches wir am Himmel tatsächlich sehen. Ich habe das bekannteste Sternbild – den großen Wagen – durch Konturlinien hervorgehoben. Dieser Große Wagen ist ein Teil des Großen Bären, der in der Himmelskarte (Bild 12) mit UMA beschriftet wurde[5)]. Im Bild 13 ist durch eine gestrichelte Linie auch gezeigt, wie man den Polarstern findet; man verlängert die Hinterachse des Großen Wagens etwa um das fünffache. Der Polarstern ist der hellste Stern des kleinen Wagens (= Kleiner Bär, UMI), dessen Konturen im Bild 14 jetzt gleichfalls hervorgehoben wurden. Zwischen dem Großen und dem Kleinen Wagen windet sich der Drache (DRA). Um ihn am Himmel zu finden, sucht man am besten zuerst die 3 Sterne auf, die seinen geöffneten Rachen markieren und folgt dann dem geschlungenen Körper. Ein besonders markantes Sternbild ist die Kassiopeia (CAS), wo helle Sterne ein deutliches W am Himmel bilden (Bild 15). Der Kassiopeia benachbart sind auch der Perseus (PER) und der Fuhrmann (AUR), der jedoch zum Teil schon unterhalb des Horizontes liegt. Beim Großen Wagen habe ich die Konturlinien ergänzt, so daß man ihn jetzt als Großen Bären erkennt.

Von diesen Sternbildern ausgehend, wird man insbesondere die markanten Sternbilder mit Hilfe der Himmelskarte bald auffinden können. Schwache und unscheinbare Sternbilder wird man allerdings erst mit einiger Übung entdecken können.

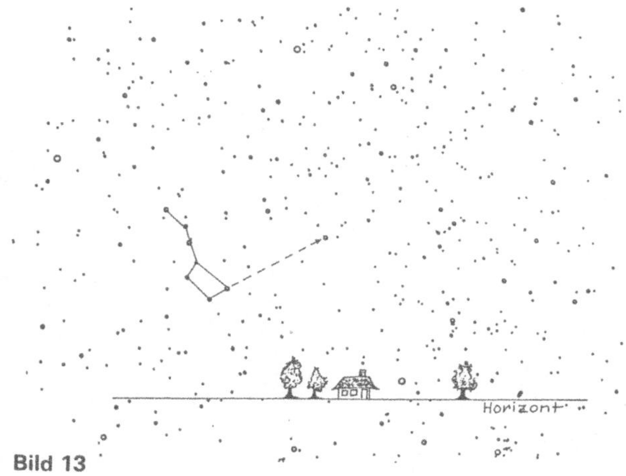

Bild 13

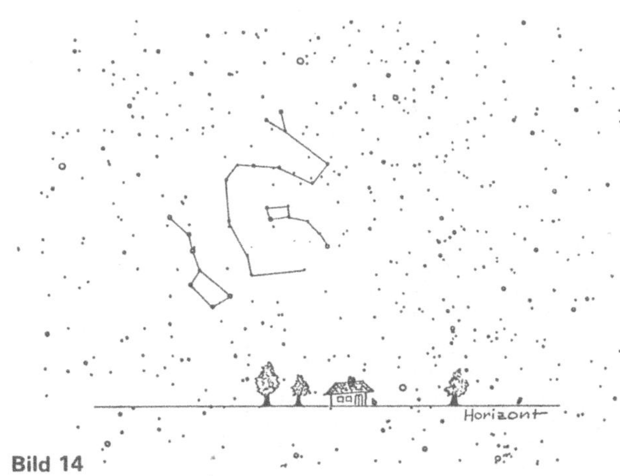

Bild 14

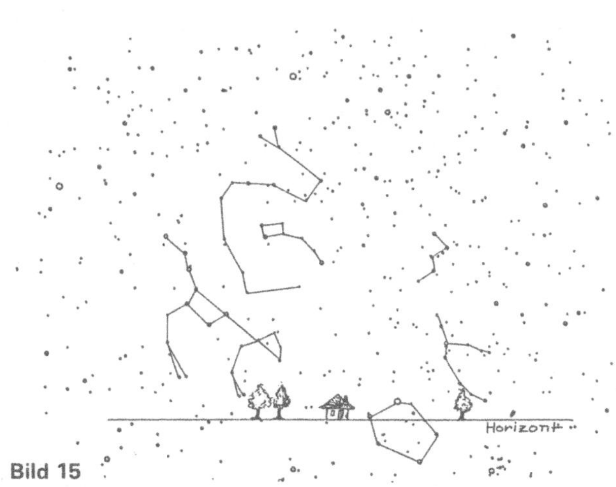

Bild 15

5) In den Himmelskarten sind die Sternbilder mit den international üblichen Abkürzungen, die auf die lateinischen Fachbezeichnungen zurückgehen, beschriftet. Eine vollständige Tabelle dieser Symbole findet man auf Seite 11. Die lateinischen Namen selbst sind bei den Sternbildern (Seite 91 bis 184) angeführt und darüberhinaus in einer Tabelle im Anhang (Seite 188) zusammengefaßt.

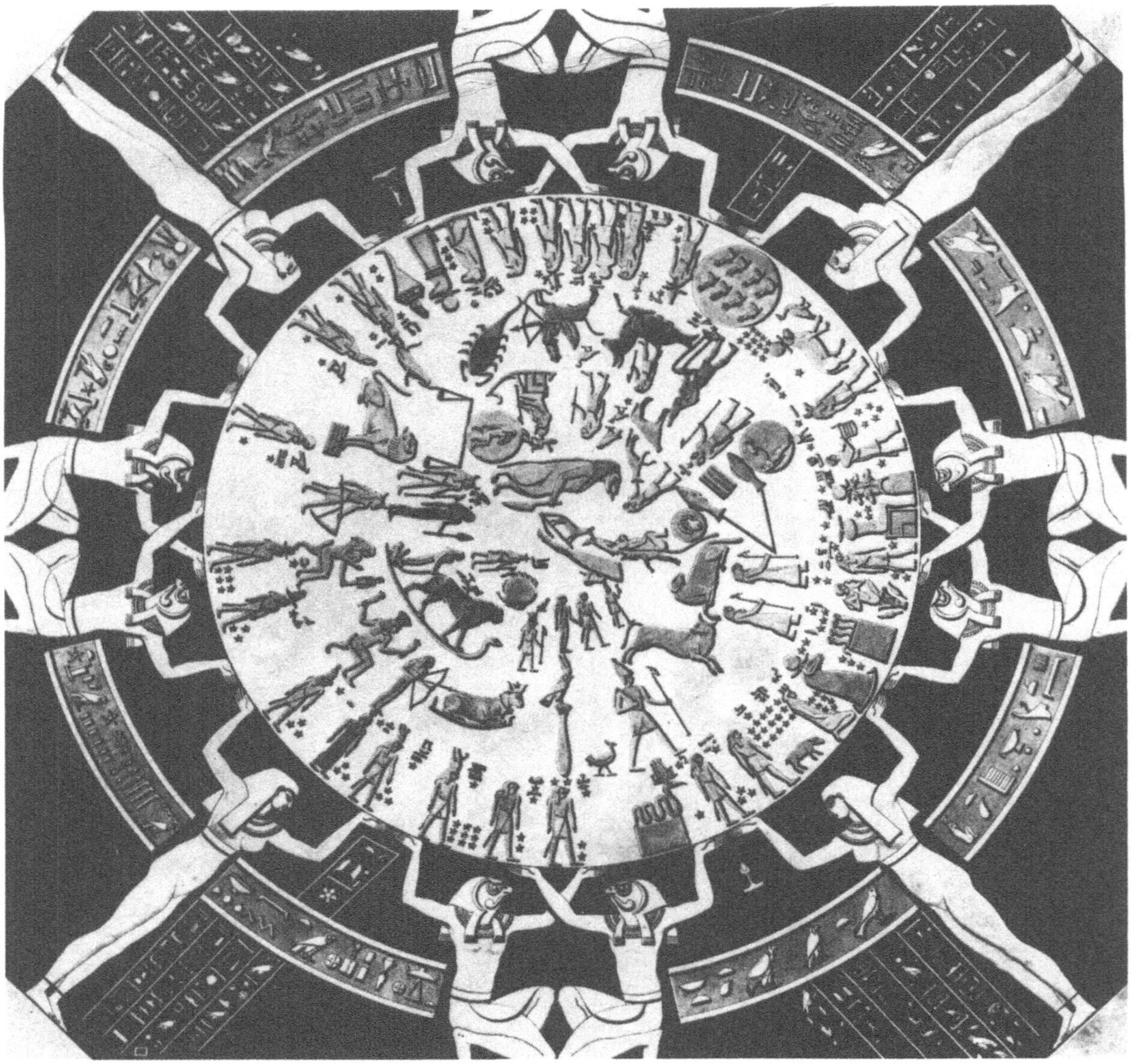

Der Tierkreis von Dendera.
Im Tempel der oberägyptischen Stadt Dendera befindet sich dieser runde Tierkreis aus der ptolemäisch-römischen Zeit. Im inneren Teil sind die 12 Tierkreisbilder dargestellt. Außenherum sind die sogenannten Dekane als Schlangen sowie andere Tiere und schreitende Männer figuriert. Wiedergegeben nach *Astronomie vom Altertum bis heute*. Umschau-Verlag, Frankfurt/Main 1975.

Kartenteil

In den nachfolgenden Himmelskarten sind die Sternbilder mit den international üblichen Abkürzungen beschriftet:

And	Andromeda
Ant	Luftpumpe
Aps	Paradiesvogel
Aql	Adler
Aqr	Wassermann
Ara	Altar
Ari	Widder
Aur	Fuhrmann
Boo	Bärenhüter
Cae	Grabstichel
Cam	Giraffe
Cap	Steinbock
Car	Kiel des Schiffes
Cas	Kassiopeia
Cen	Zentaur
Cep	Cepheus
Cet	Walfisch
Cha	Chamäleon
Cir	Zirkel
CMa	Großer Hund
CMi	Kleiner Hund
Cnc	Krebs
Col	Taube
Com	Haar der Berenike
CrA	Südliche Krone
CrB	Nördliche Krone
Crt	Becher
Cru	Kreuz
Crv	Rabe
CVn	Jagdhunde
Cyg	Schwan
Del	Delphin
Dor	Goldfisch
Dra	Drache
Equ	Füllen
Eri	Fluß Eridanus
For	Chemischer Ofen
Gem	Zwillinge
Gru	Kranich
Her	Herkules
Hor	Pendeluhr
Hya	Nördl. Wasserschlange
Hyi	Südl. Wasserschlange
Ind	Inder
Lac	Eidechse
Leo	Löwe
Lep	Hase
Lib	Waage
LMi	Kleiner Löwe
Lup	Wolf
Lyn	Luchs
Lyr	Leier
Men	Tafelberg
Mic	Mikroskop
Mon	Einhorn
Mus	Fliege
Nor	Winkelmaß
Oct	Oktant
Oph	Schlangenträger
Ori	Orion
Pav	Pfau
Peg	Pegasus
Per	Perseus
Phe	Phönix
Pic	Malerstaffelei
PsA	Südlicher Fisch
Psc	Fische
Pup	Achterschiff
Pyx	Schiffskompaß
Ret	Netz
Scl	Bildhauerwerkstatt
Sco	Skorpion
Sct	Sobieskischer Schild
Ser	Schlange
Sex	Sextant
Sge	Pfeil
Sgr	Schütze
Tau	Stier
Tel	Fernrohr
TrA	Südliches Dreieck
Tri	Dreieck
Tuc	Tukan
UMa	Großer Bär
UMi	Kleiner Bär
Vel	Segel des Schiffes
Vir	Jungfrau
Vol	Fliegender Fisch
Vul	Fuchs

Karte 1 + 75°
gilt für geographische Breiten
zwischen + 90° und + 60°

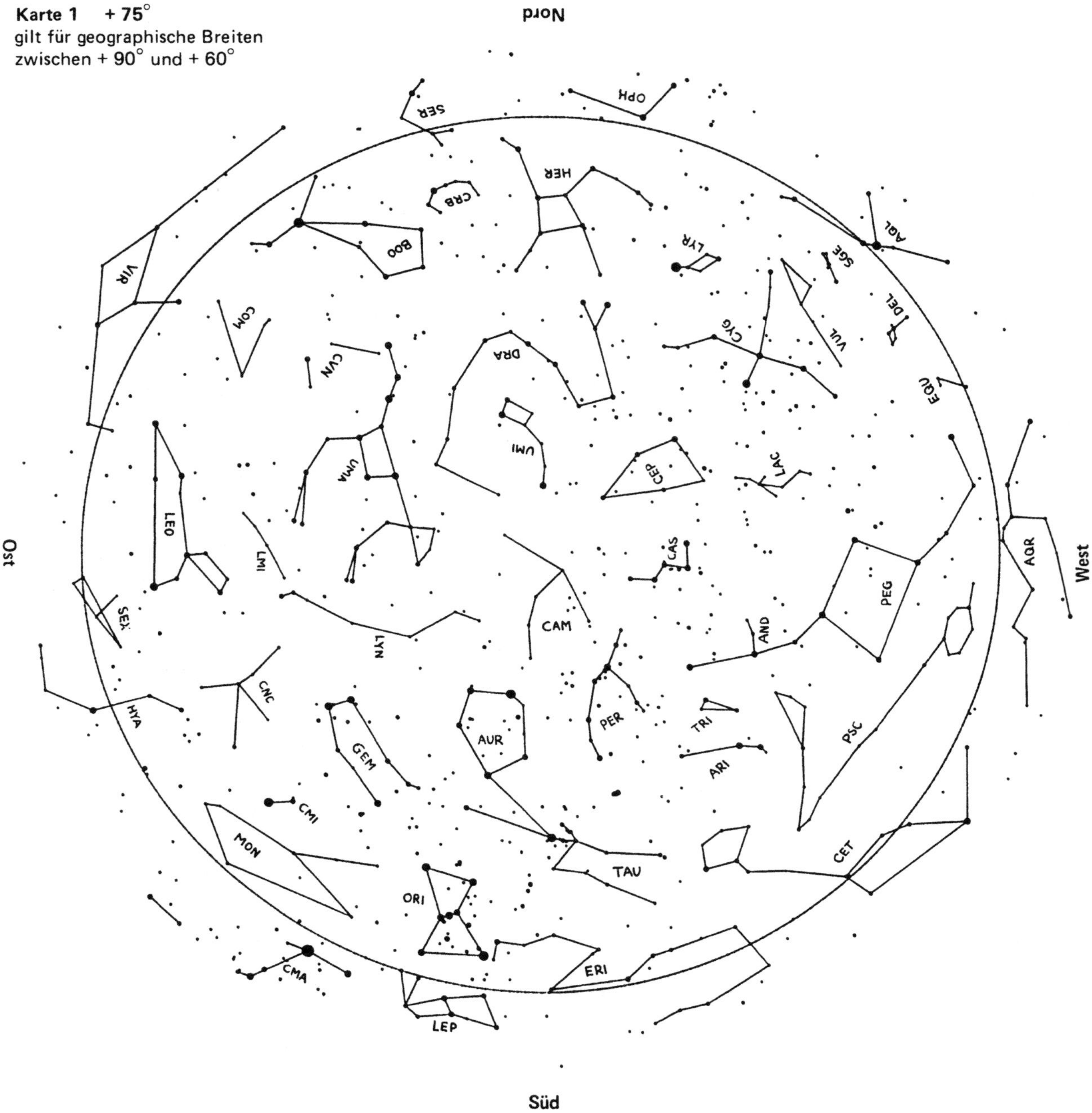

Das Band der Milchstraße erstreckt sich über die Sternbilder MON – AUR – CAS – CYG – AQL

+ 75° Karte 2
gilt für geographische Breiten
zwischen + 90° und + 60°

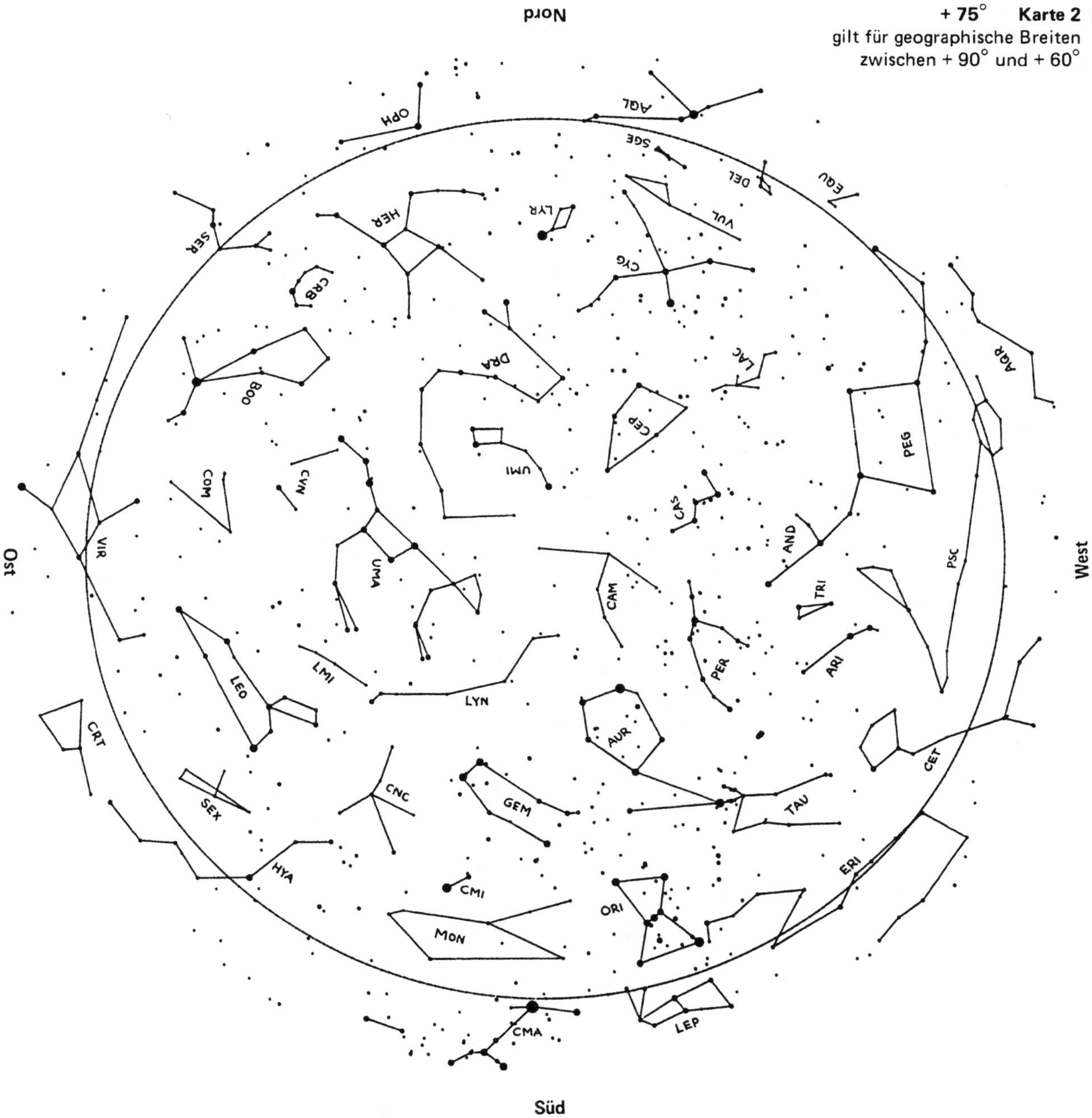

Das Band der Milchstraße erstreckt sich über die Sternbilder MON – AUR – CAS – CYG – AQL

Karte 3 + 75°
gilt für geographische Breiten
zwischen + 90° und + 60°

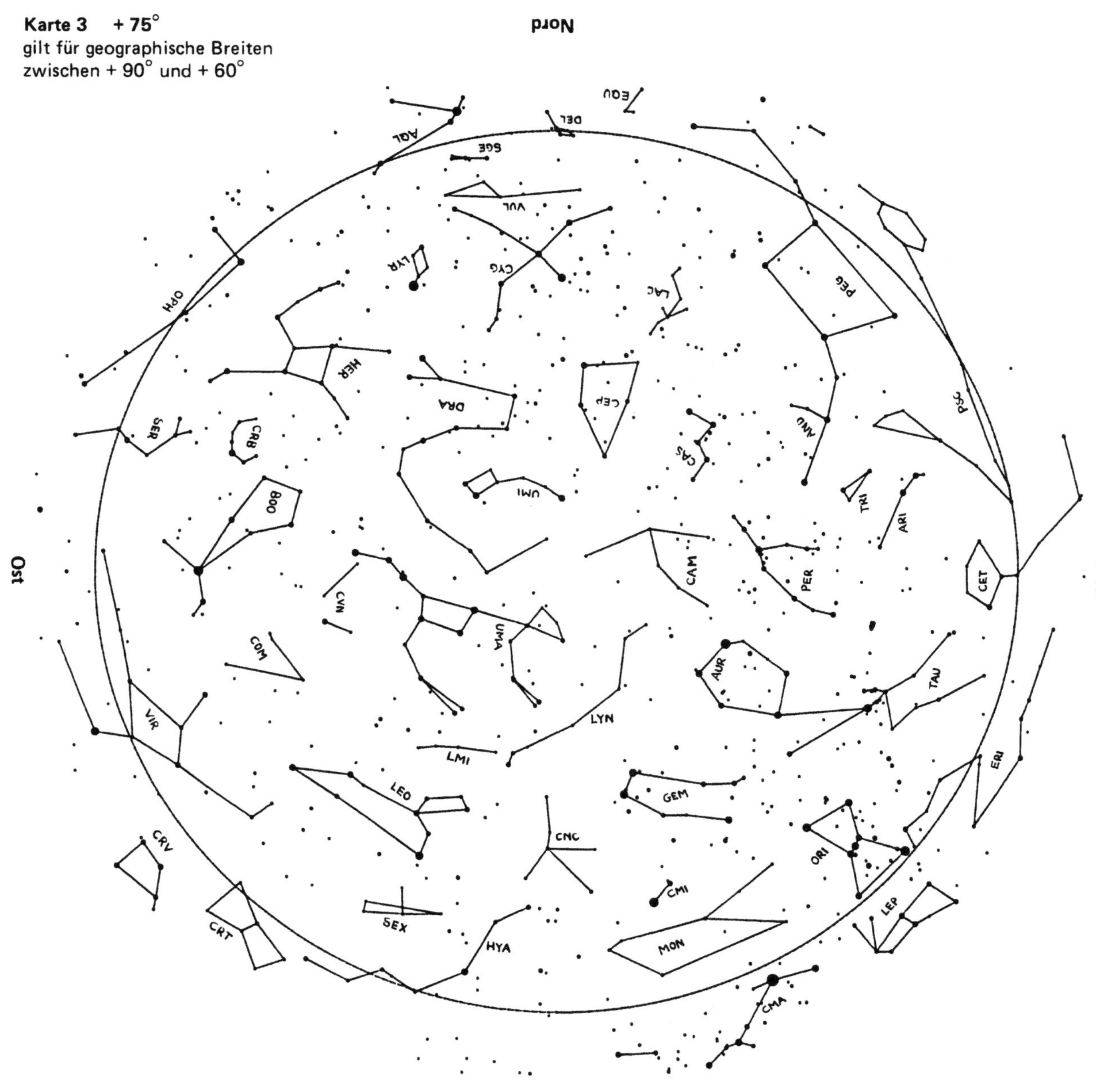

Das Band der Milchstraße erstreckt sich über die Sternbilder MON – AUR – CAS – CYG – AQL

+ 75° Karte 4
gilt für geographische Breiten
zwischen + 90° und + 60°

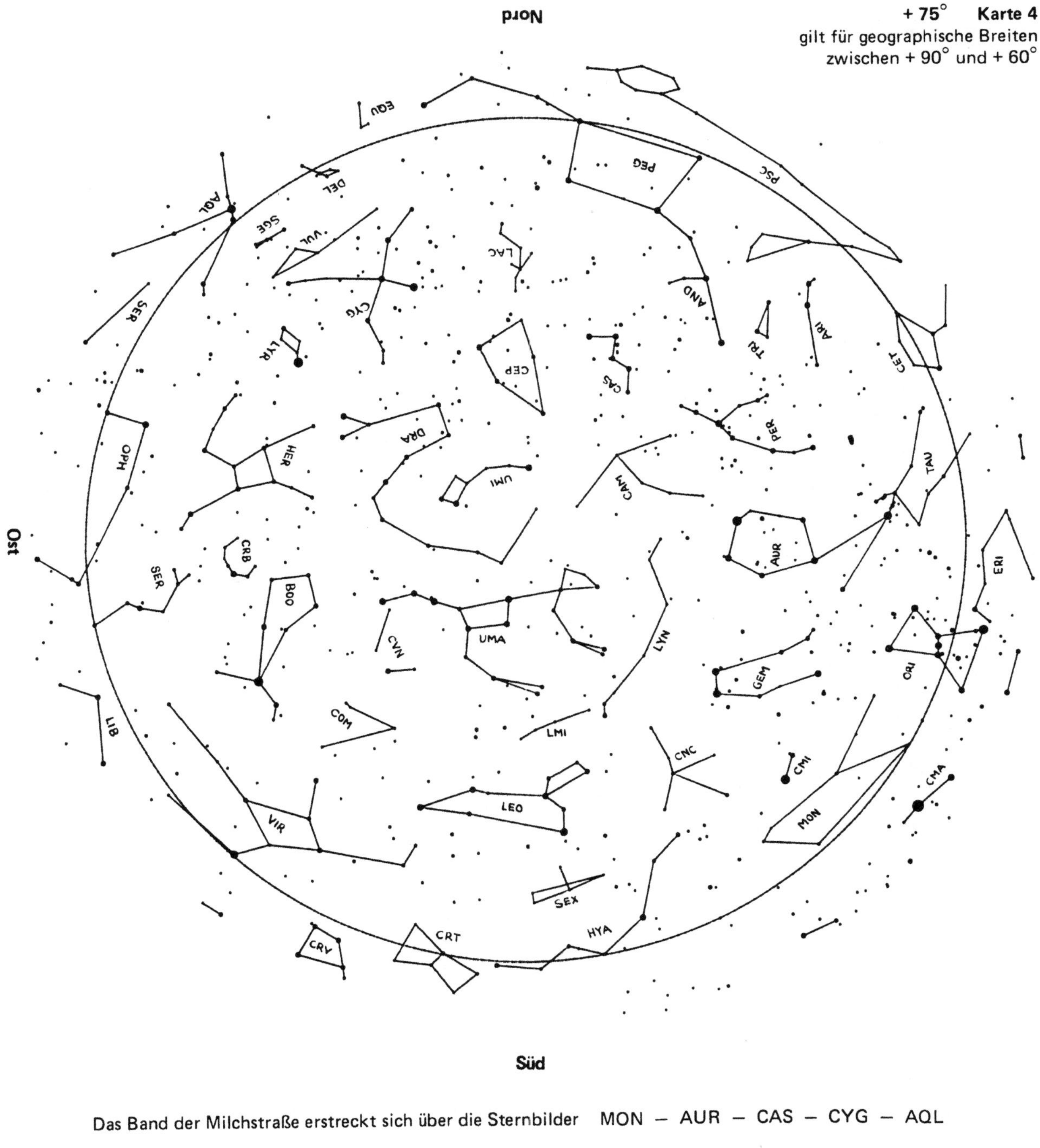

Das Band der Milchstraße erstreckt sich über die Sternbilder MON – AUR – CAS – CYG – AQL

Karte 5 + 75°
gilt für geographische Breiten
zwischen + 90° und + 60°

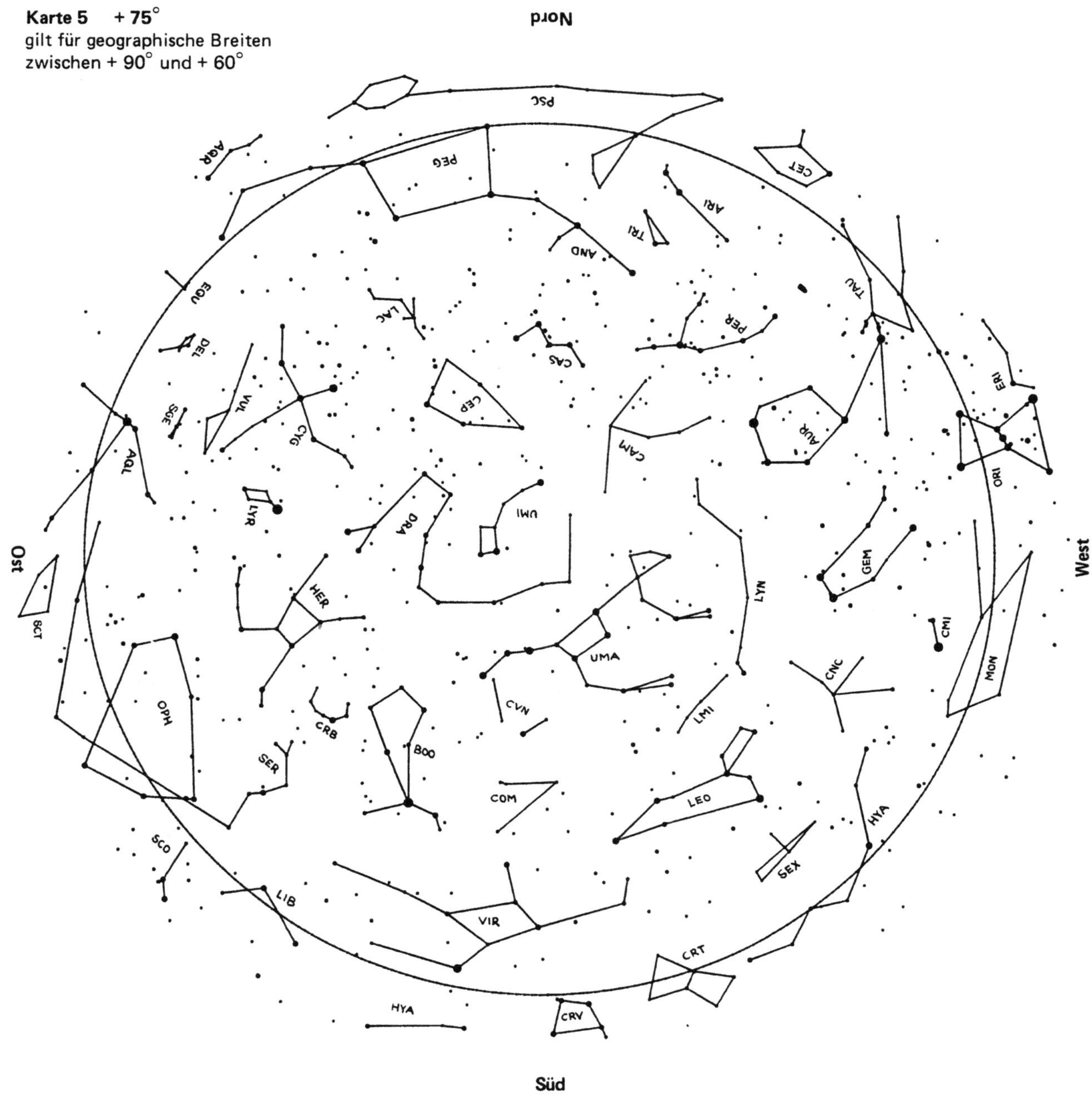

Das Band der Milchstraße erstreckt sich über die Sternbilder MON – AUR – CAS – CYG – AQL

+ 75° Karte 6
gilt für geographische Breiten
zwischen + 90° und + 60°

Das Band der Milchstraße erstreckt sich über die Sternbilder MON – AUR – CAS – CYG – AQL

Karte 7 + 75°
gilt für geographische Breiten
zwischen + 90° und + 60°

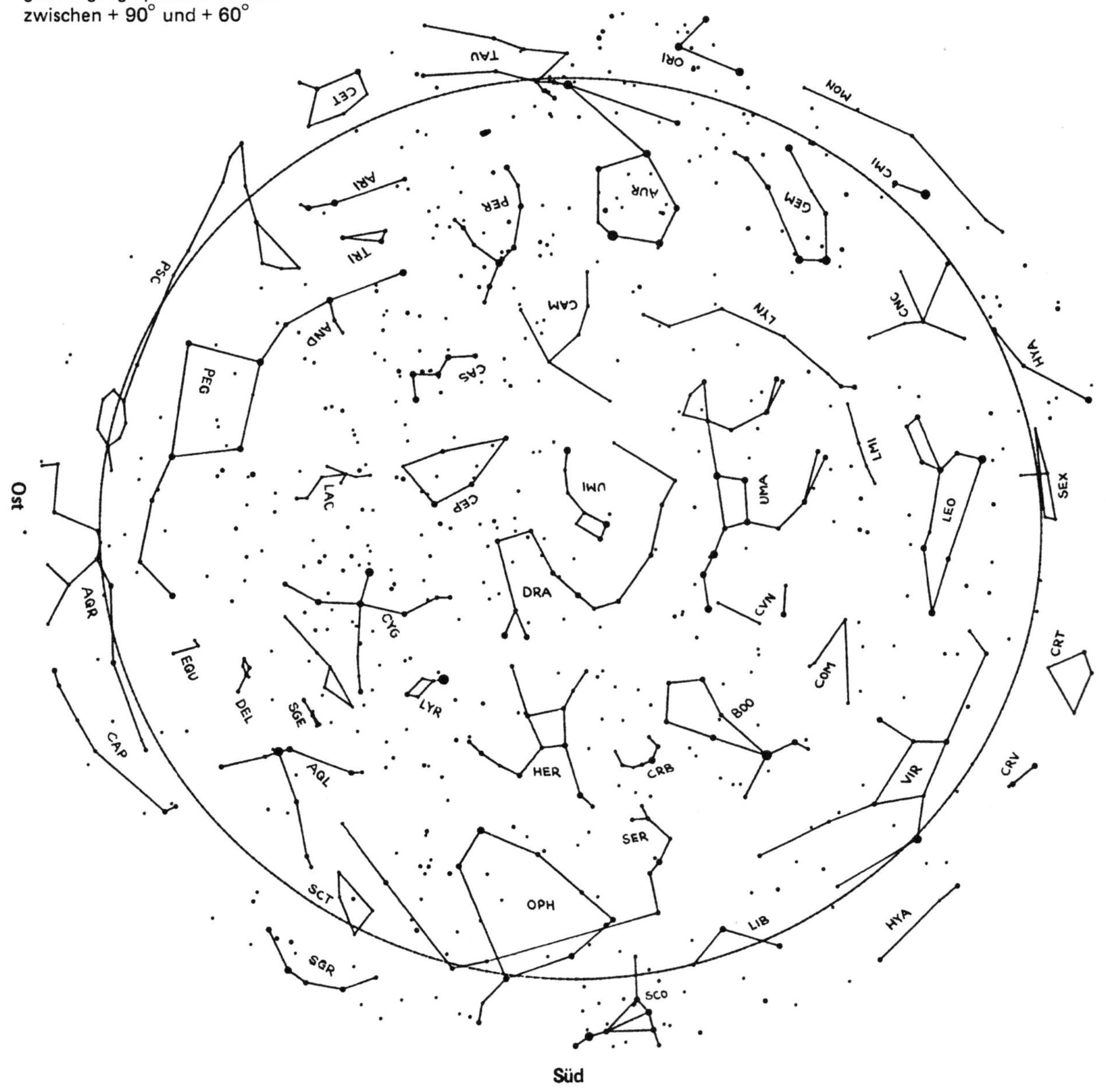

Das Band der Milchstraße erstreckt sich über die Sternbilder MON – AUR – CAS – CYG – AQL – SGR

+ 75° **Karte 8**
gilt für geographische Breiten
zwischen + 90° und + 60°

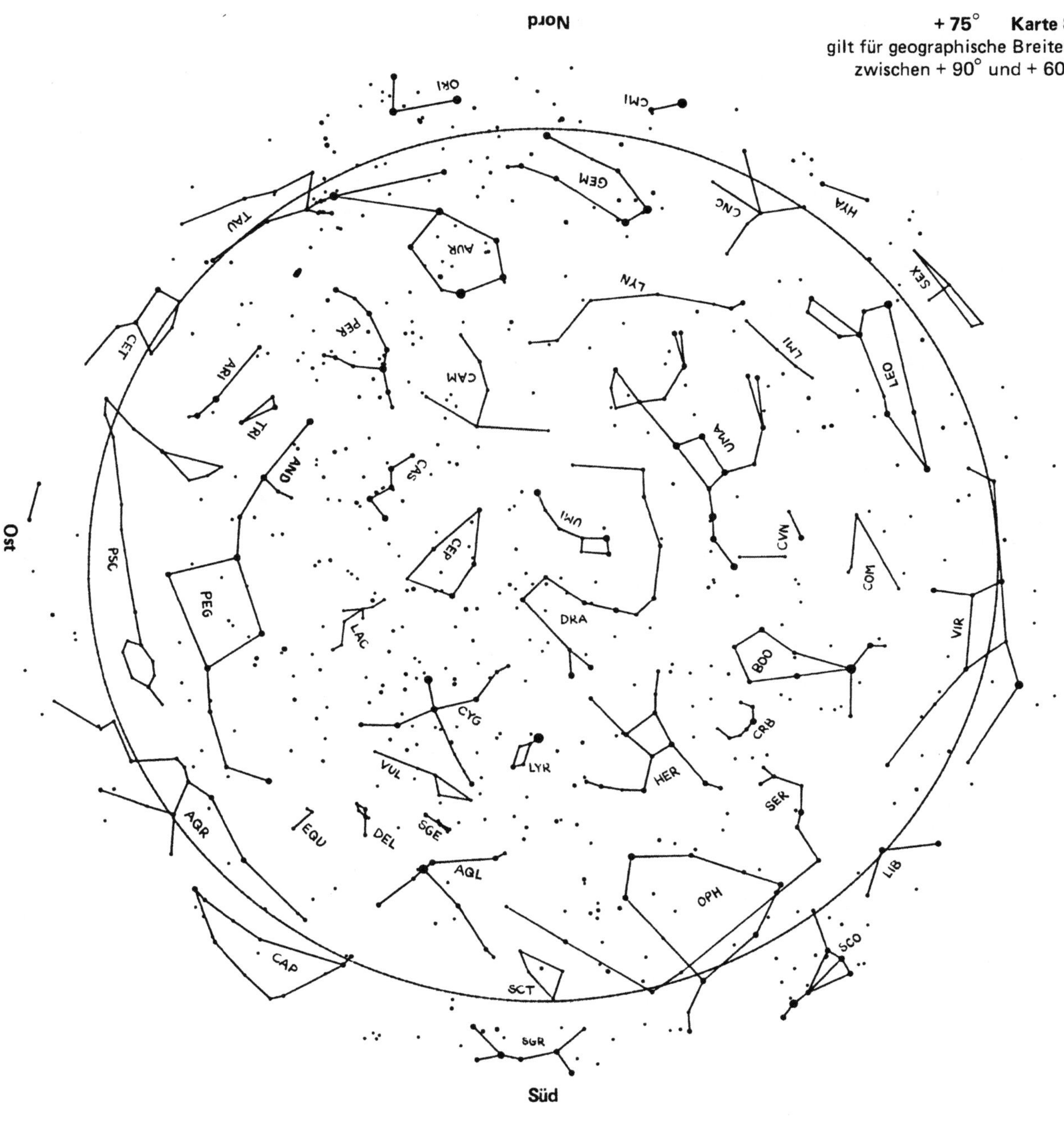

Das Band der Milchstraße erstreckt sich über die Sternbilder AUR – CAS – CYG – AQL – SGR

Karte 9 + 75°
gilt für geographische Breiten
zwischen + 90° und + 60°

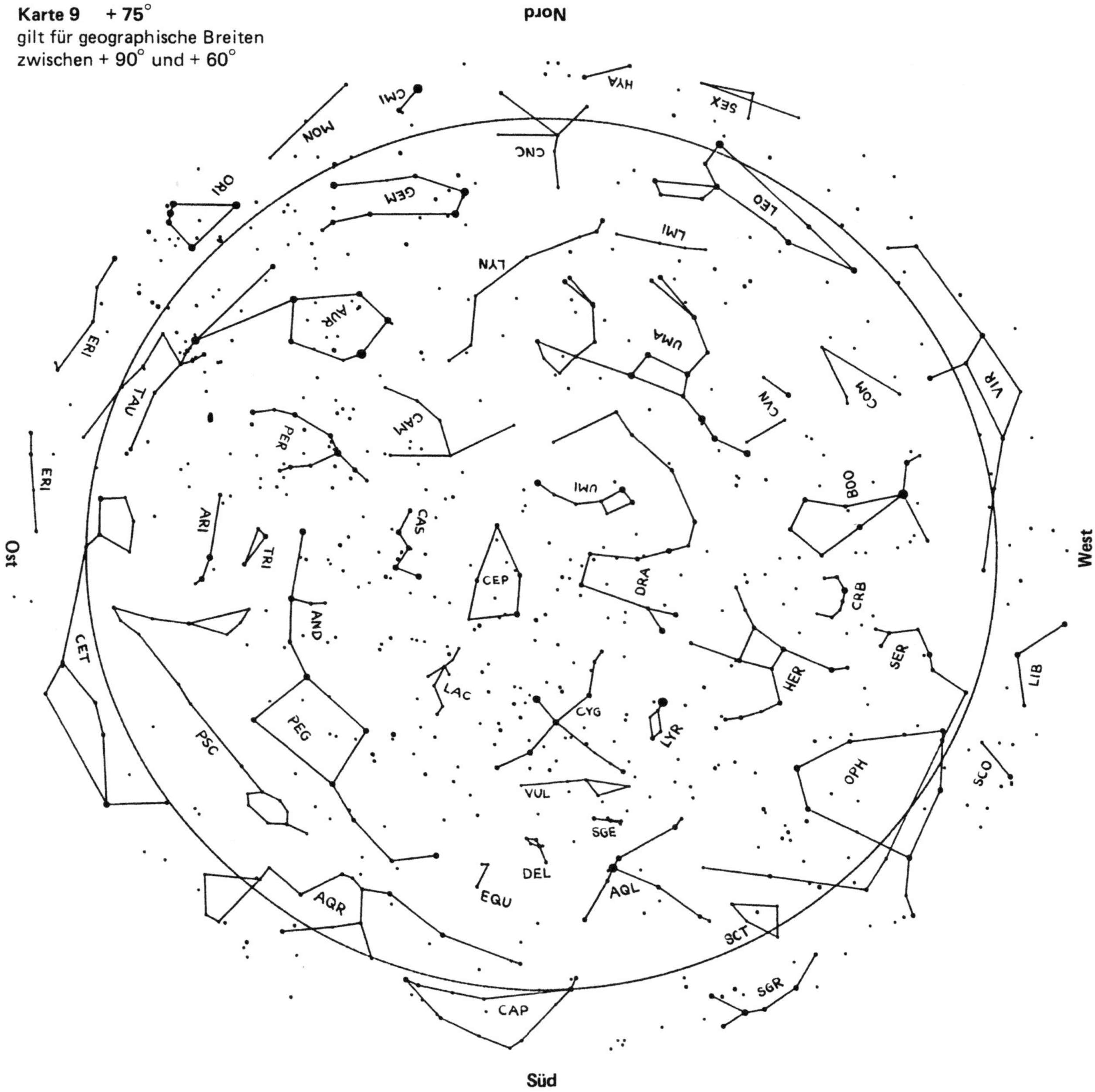

Das Band der Milchstraße erstreckt sich über die Sternbilder MON – AUR – CAS – CYG – AQL – SGR

+ 75° Karte 10
gilt für geographische Breiten
zwischen + 90° und + 60°

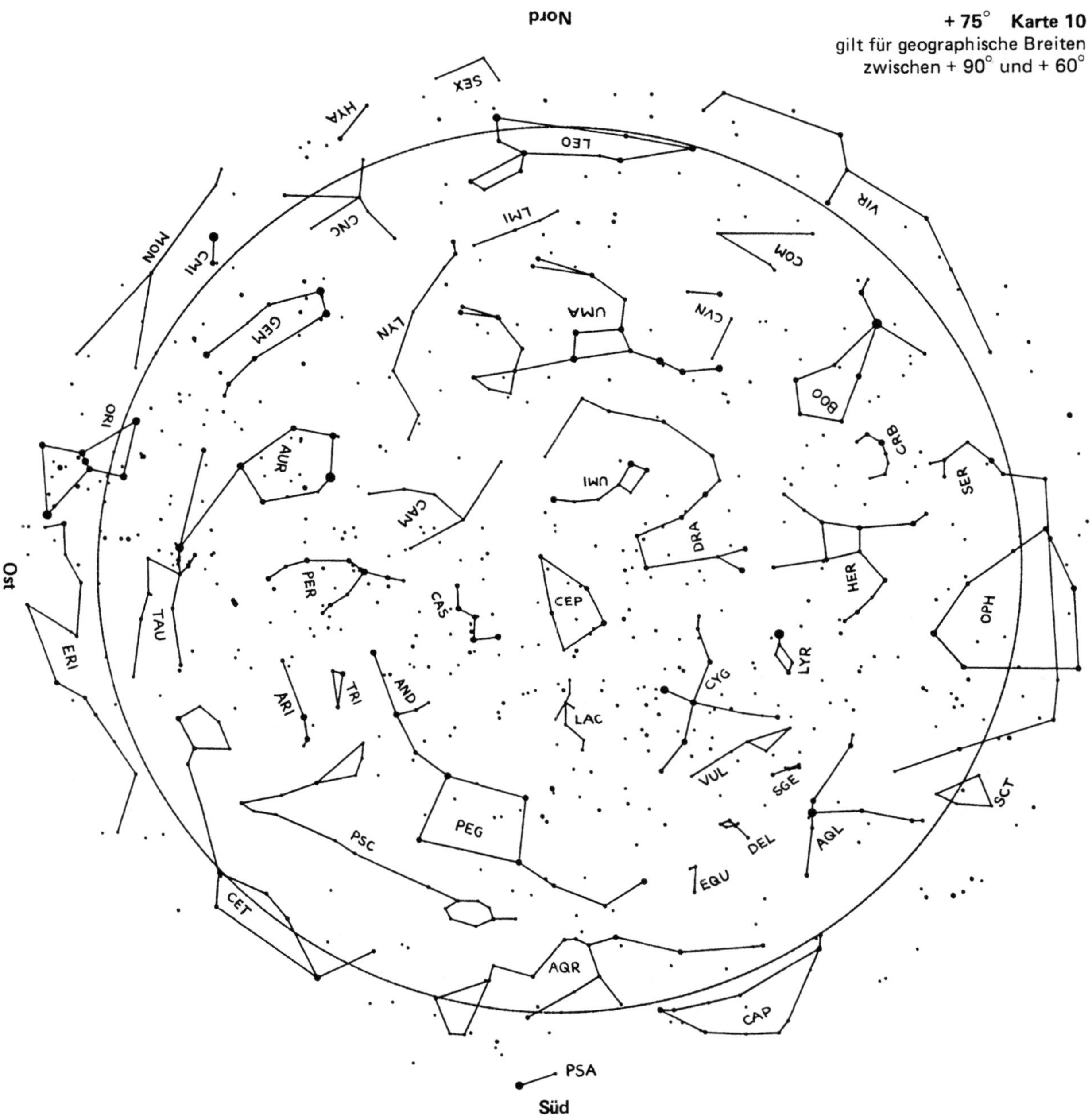

Das Band der Milchstraße erstreckt sich über die Sternbilder MON – AUR – CAS – CYG – AQL

Karte 11 + 75°
gilt für geographische Breiten
zwischen + 90° und + 60°

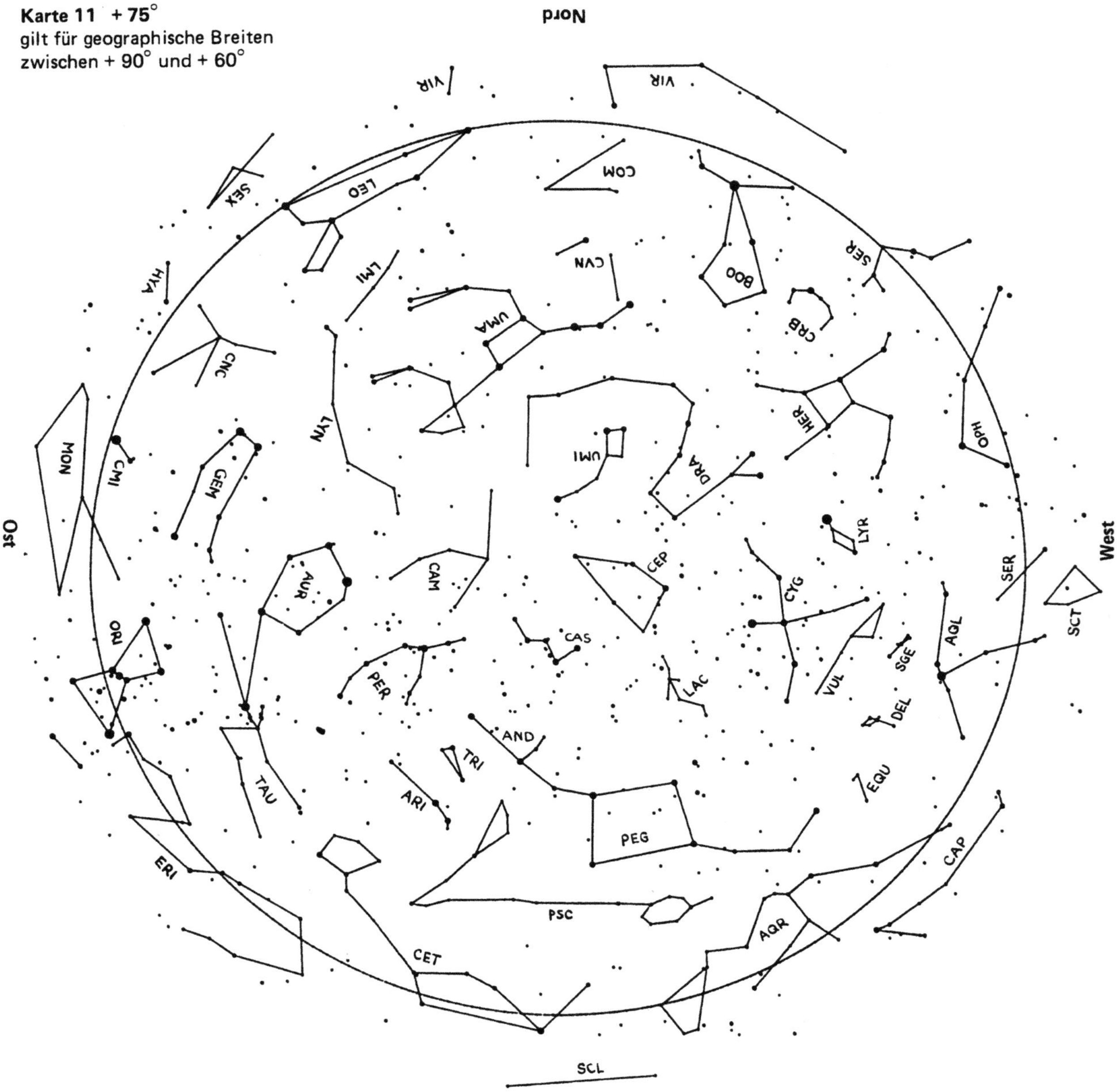

Das Band der Milchstraße erstreckt sich über die Sternbilder MON – AUR – CAS – CYG – AQL

+ 75° Karte 12
gilt für geographische Breiten
zwischen + 90° und + 60°

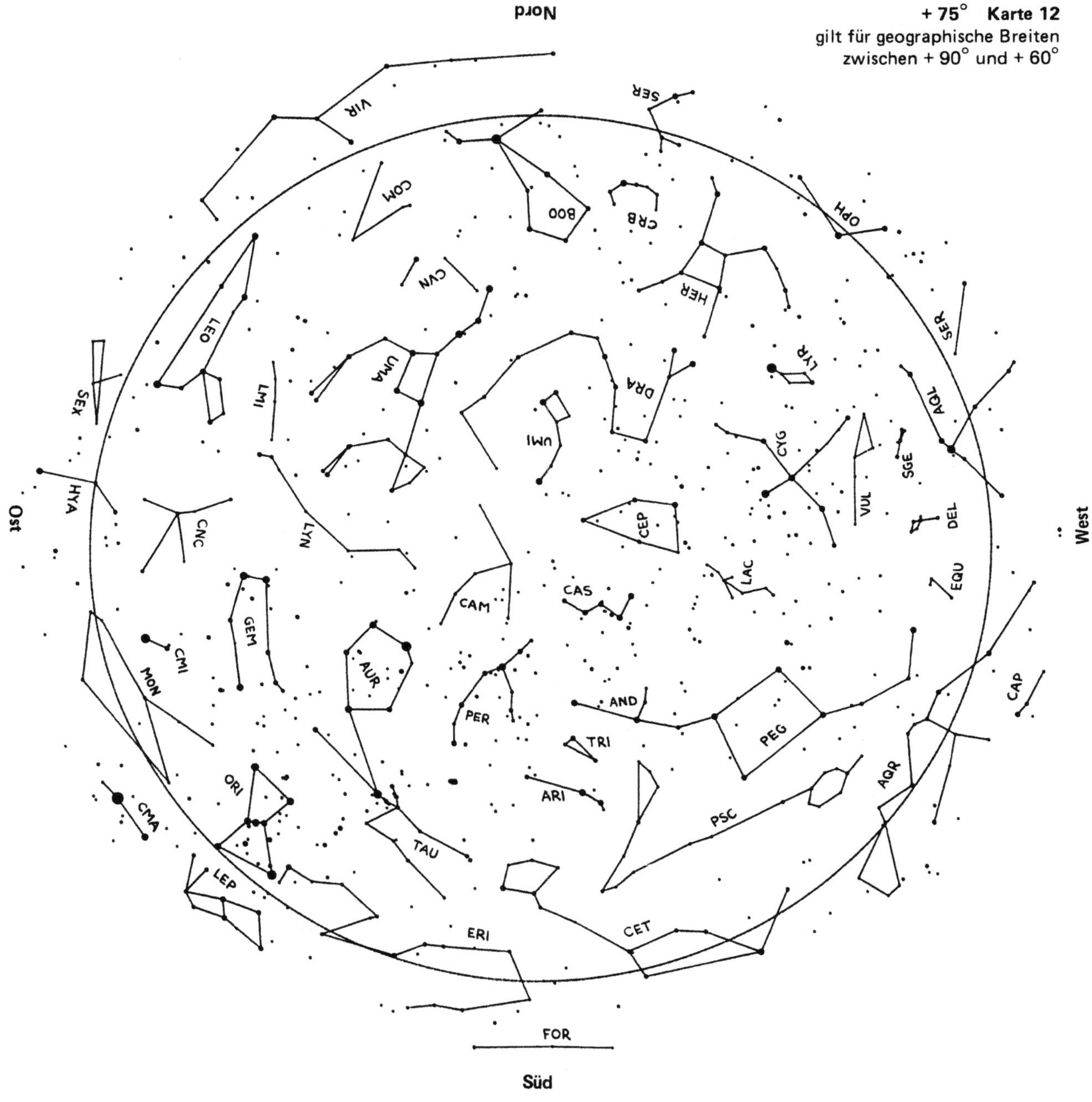

Das Band der Milchstraße erstreckt sich über die Sternbilder MON – AUR – CAS – CYG – AQL

Karte 1 **+ 45°**
gilt für geographische Breiten
zwischen + 60° und + 30°

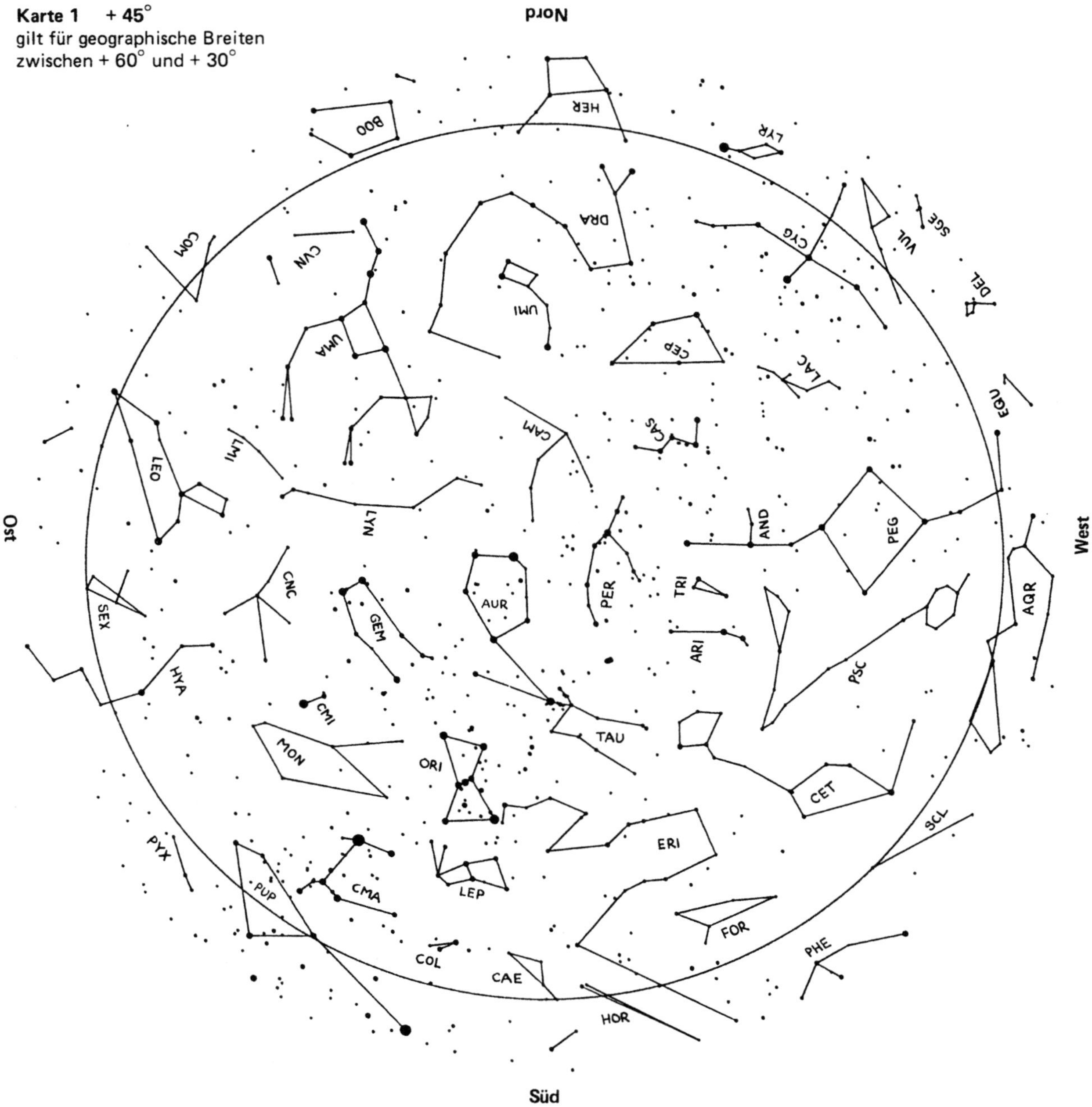

Das Band der Milchstraße erstreckt sich über die Sternbilder PUP – MON – AUR – CAS – CYG

+ 45° Karte 2
gilt für geographische Breiten
zwischen + 60° und + 30°

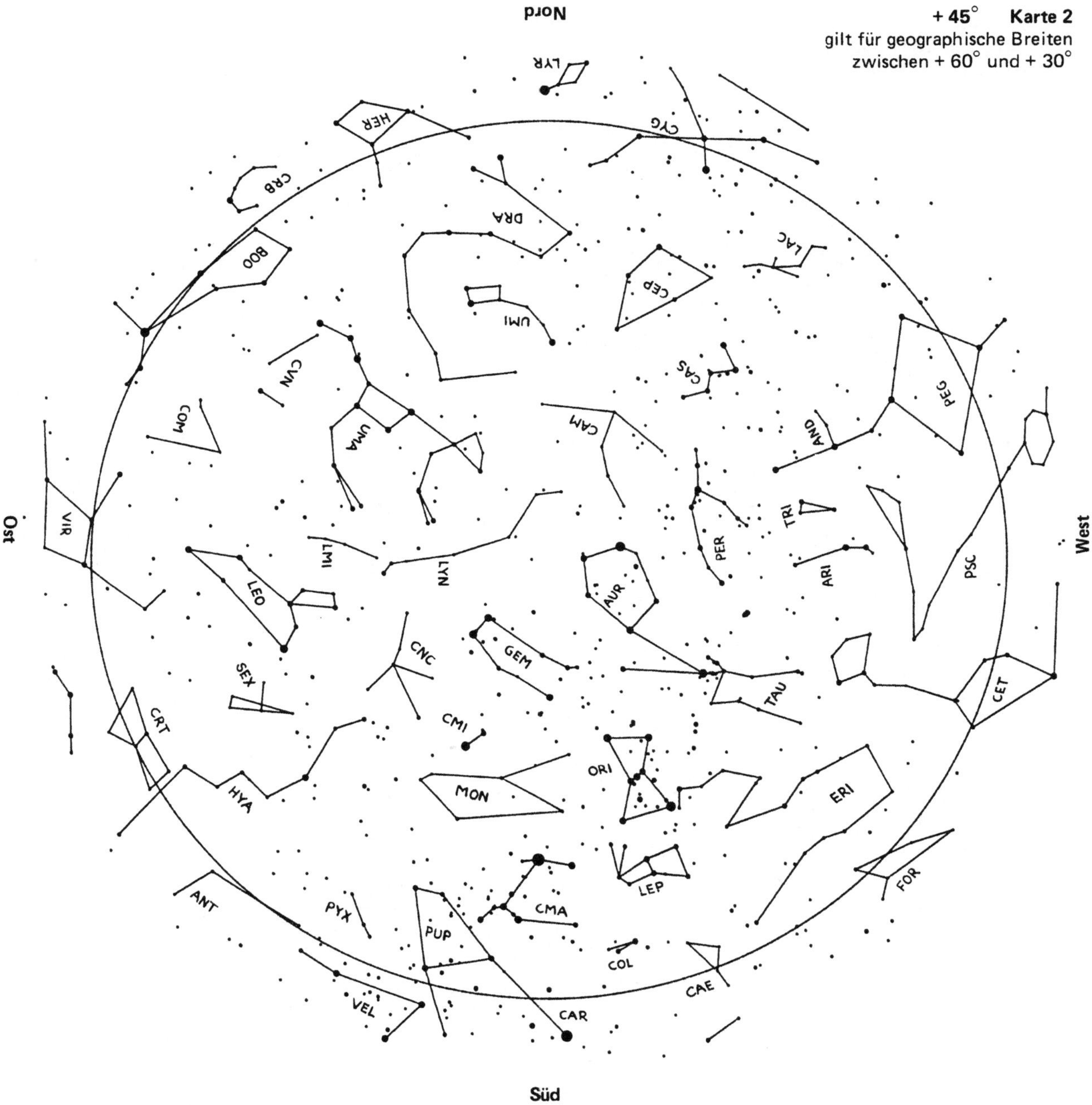

Das Band der Milchstraße erstreckt sich über die Sternbilder VEL – PUP – MON – AUR – CAS – CYG

Karte 3 + 45°
gilt für geographische Breiten
zwischen + 60° und + 30°

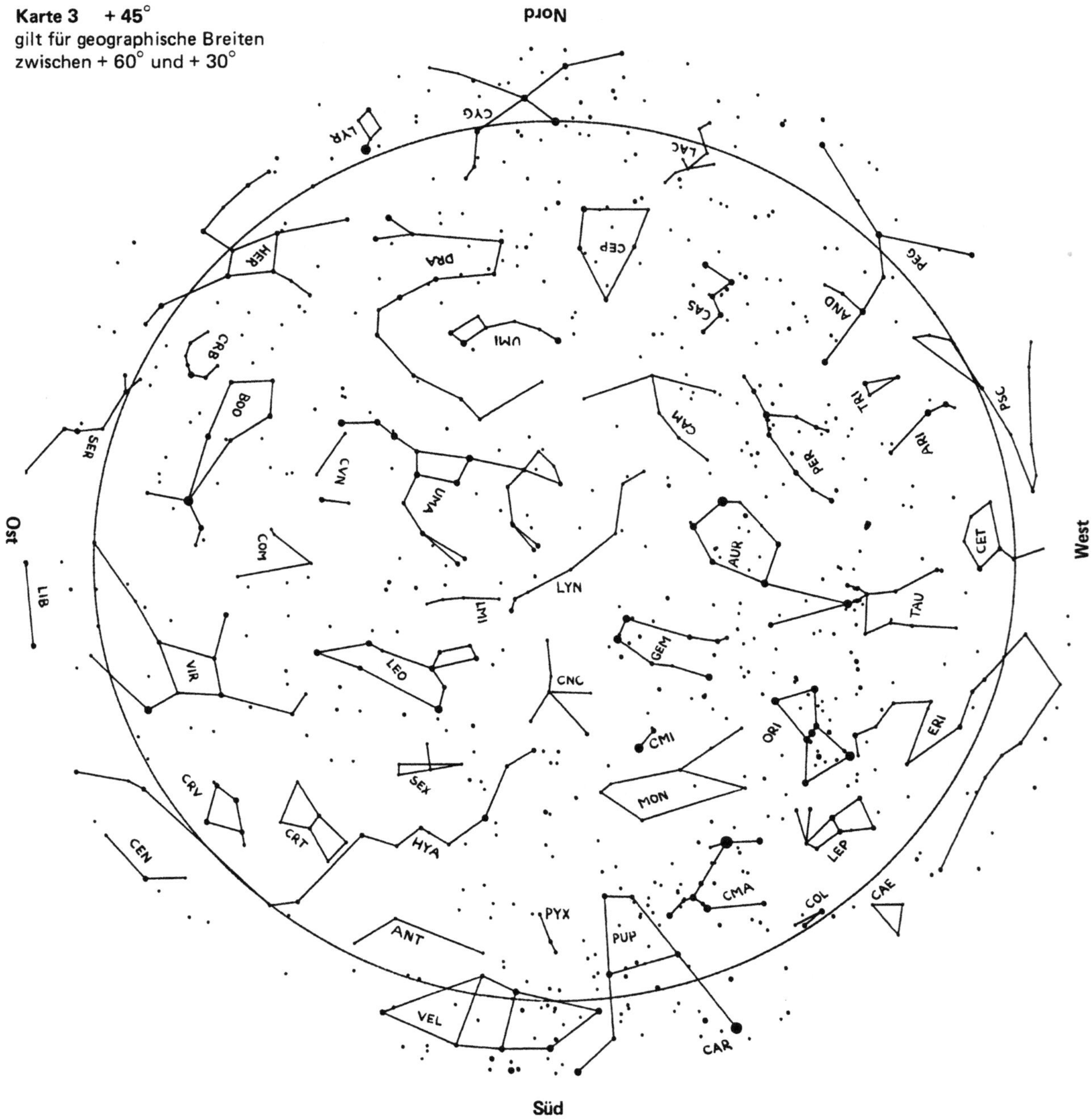

Das Band der Milchstraße erstreckt sich über die Sternbilder VEL – PUP – MON – AUR – CAS – CYG

+ 45°   Karte 4
gilt für geographische Breiten
zwischen + 60° und + 30°

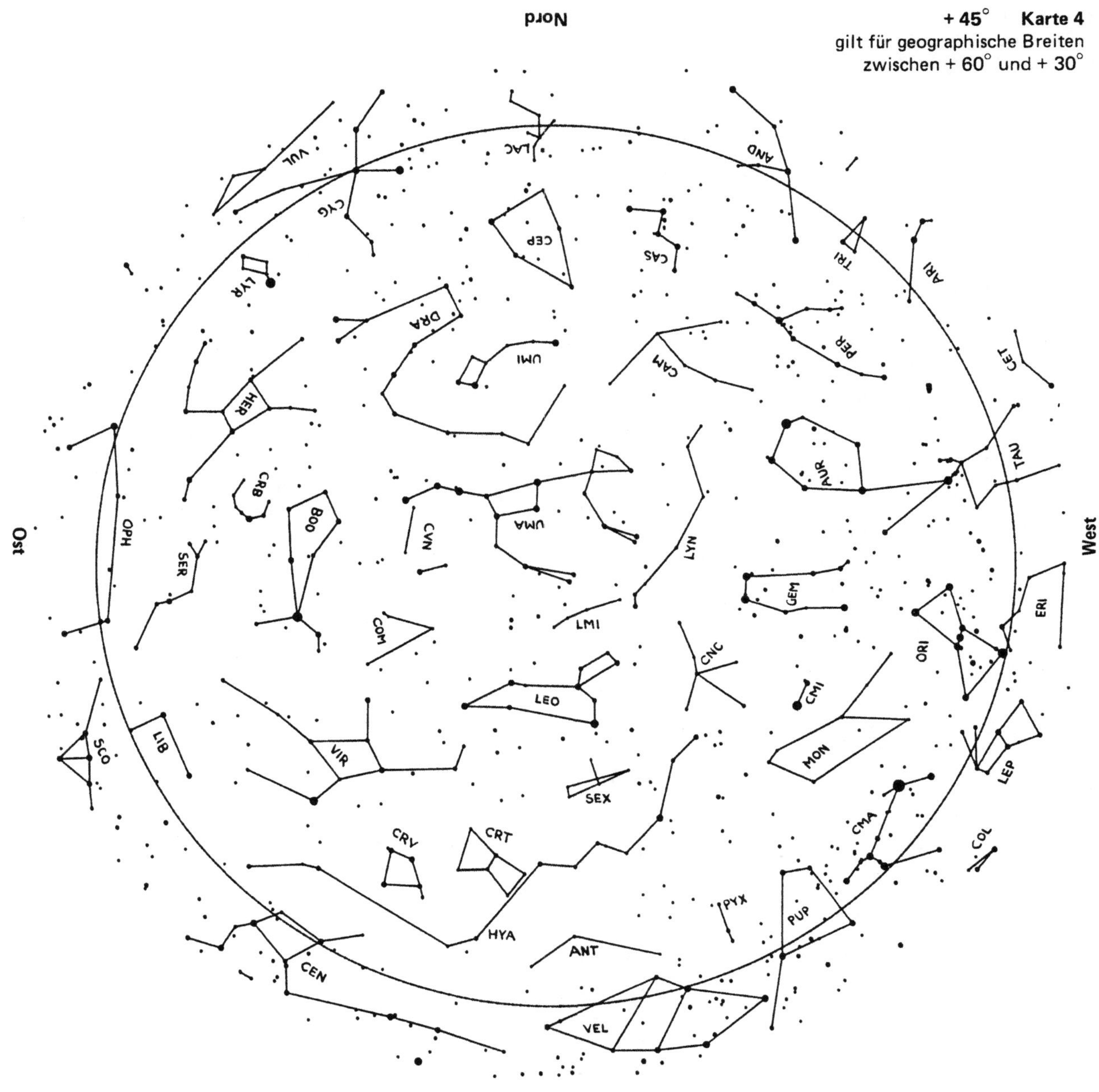

Das Band der Milchstraße erstreckt sich über die Sternbilder VEL – PUP – MON – AUR – CAS – CYG

Karte 5 **+ 45°**
gilt für geographische Breiten
zwischen + 60° und + 30°

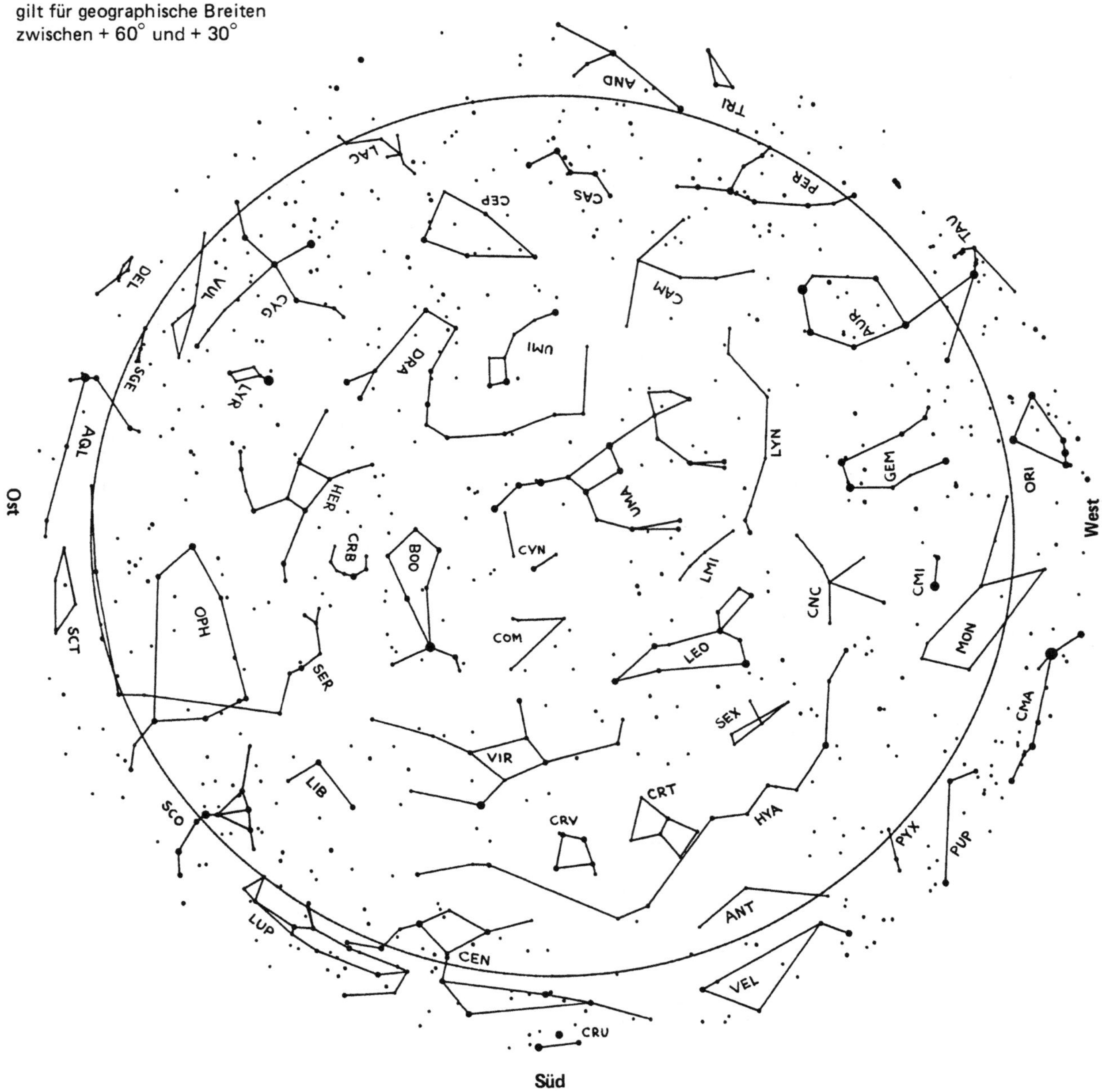

Das Band der Milchstraße erstreckt sich über die Sternbilder VEL – PUP – MON – AUR – CAS – CYG – AQL

+ 45° Karte 6
gilt für geographische Breiten
zwischen + 60° und + 30°

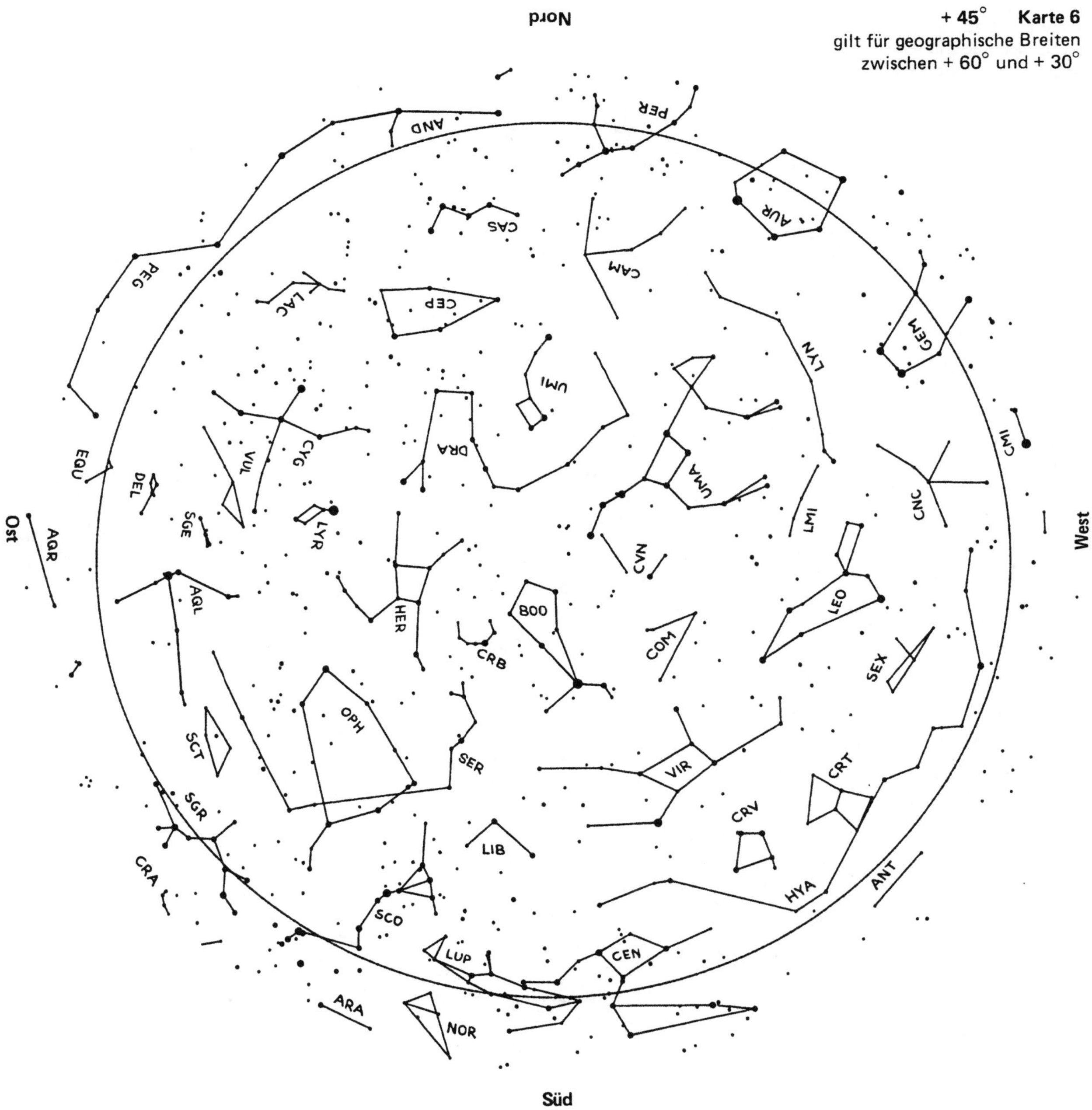

Das Band der Milchstraße erstreckt sich über die Sternbilder AUR – CAS – CYG – AQL – SGR – SCO

Karte 7 **+ 45°**
gilt für geographische Breiten
zwischen + 60° und + 30°

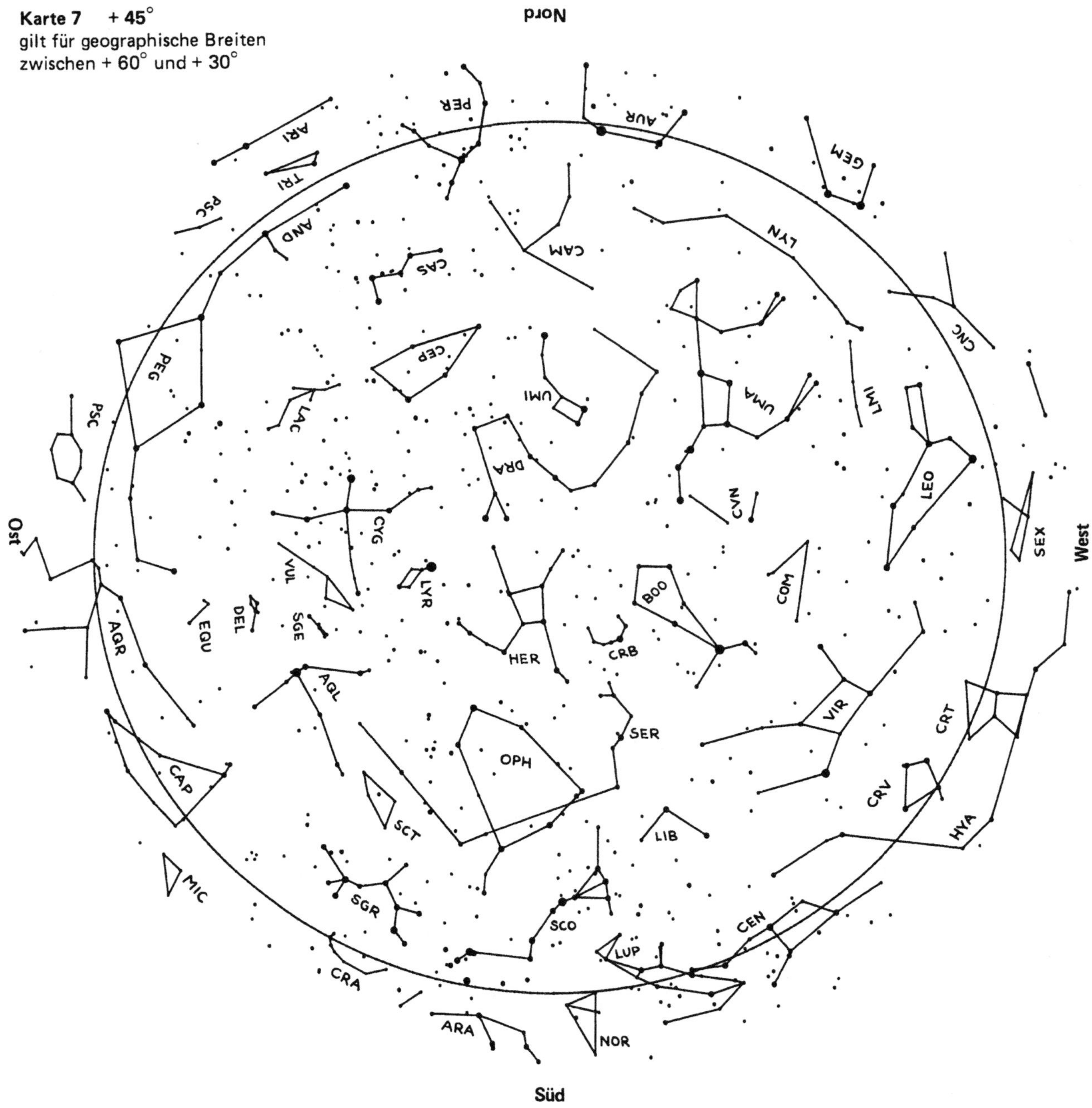

Das Band der Milchstraße erstreckt sich über die Sternbilder AUR – CAS – CYG – AQL – SGR – SCO – NOR

+ 45°   Karte 8
gilt für geographische Breiten
zwischen + 60° und + 30°

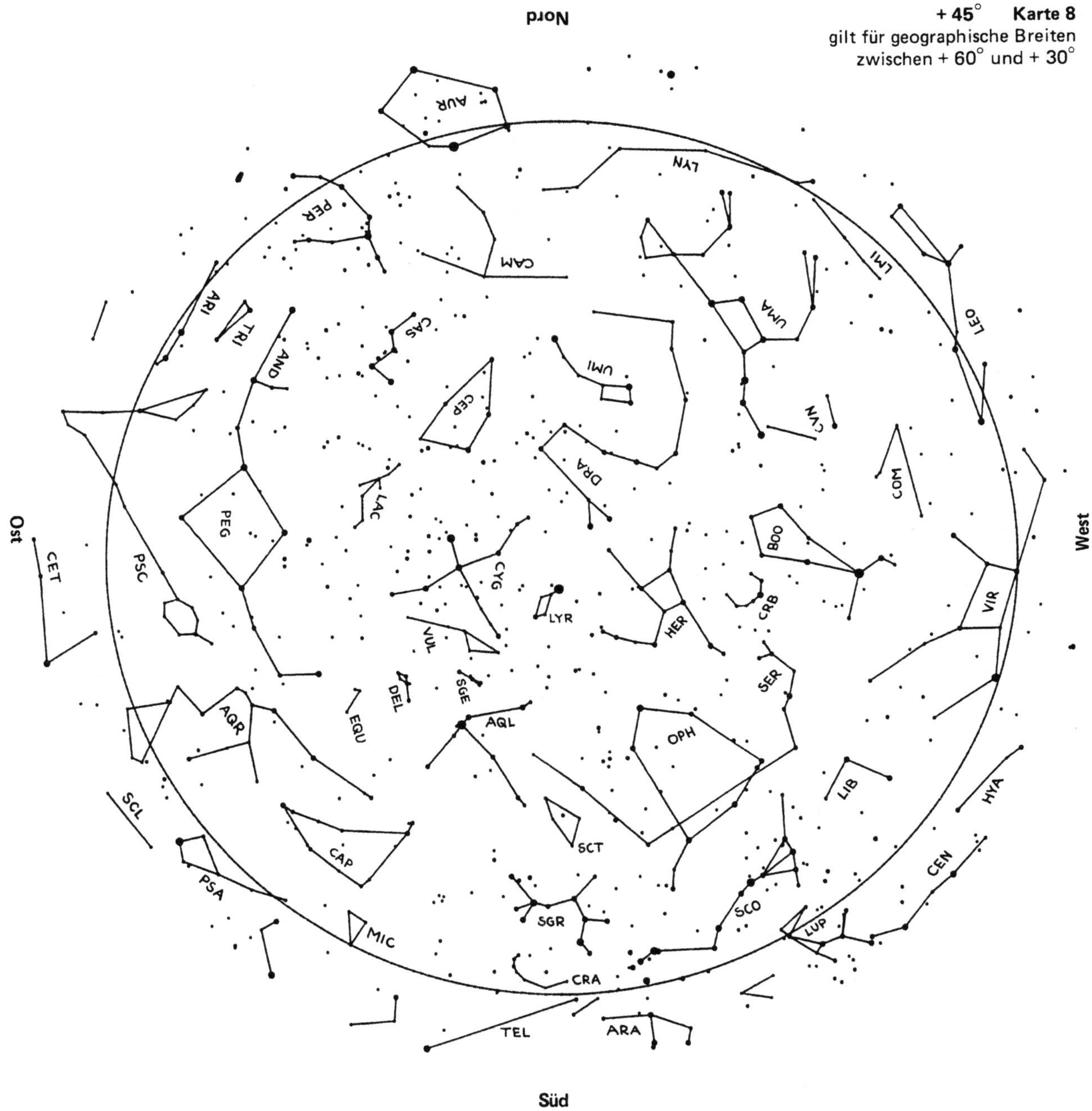

Das Band der Milchstraße erstreckt sich über die Sternbilder AUR – CAS – CYG – AQL – SGR – SCO

Karte 9 **+ 45°**
gilt für geographische Breiten
zwischen + 60° und + 30°

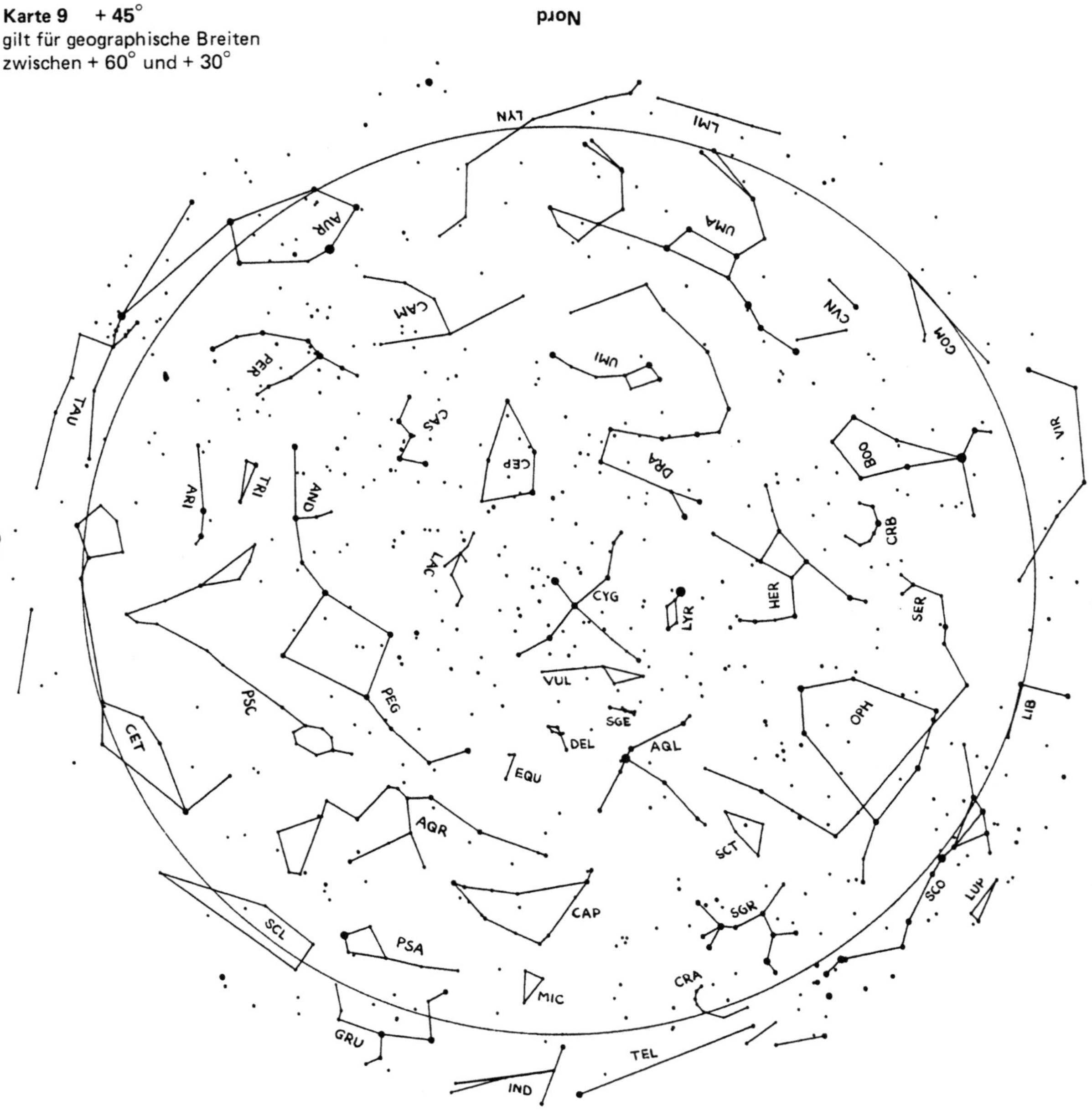

Das Band der Milchstraße erstreckt sich über die Sternbilder AUR – CAS – CYG – AQL – SGR – SCO

+ 45° **Karte 10**
gilt für geographische Breiten
zwischen + 60° und + 30°

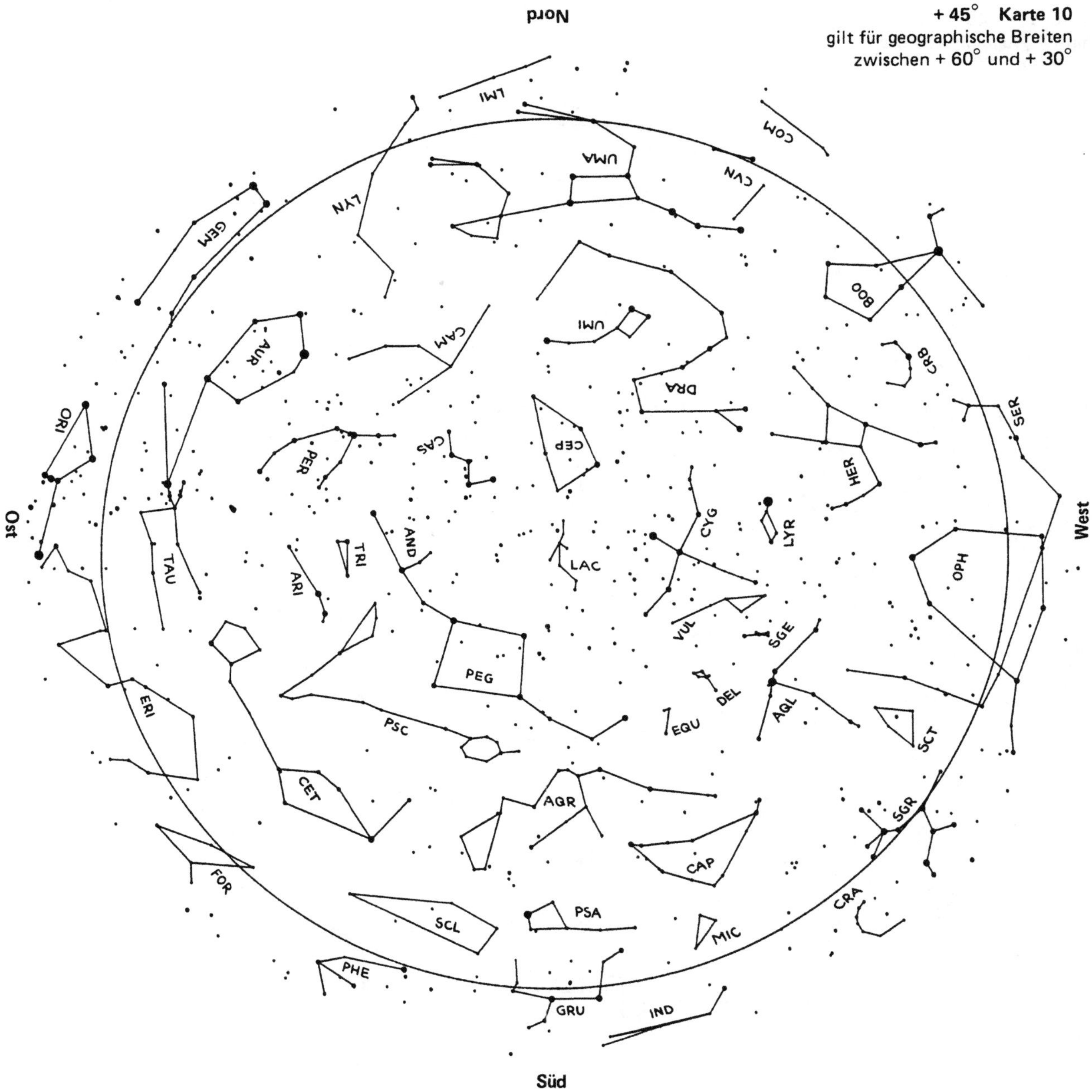

Das Band der Milchstraße erstreckt sich über die Sternbilder AUR – CAS – CYG – AQL – SGR

Karte 11 + 45°
gilt für geographische Breiten
zwischen + 60° und + 30°

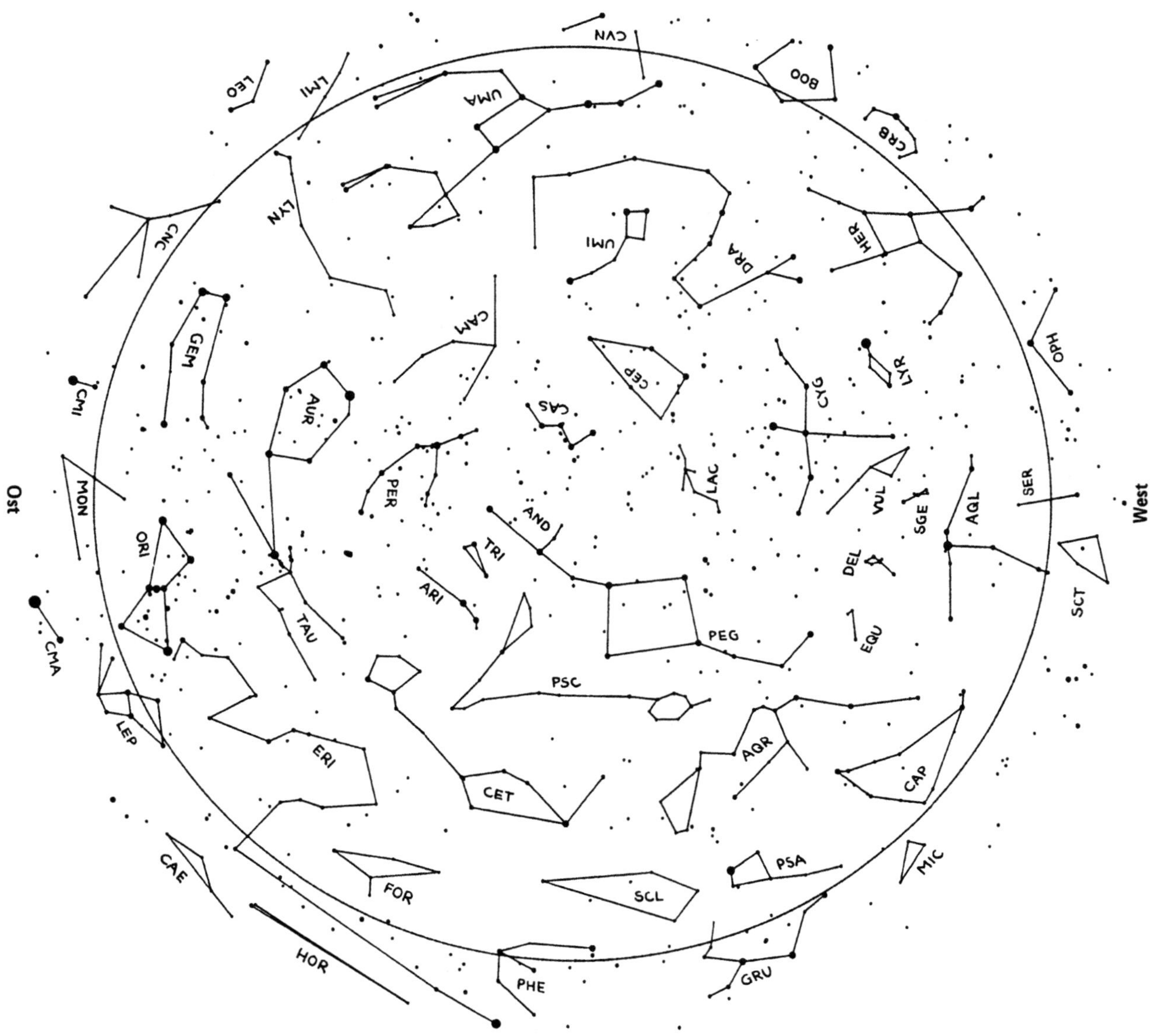

Das Band der Milchstraße erstreckt sich über die Sternbilder MON – AUR – CAS – CYG – AQL

+ 45° **Karte 12**
gilt für geographische Breiten
zwischen + 60° und + 30°

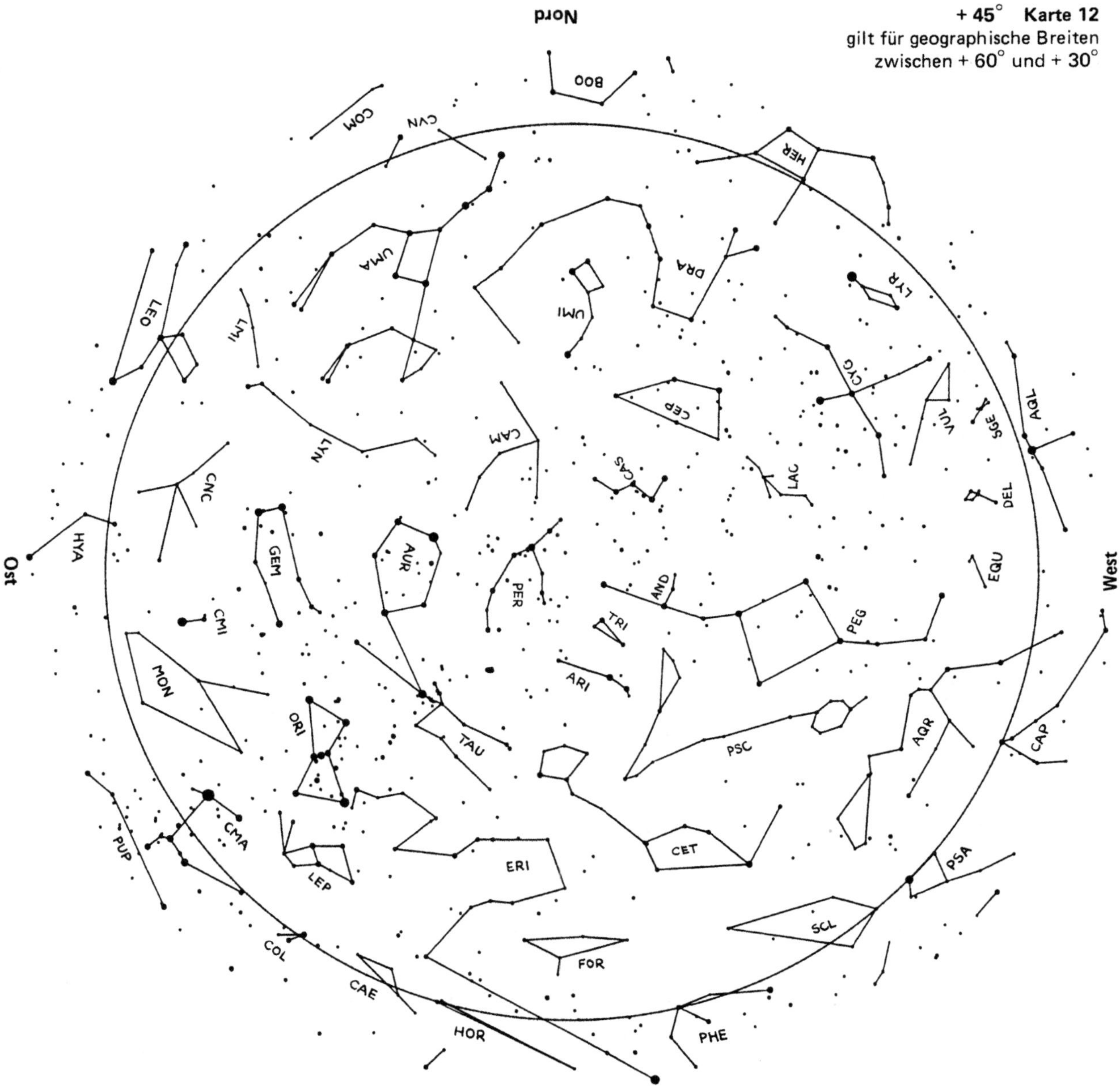

Das Band der Milchstraße erstreckt sich über die Sternbilder MON – AUR – CAS – CYG – AQL

Karte 1 **+ 15°**
gilt für geographische Breiten
zwischen + 30° und 0°

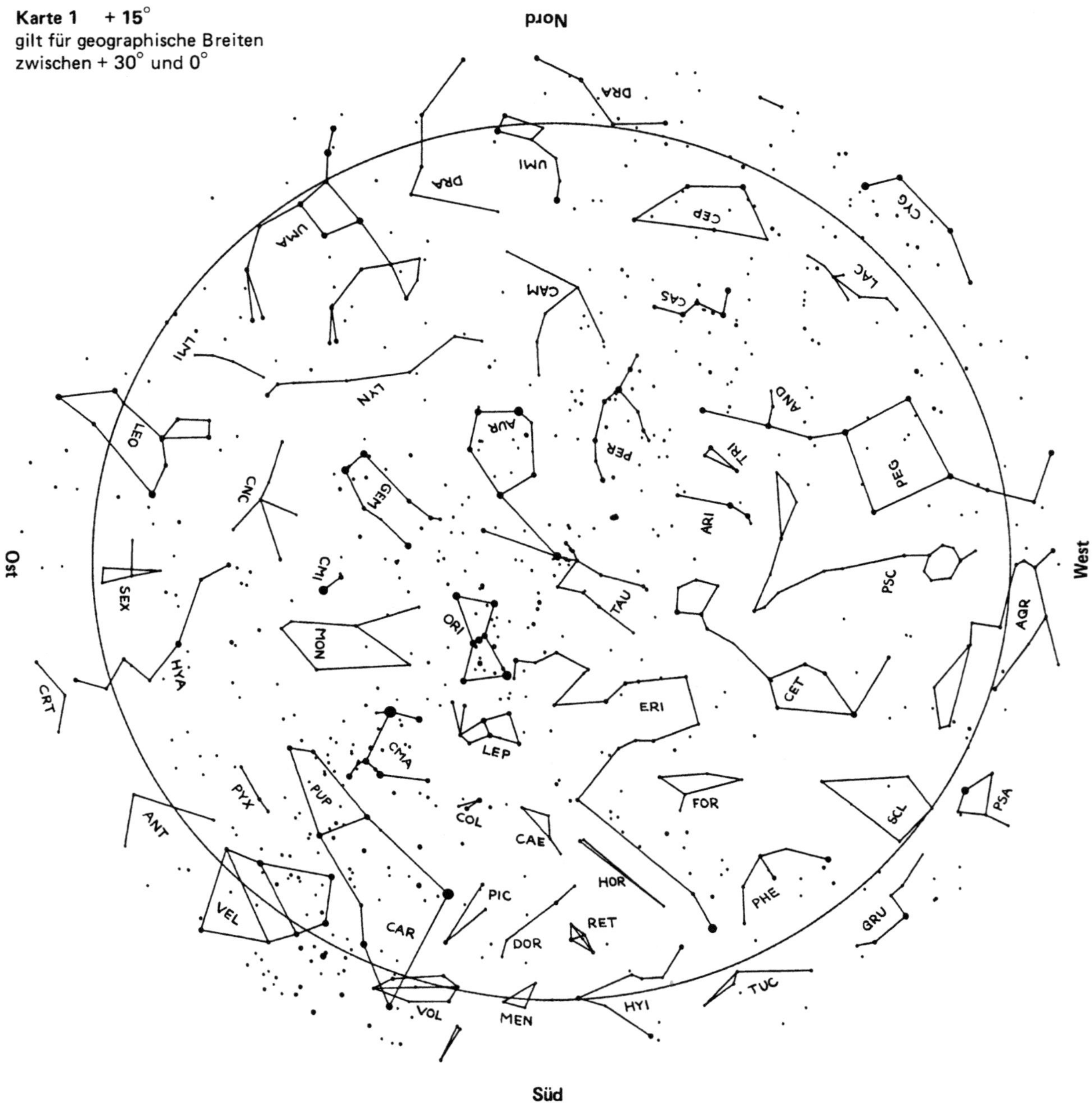

Das Band der Milchstraße erstreckt sich über die Sternbilder VEL – PUP – MON – AUR – CAS – CYG

+ 15° Karte 2
gilt für geographische Breiten
zwischen + 30° und 0°

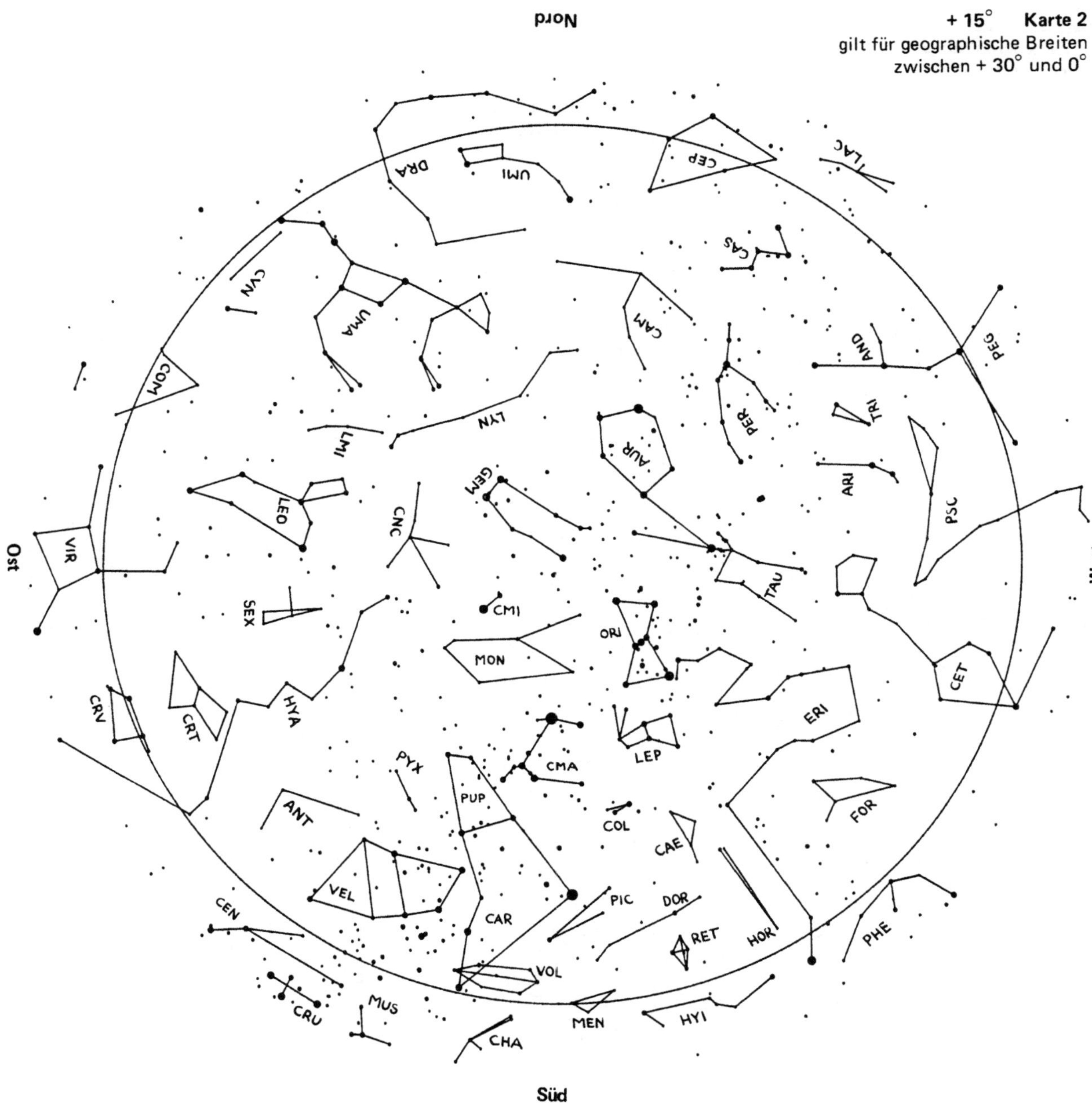

Das Band der Milchstraße erstreckt sich über die Sternbilder CRU – VEL – PUP – MON – AUR – CAS

Karte 3 + 15°
gilt für geographische Breiten
zwischen + 30° und 0°

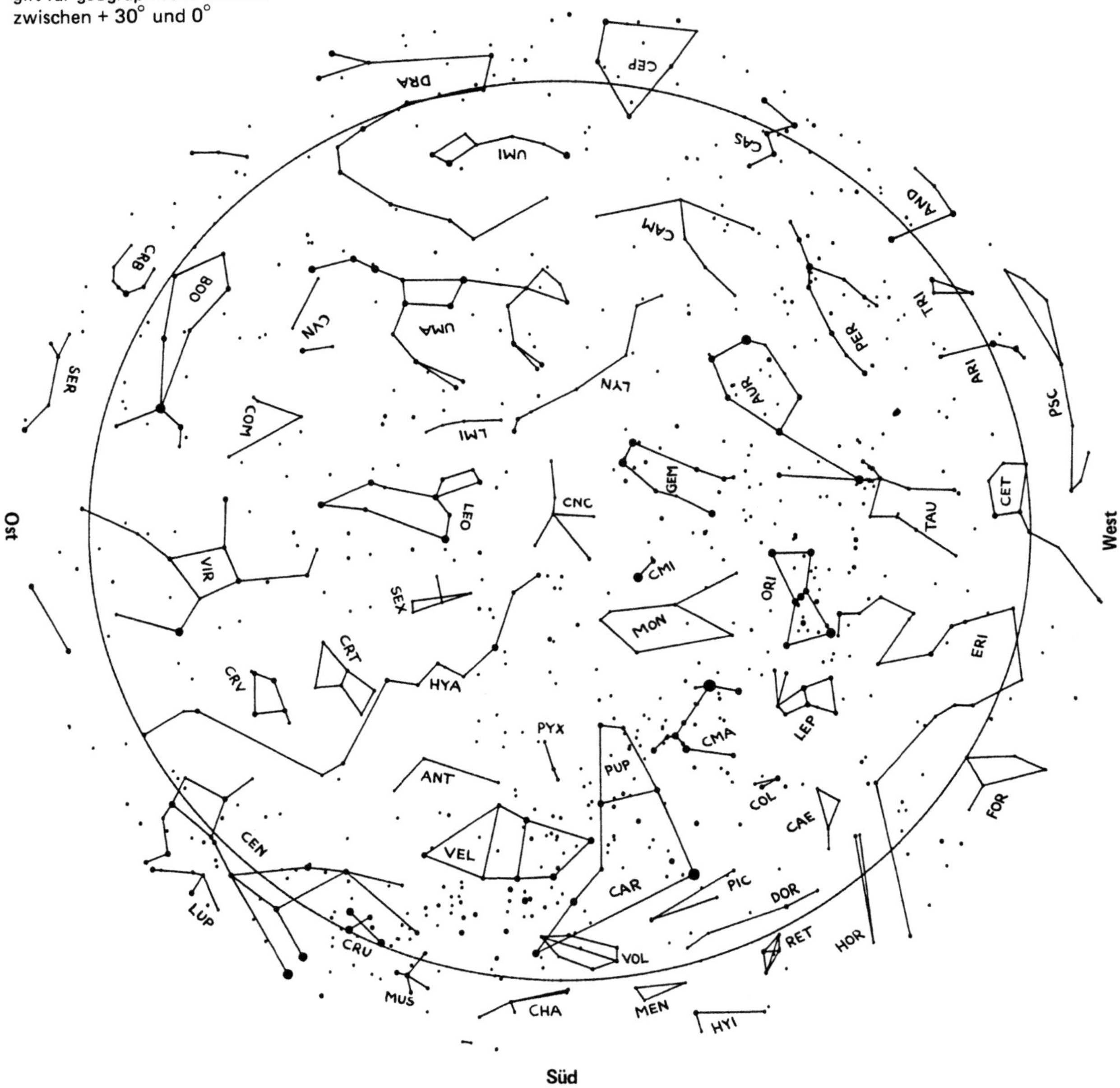

Das Band der Milchstraße erstreckt sich über die Sternbilder CRU – VEL – PUP – MON – AUR – CAS

+ 15° **Karte 4**
gilt für geographische Breiten
zwischen + 30° und 0°

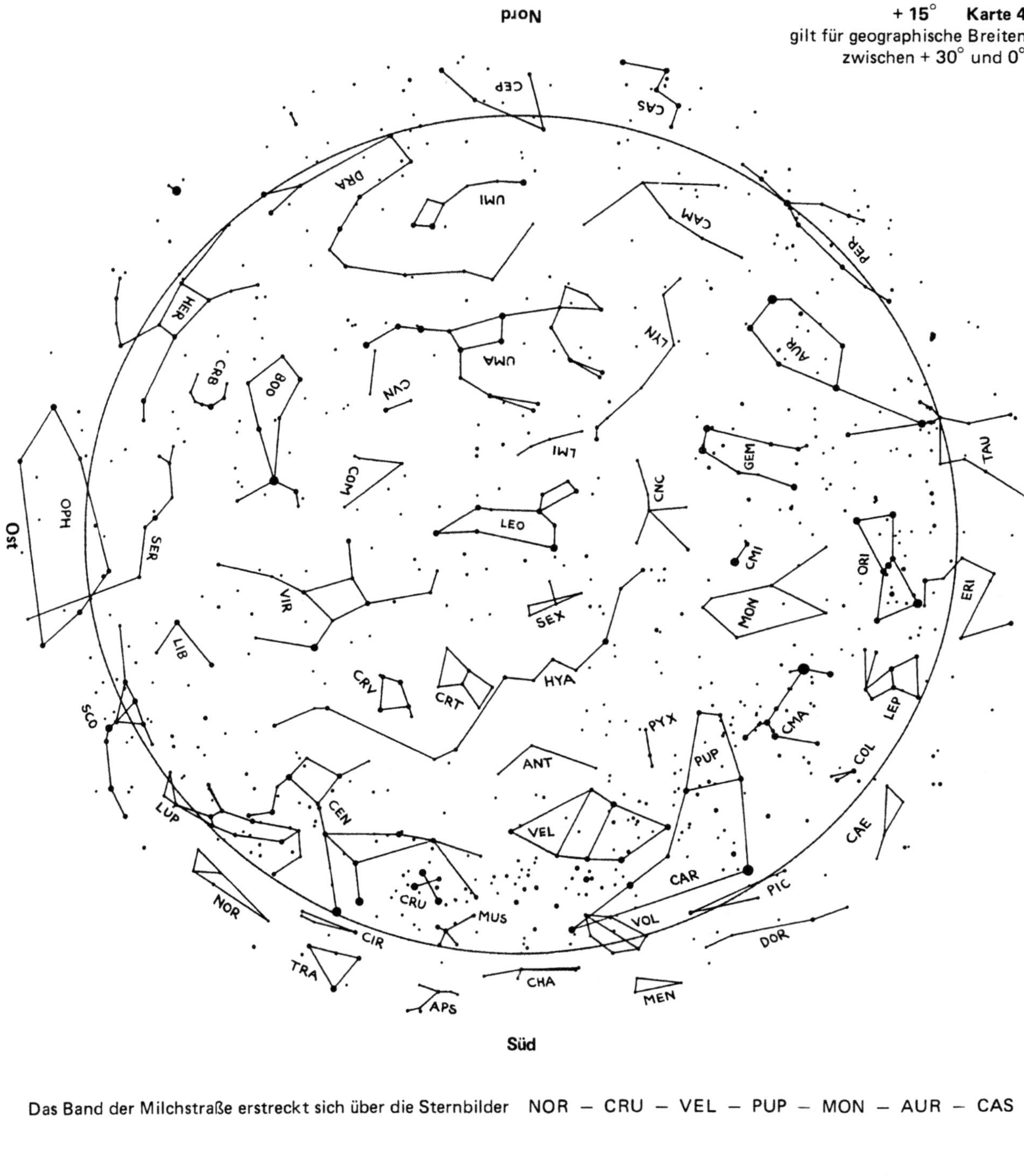

Das Band der Milchstraße erstreckt sich über die Sternbilder NOR – CRU – VEL – PUP – MON – AUR – CAS

Karte 5 **+ 15°**
gilt für geographische Breiten
zwischen + 30° und 0°

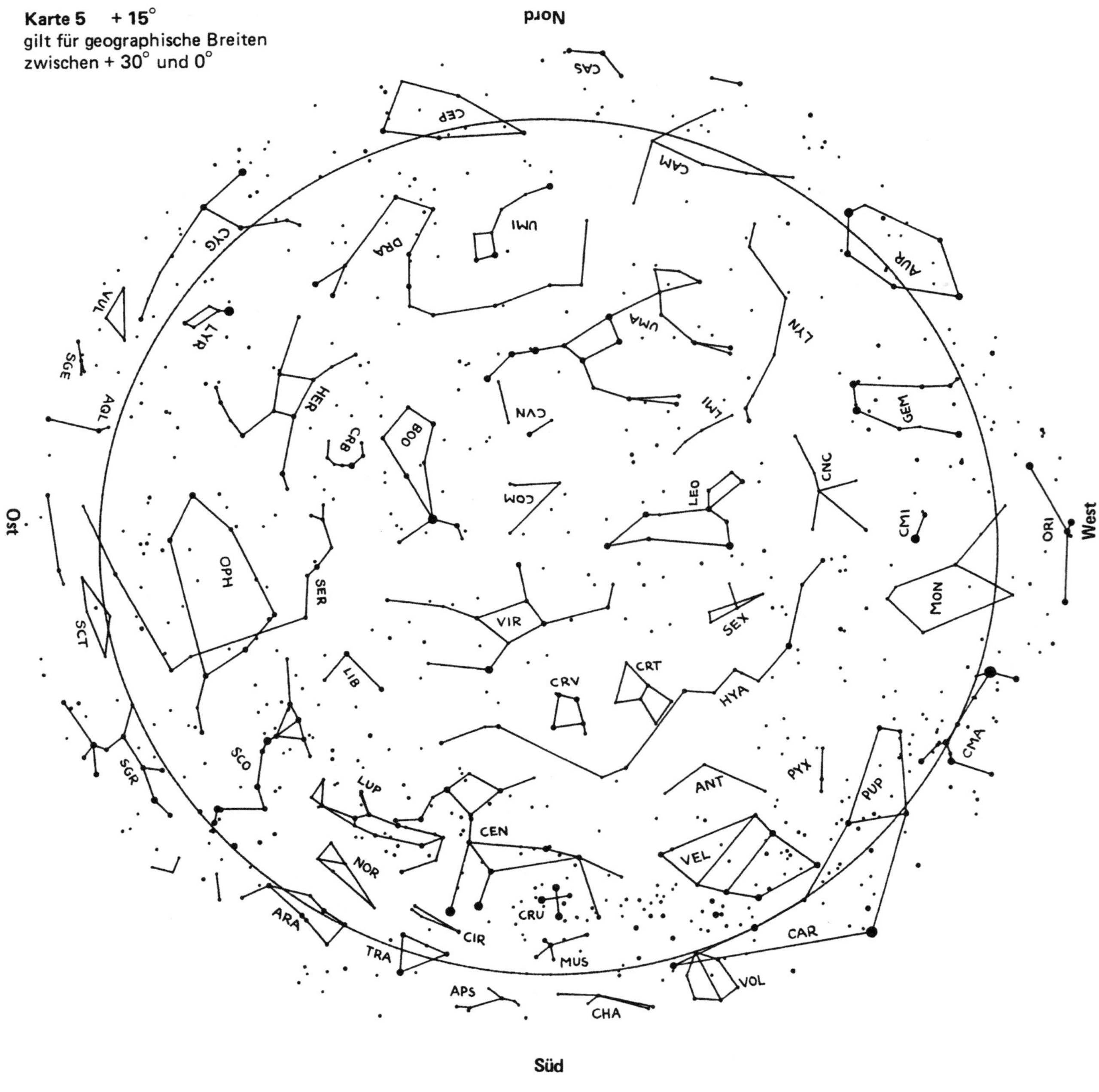

Das Band der Milchstraße erstreckt sich über die Sternbilder

SGR – SCO – NOR – CRU – VEL – PUP – MON – AUR – CAS – CYG – AQL

+ 15° Karte 6
gilt für geographische Breiten
zwischen + 30° und 0°

Das Band der Milchstraße erstreckt sich über die Sternbilder

CAS – CYG – AQL – SGR – SCO – NOR – CRU – VEL

Karte 7 + 15°
gilt für geographische Breiten
zwischen + 30° und 0°

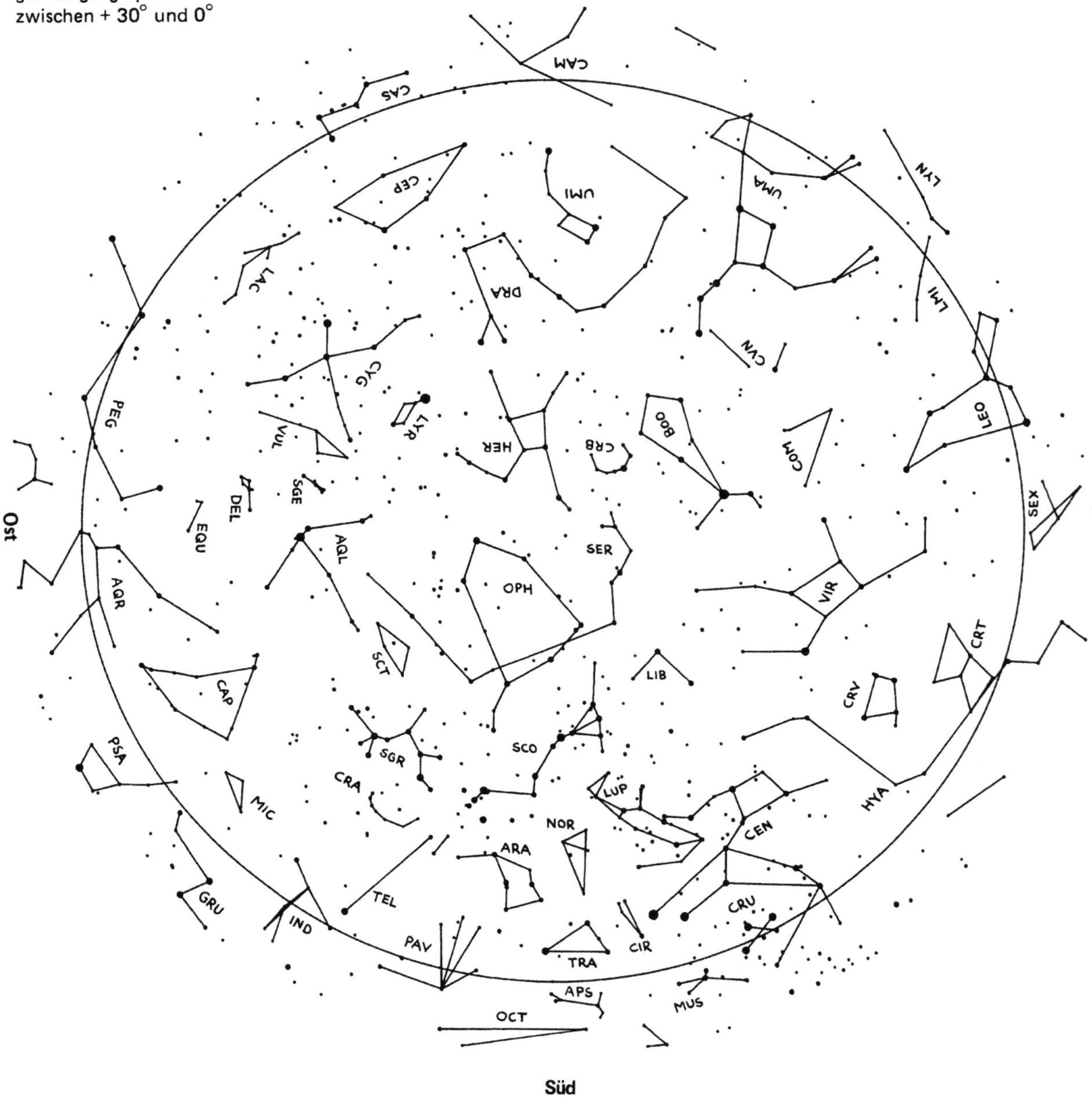

Das Band der Milchstraße erstreckt sich über die Sternbilder CAS – CYG – AQL – SGR – SCO – NOR – CRU

+ 15° Karte 8
gilt für geographische Breiten
zwischen + 30° und 0°

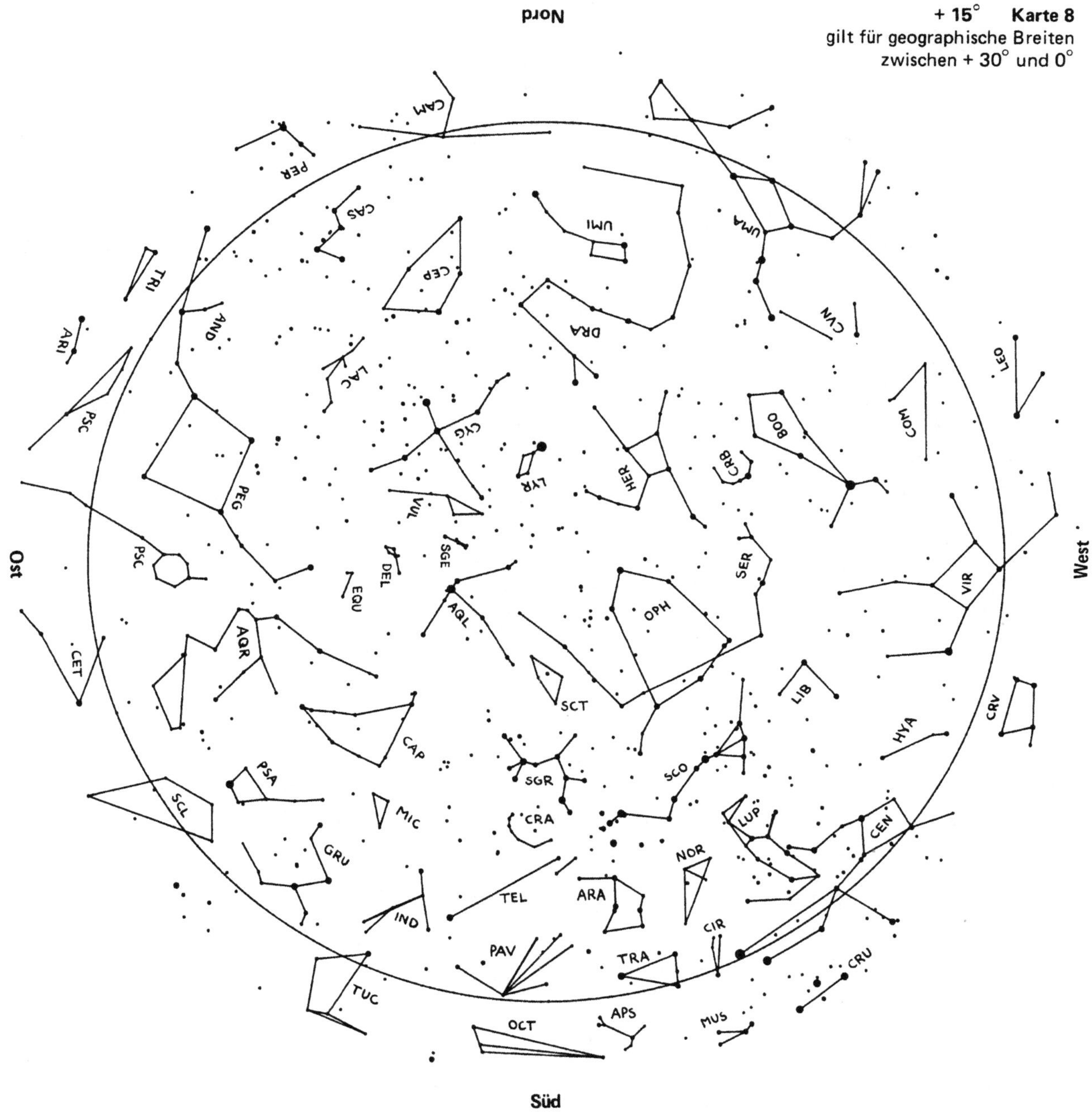

Das Band der Milchstraße erstreckt sich über die Sternbilder CAS – CYG – AQL – SGR – SCO – NOR – CRU

Karte 9 + 15°
gilt für geographische Breiten zwischen + 30° und 0°

Das Band der Milchstraße erstreckt sich über die Sternbilder CAS – CYG – AQL – SGR – SCO – NOR

+ 15° **Karte 10**
gilt für geographische Breiten
zwischen + 30° und 0°

Nord

Ost

West

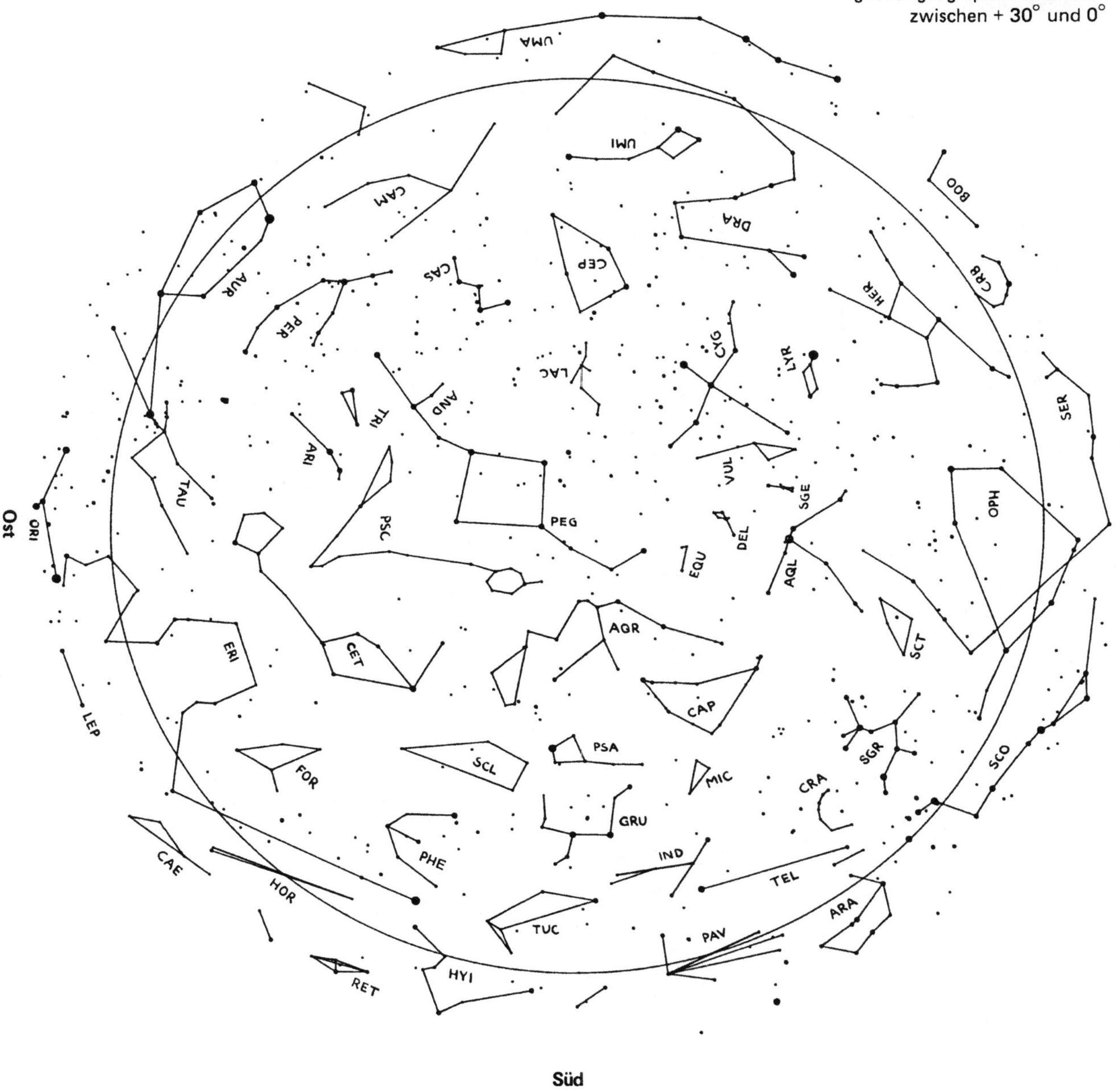

Süd

Das Band der Milchstraße erstreckt sich über die Sternbilder AUR – CAS – CYG – AQL – SGR – SCO

Karte 11 + 15°
gilt für geographische Breiten
zwischen + 30° und 0°

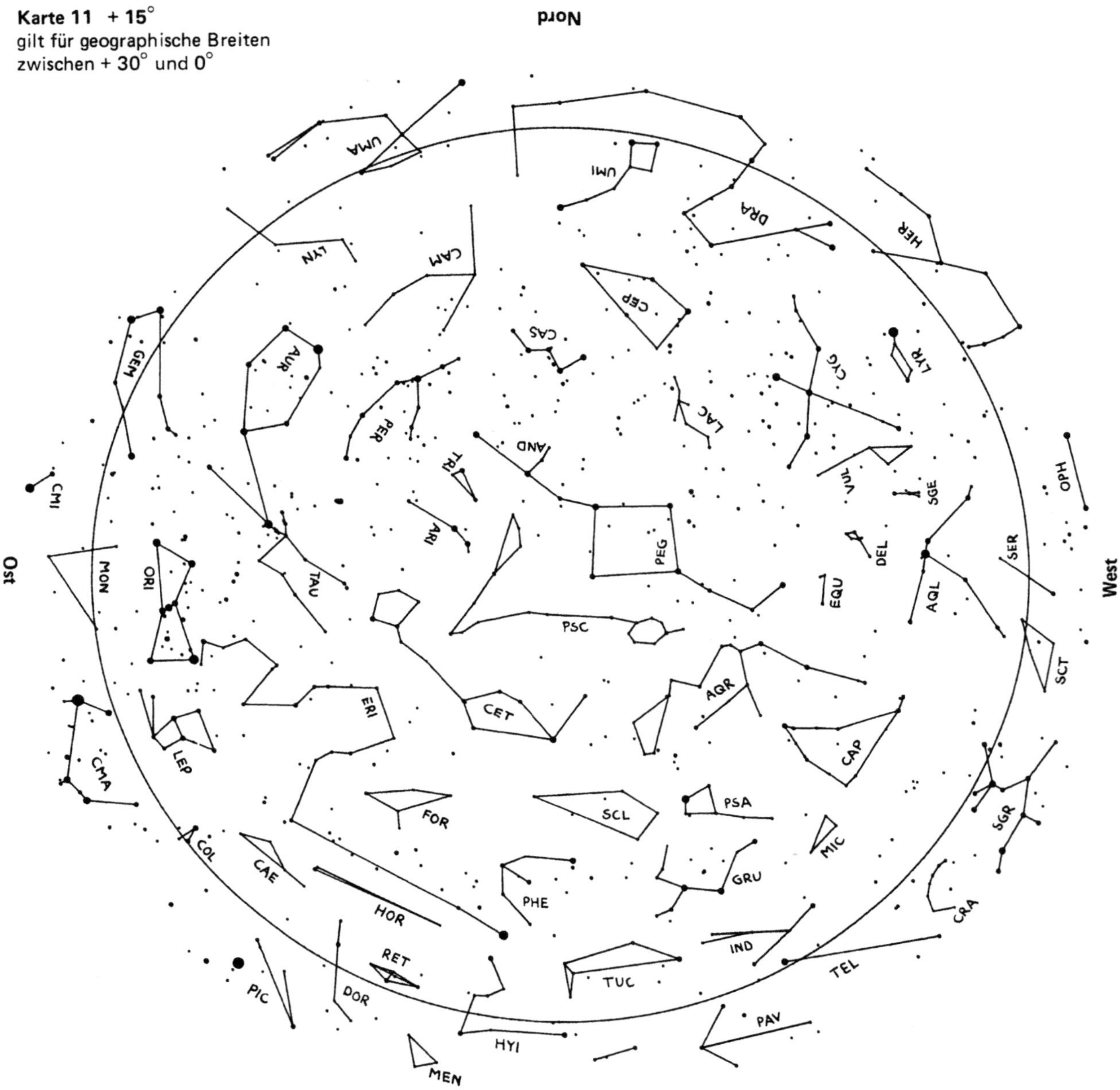

Das Band der Milchstraße erstreckt sich über die Sternbilder MON – AUR – CAS – CYG – AQL – SGR

+ 15° Karte 12
gilt für geographische Breiten
zwischen + 30° und 0°

Nord

Ost

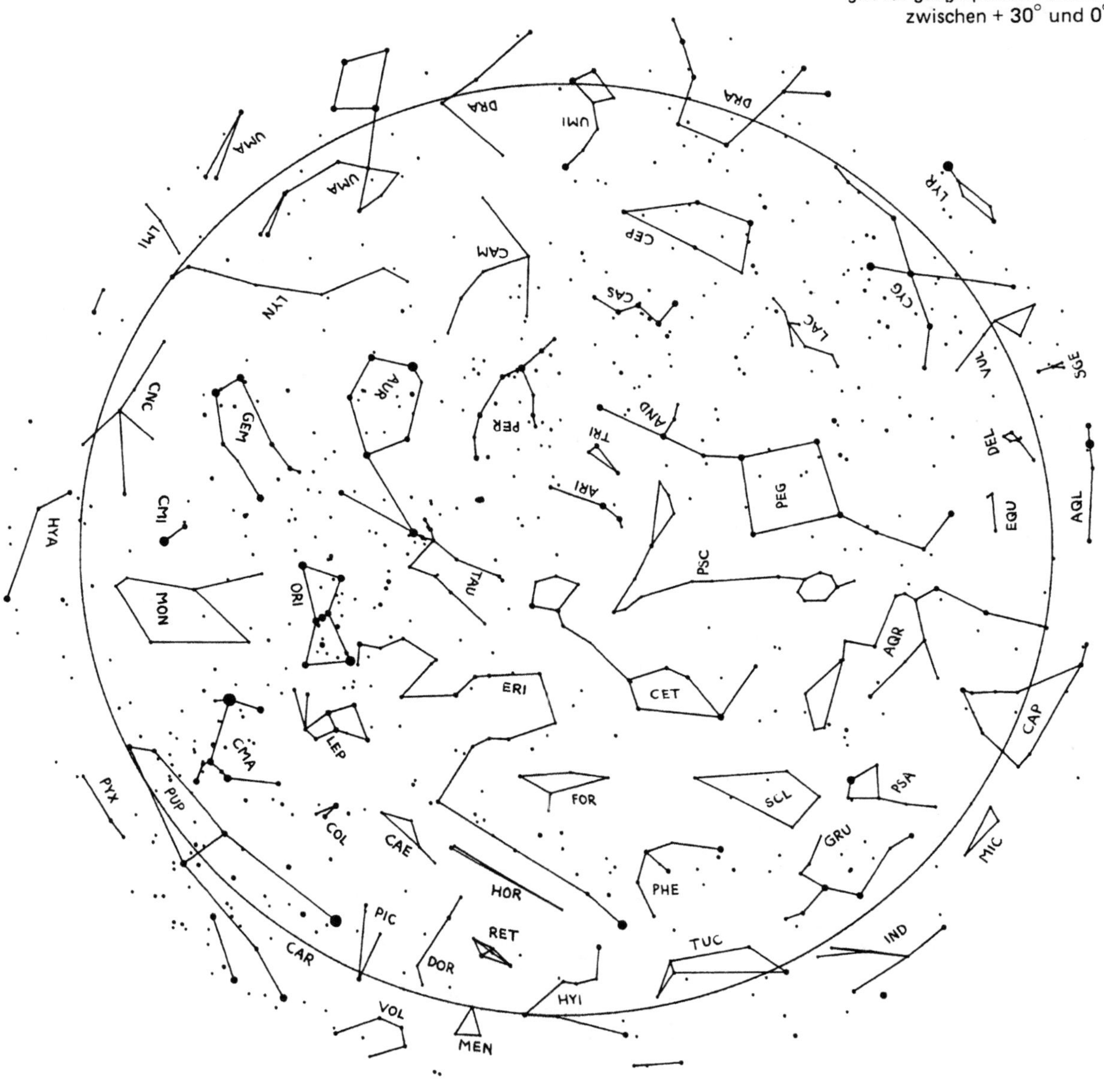

West

Süd

Das Band der Milchstraße erstreckt sich über die Sternbilder PUP – MON – AUR – CAS – CYG – AQL

Karte 1 — 15°
gilt für geographische Breiten
zwischen 0° und — 30°

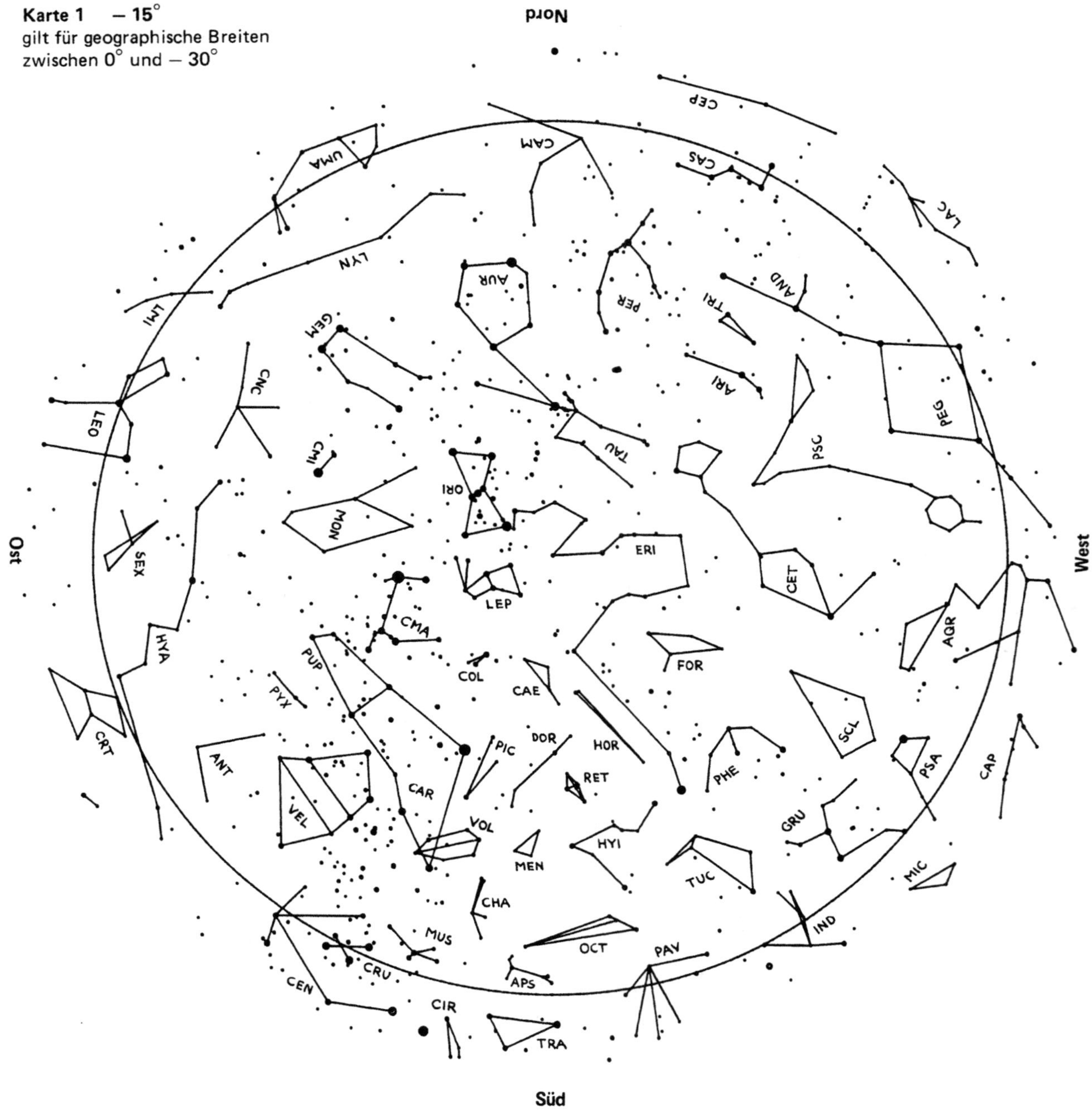

Das Band der Milchstraße erstreckt sich über die Sternbilder CRU — VEL — PUP — MON — AUR — CAS

– 15° Karte 2
gilt für geographische Breiten
zwischen 0° und – 30°

Das Band der Milchstraße erstreckt sich über die Sternbilder CRU – VEL – PUP – MON – AUR – CAS

Karte 3 — 15°
gilt für geographische Breiten
zwischen 0° und — 30°

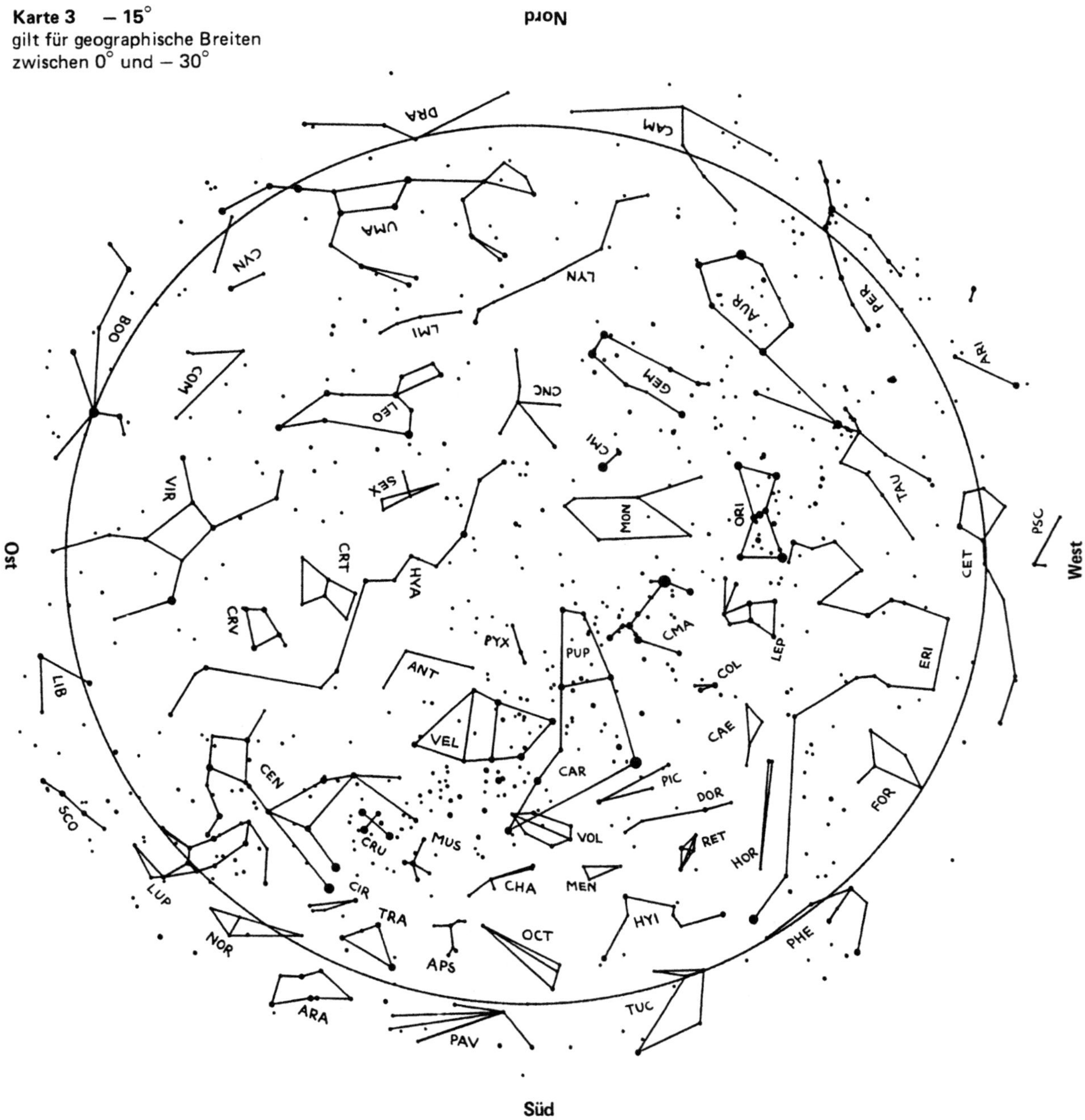

Das Band der Milchstraße erstreckt sich über die Sternbilder NOR — CRU — VEL — PUP — MON — AUR

– 15° Karte 4
gilt für geographische Breiten
zwischen 0° und – 30°

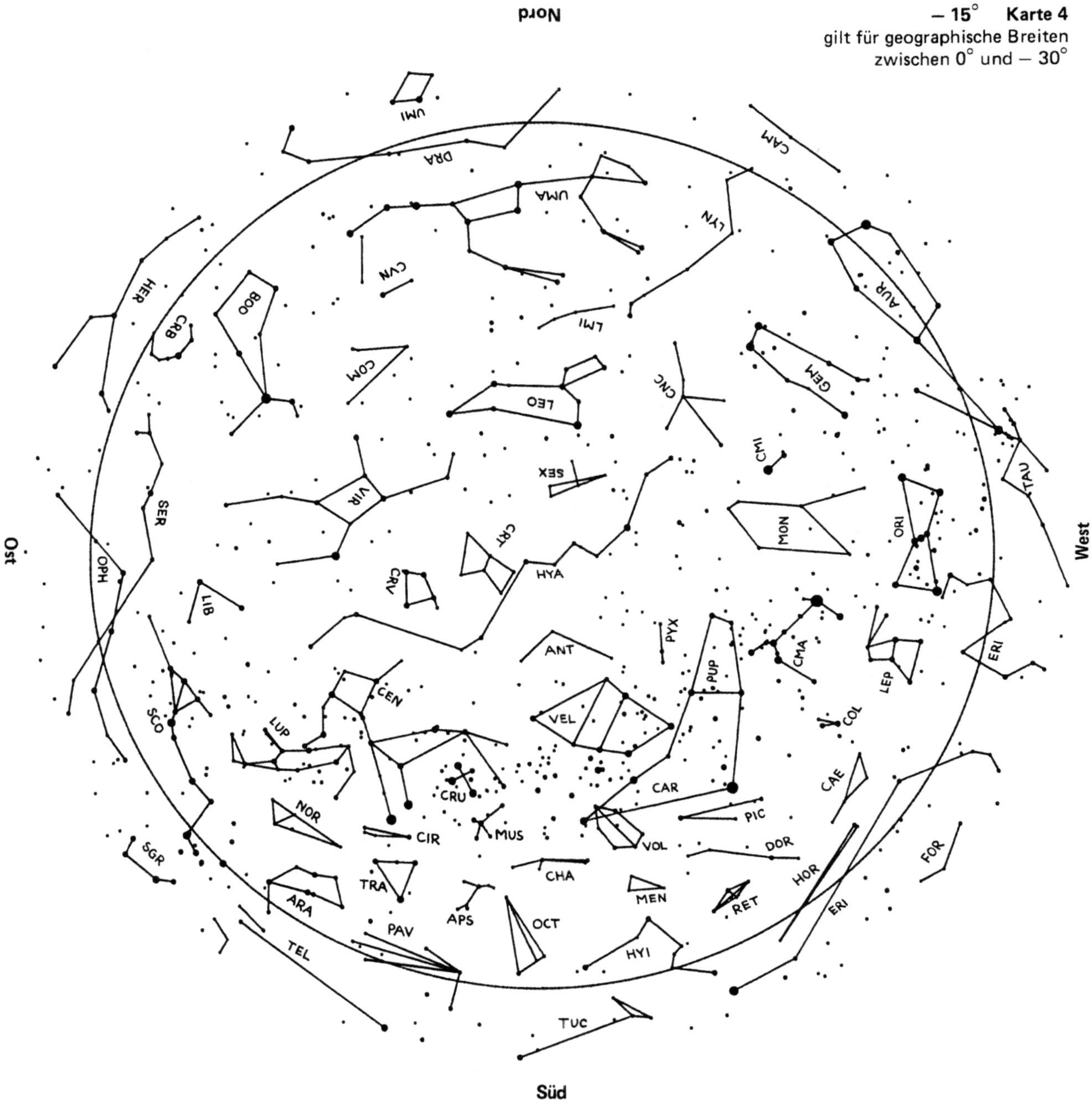

Das Band der Milchstraße erstreckt sich über die Sternbilder SGR – SCO – NOR – CRU – VEL – PUP – MON – AUR

Karte 5 – 15°
gilt für geographische Breiten
zwischen 0° und – 30°

Das Band der Milchstraße erstreckt sich über die Sternbilder SGR – SCO – NOR – CRU – VEL – PUP – MON

– 15° Karte 6
gilt für geographische Breiten
zwischen 0° und – 30°

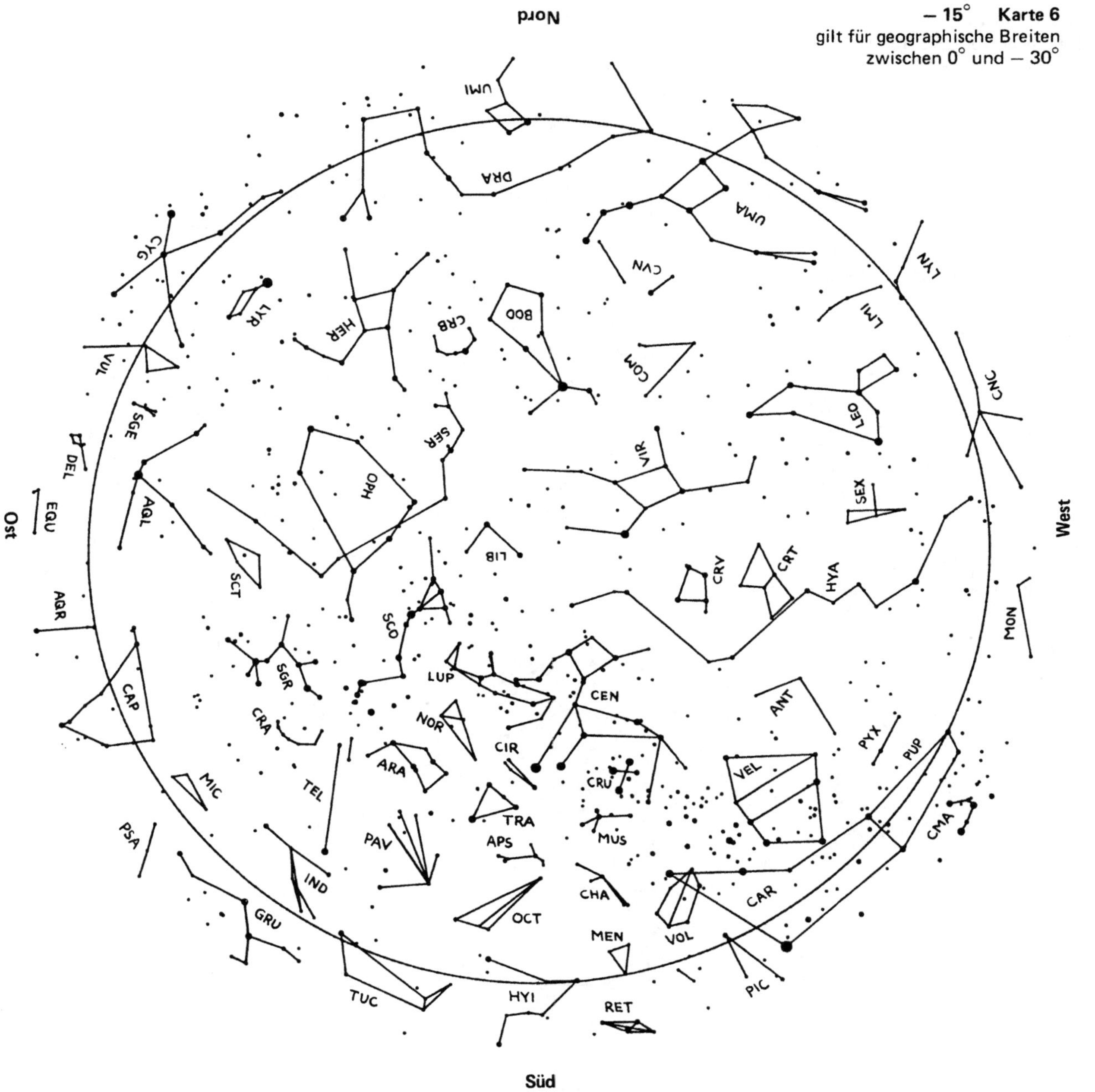

Band der Milchstraße erstreckt sich über die Sternbilder CYG – AQL – SGR – SCO – NOR – CRU – VEL – PUP – MON

Karte 7 – 15°
gilt für geographische Breiten
zwischen 0° und – 30°

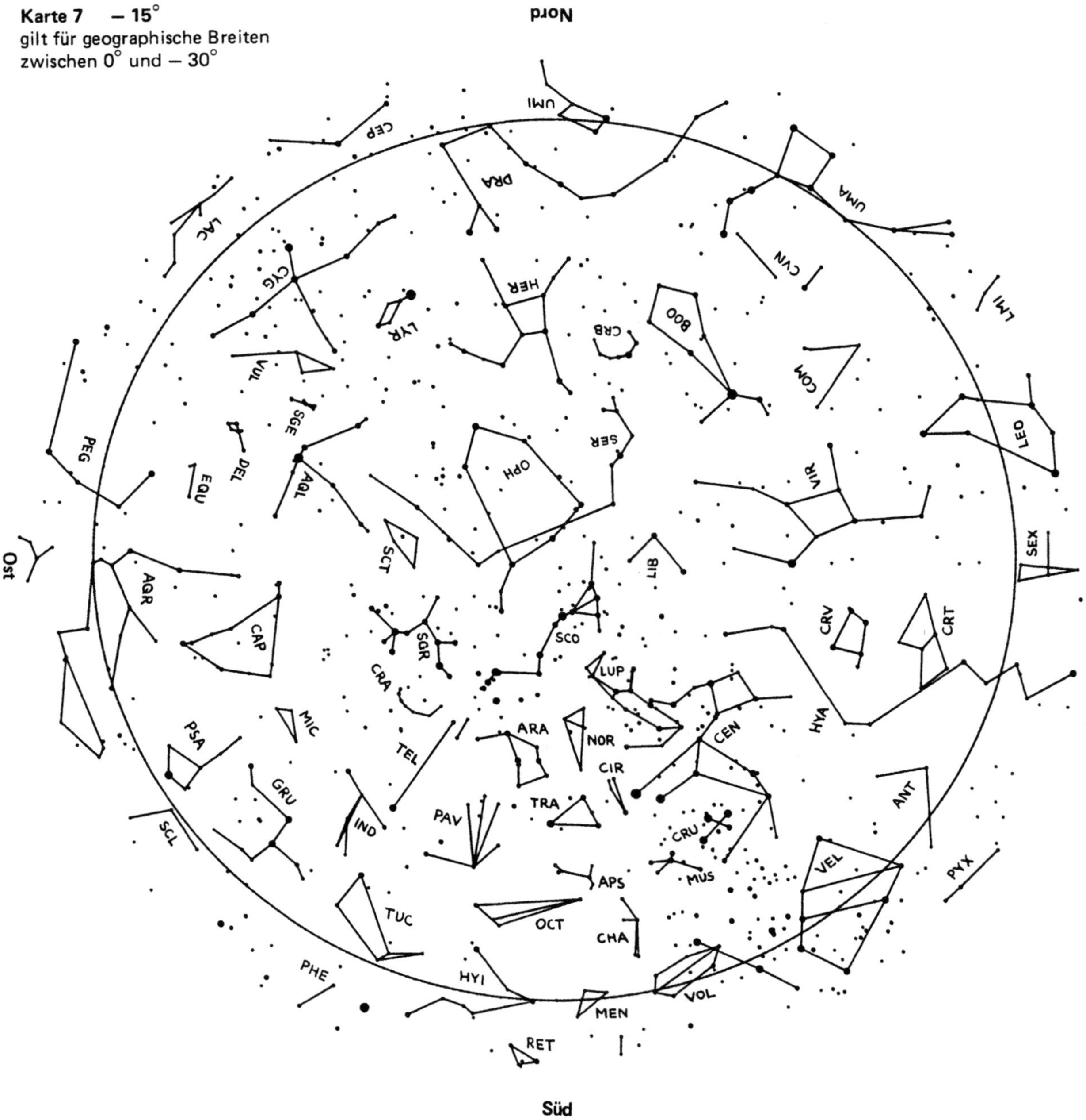

Das Band der Milchstraße erstreckt sich über die Sternbilder CYG – AQL – SGR – SCO – NOR – CRU – VEL

– 15° Karte 8
gilt für geographische Breiten
zwischen 0° und – 30°

Das Band der Milchstraße erstreckt sich über die Sternbilder CYG – AQL – SGR – SCO – NOR – CRU – VEL

Karte 9 – 15°
gilt für geographische Breiten
zwischen 0° und – 30°

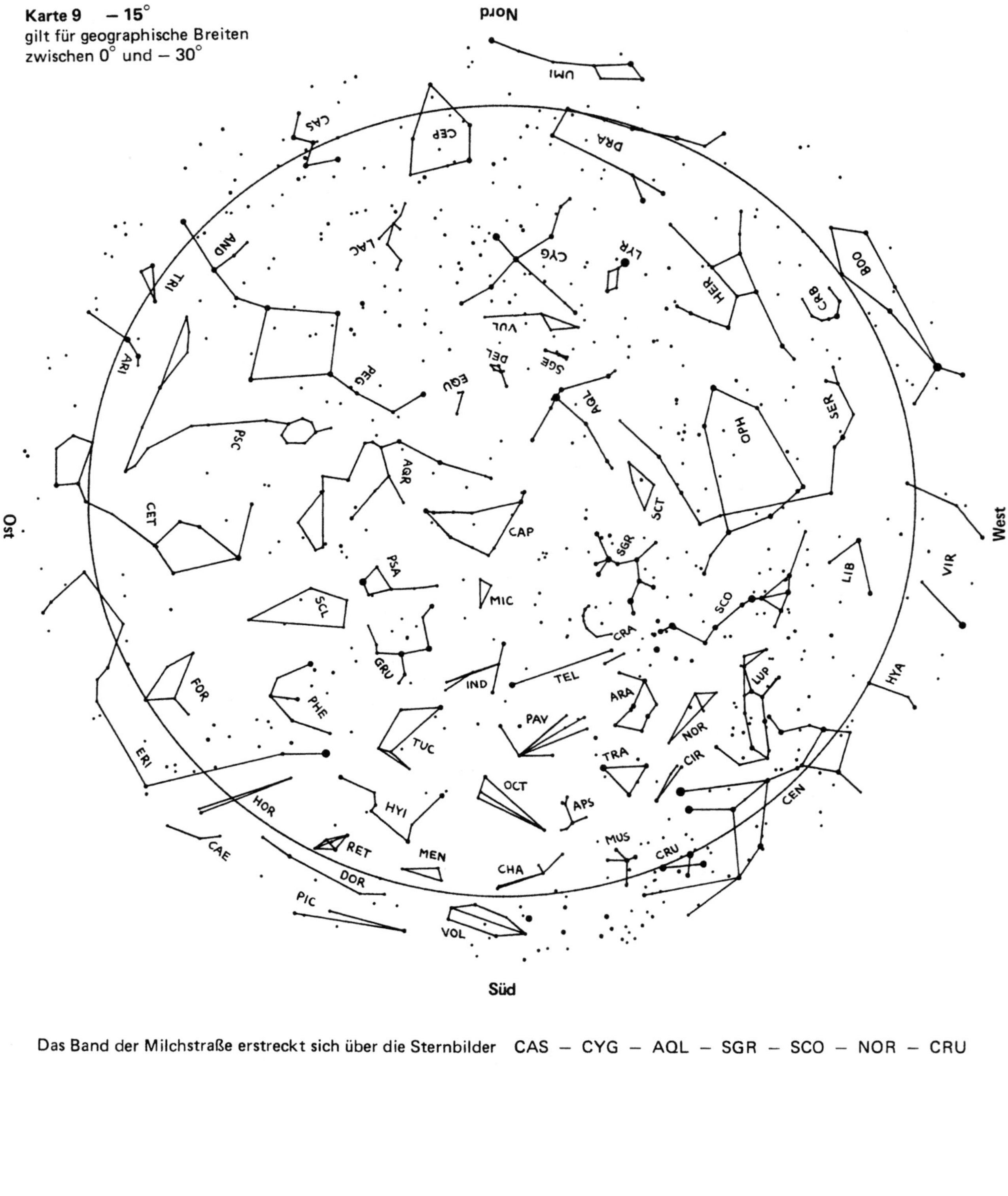

Das Band der Milchstraße erstreckt sich über die Sternbilder CAS – CYG – AQL – SGR – SCO – NOR – CRU

– 15° Karte 10
gilt für geographische Breiten
zwischen 0° und – 30°

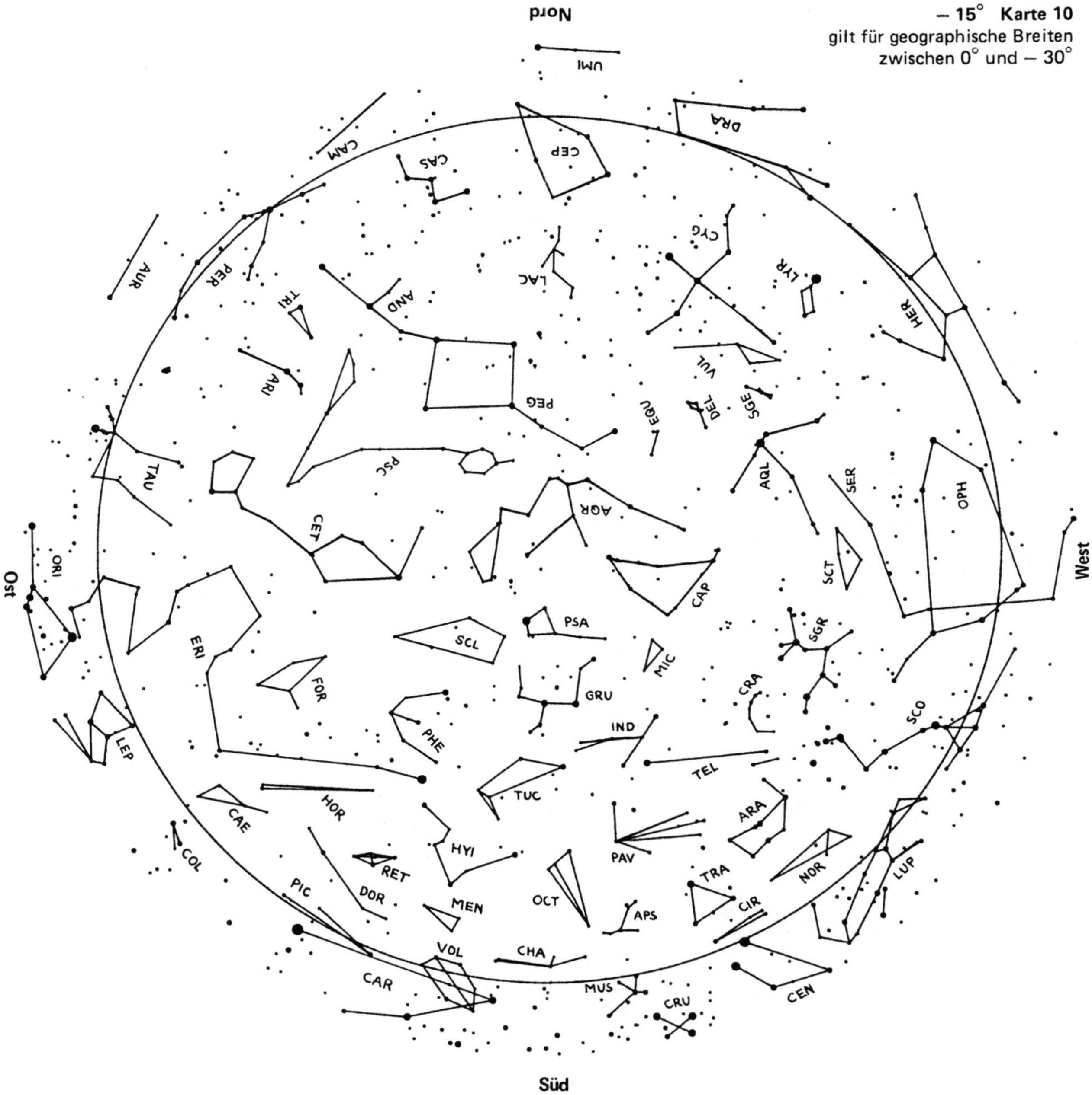

Das Band der Milchstraße erstreckt sich über die Sternbilder CAS – CYG – AQL – SGR – SCO – NOR – CRU

Karte 11 – 15°
gilt für geographische Breiten
zwischen 0° und – 30°

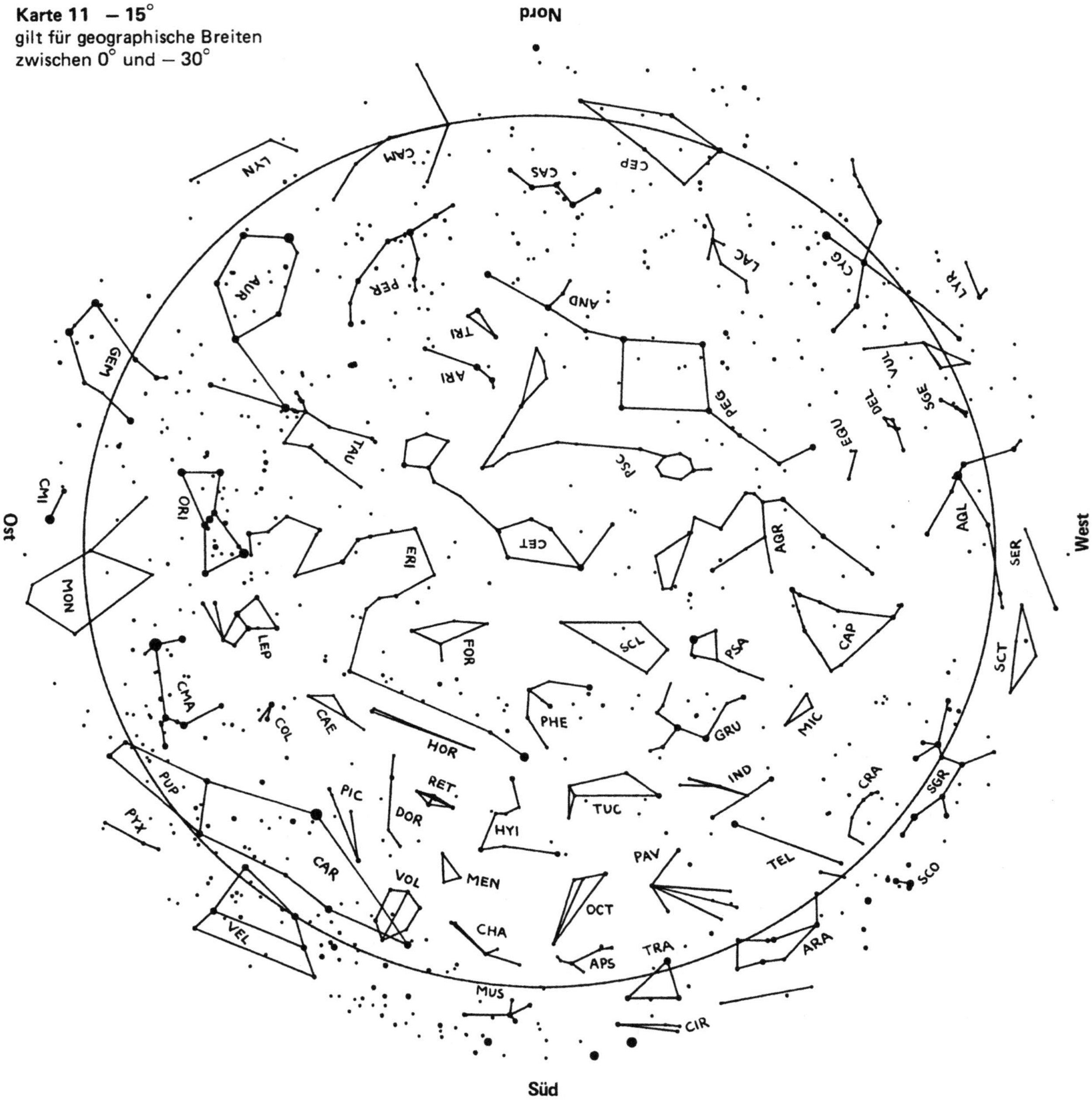

Das Band der Milchstraße erstreckt sich über die Sternbilder VEL – PUP – MON – AUR – CAS – CYG – AQL – SGR

– 15° Karte 12
gilt für geographische Breiten
zwischen 0° und – 30°

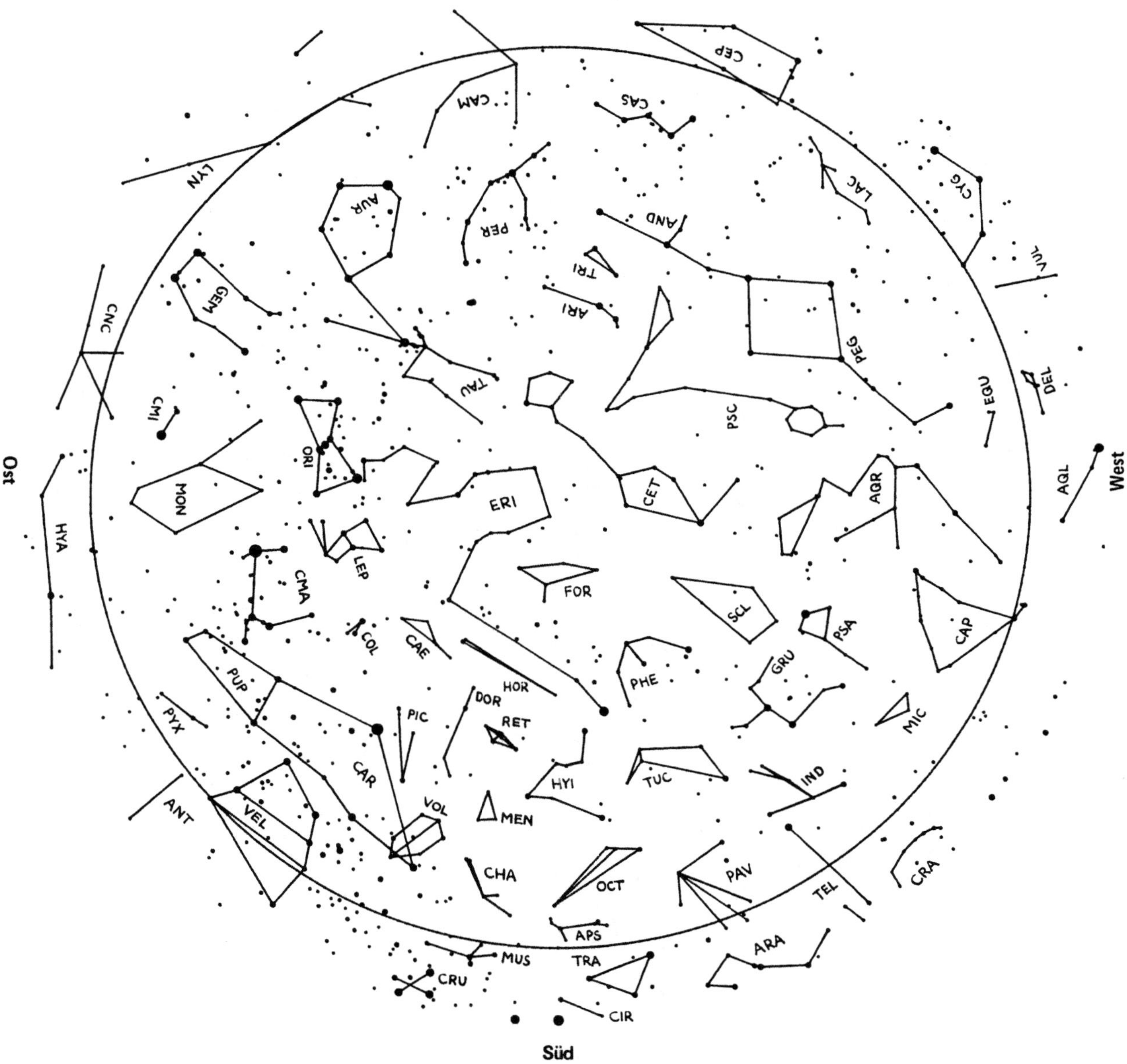

Das Band der Milchstraße erstreckt sich über die Sternbilder CRU – VEL – PUP – MON – AUR – CAS – CYG

Karte 1 – 45°
gilt für geographische Breiten
zwischen – 30° und – 60°

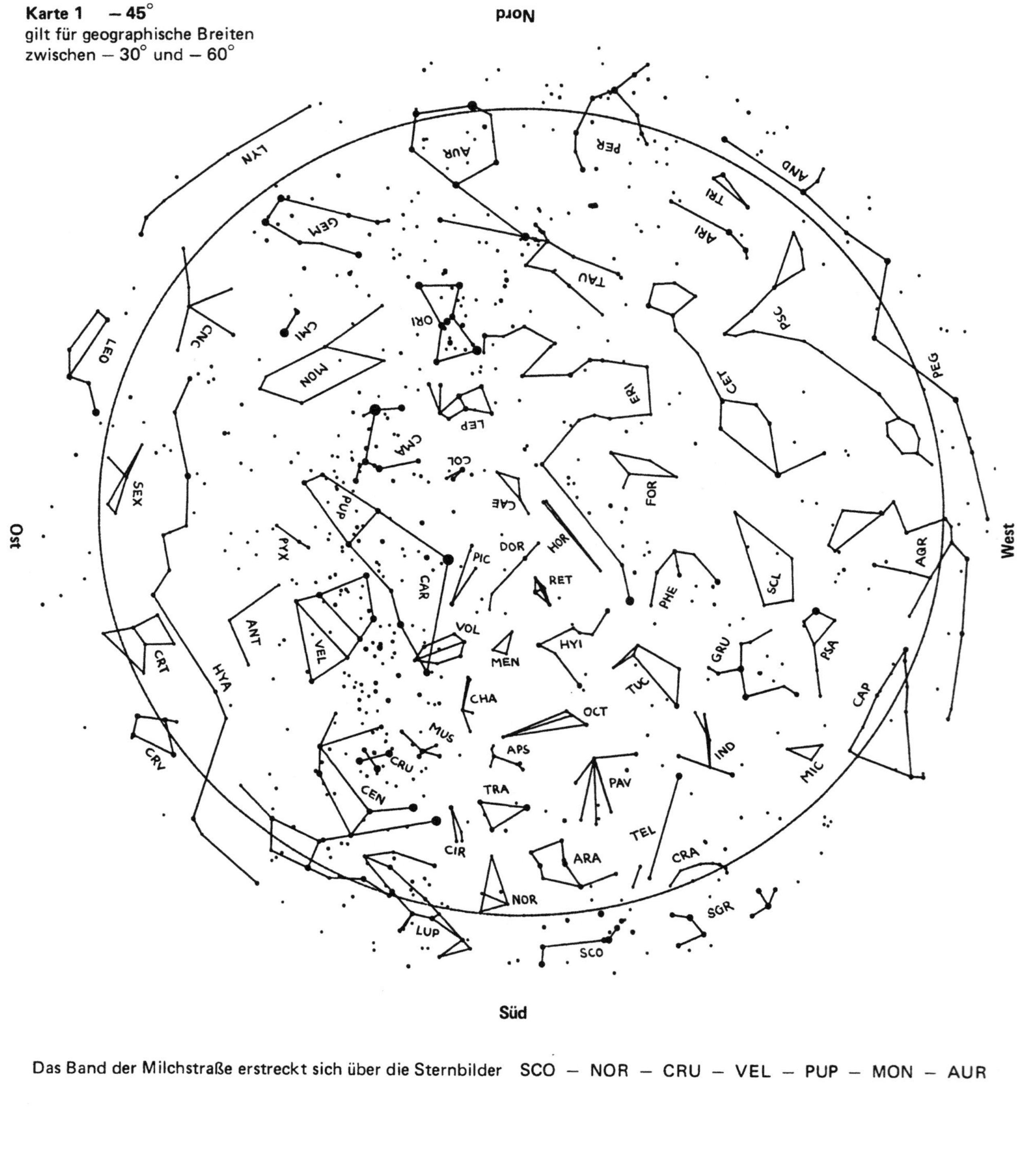

Das Band der Milchstraße erstreckt sich über die Sternbilder SCO – NOR – CRU – VEL – PUP – MON – AUR

– 45° Karte 2
gilt für geographische Breiten
zwischen – 30° und – 60°

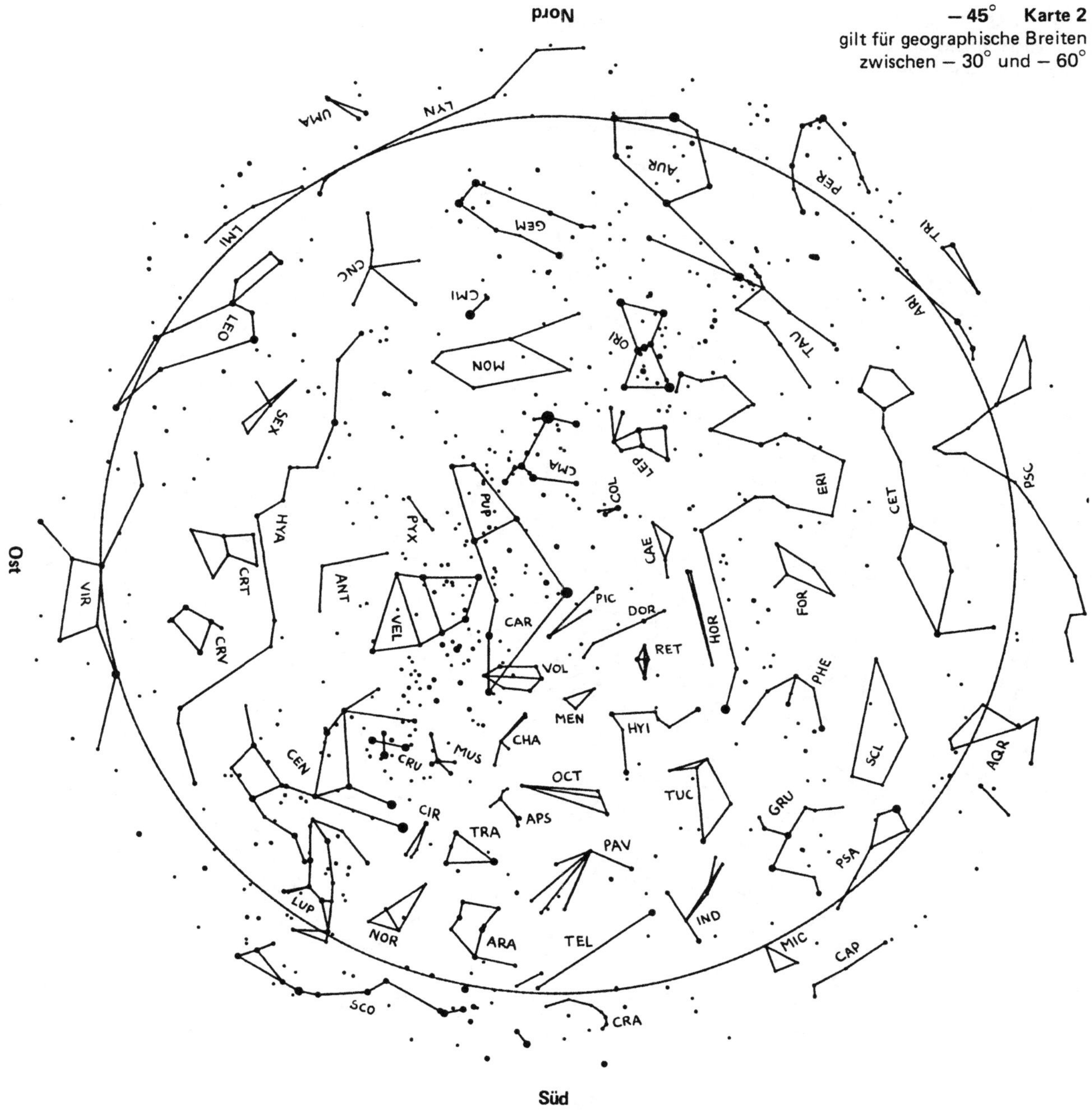

Das Band der Milchstraße erstreckt sich über die Sternbilder SCO – NOR – CRU – VEL – PUP – MON – AUR

Karte 3 – 45°
gilt für geographische Breiten
zwischen – 30° und – 60°

Nord

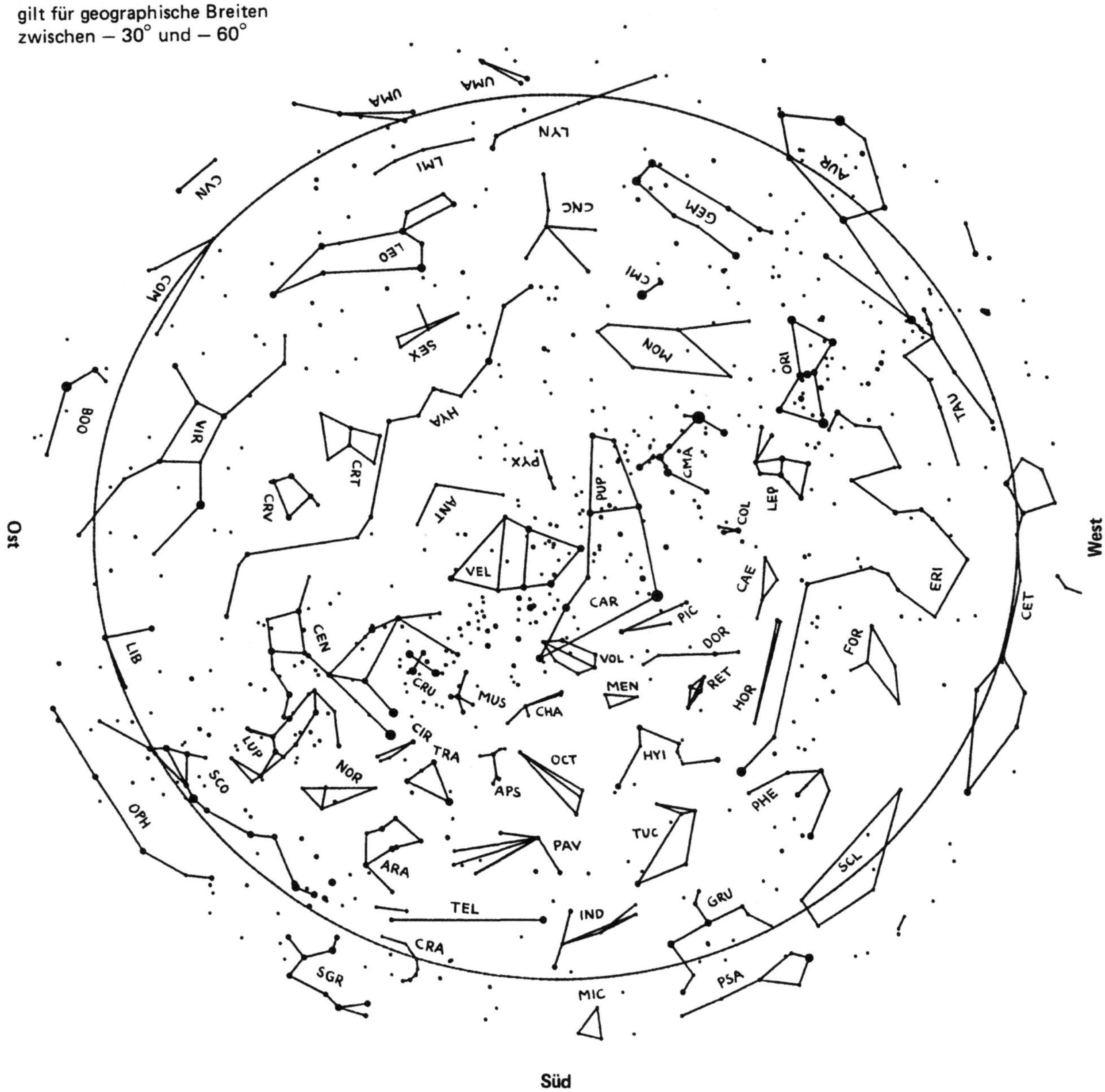

Das Band der Milchstraße erstreckt sich über die Sternbilder SGR – SCO – NOR – CRU – VEL – PUP – MON – AUR

– 45° Karte 4
gilt für geographische Breiten
zwischen – 30° und – 60°

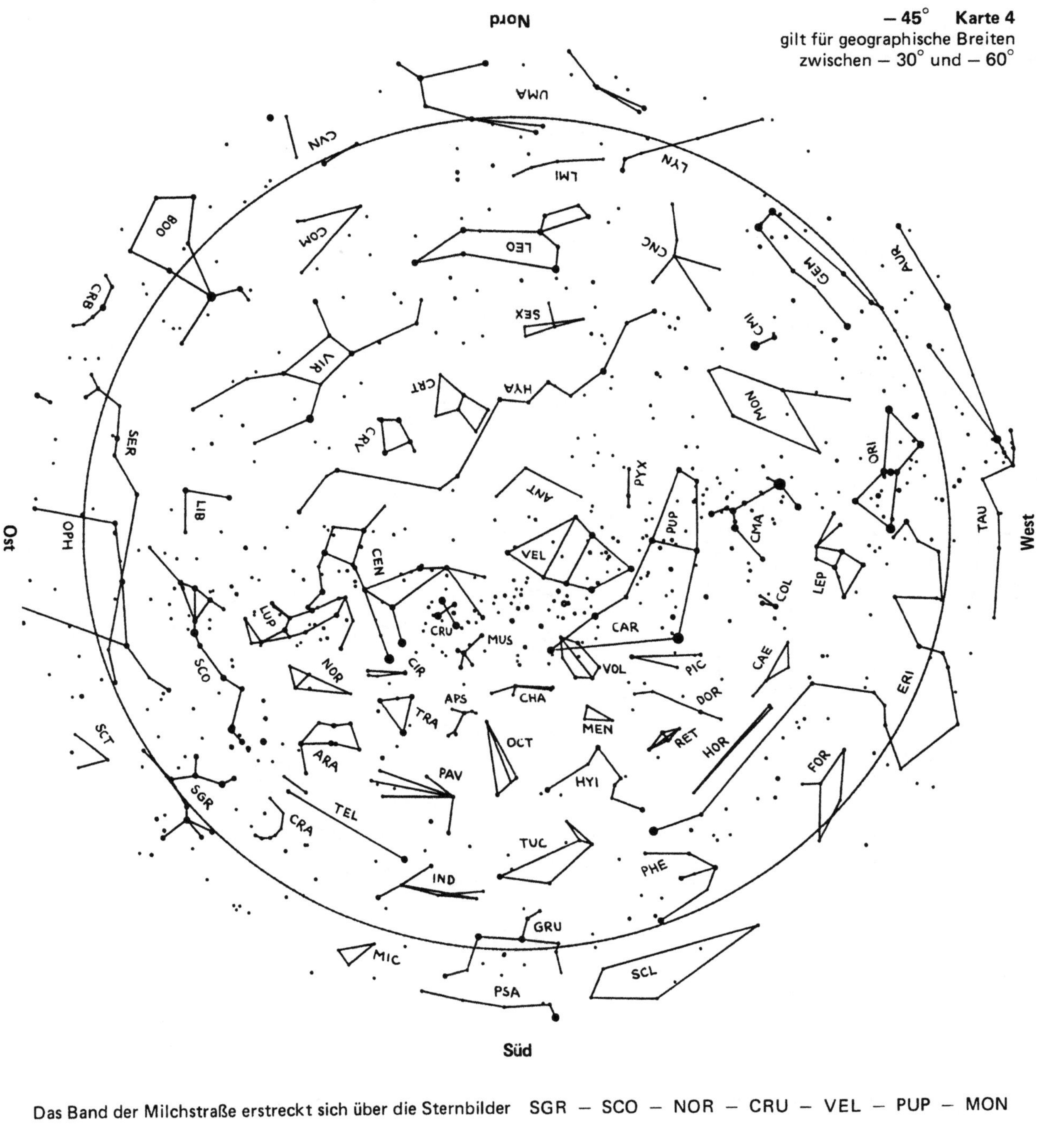

Das Band der Milchstraße erstreckt sich über die Sternbilder SGR – SCO – NOR – CRU – VEL – PUP – MON

Karte 5 – 45°
gilt für geographische Breiten
zwischen – 30° und – 60°

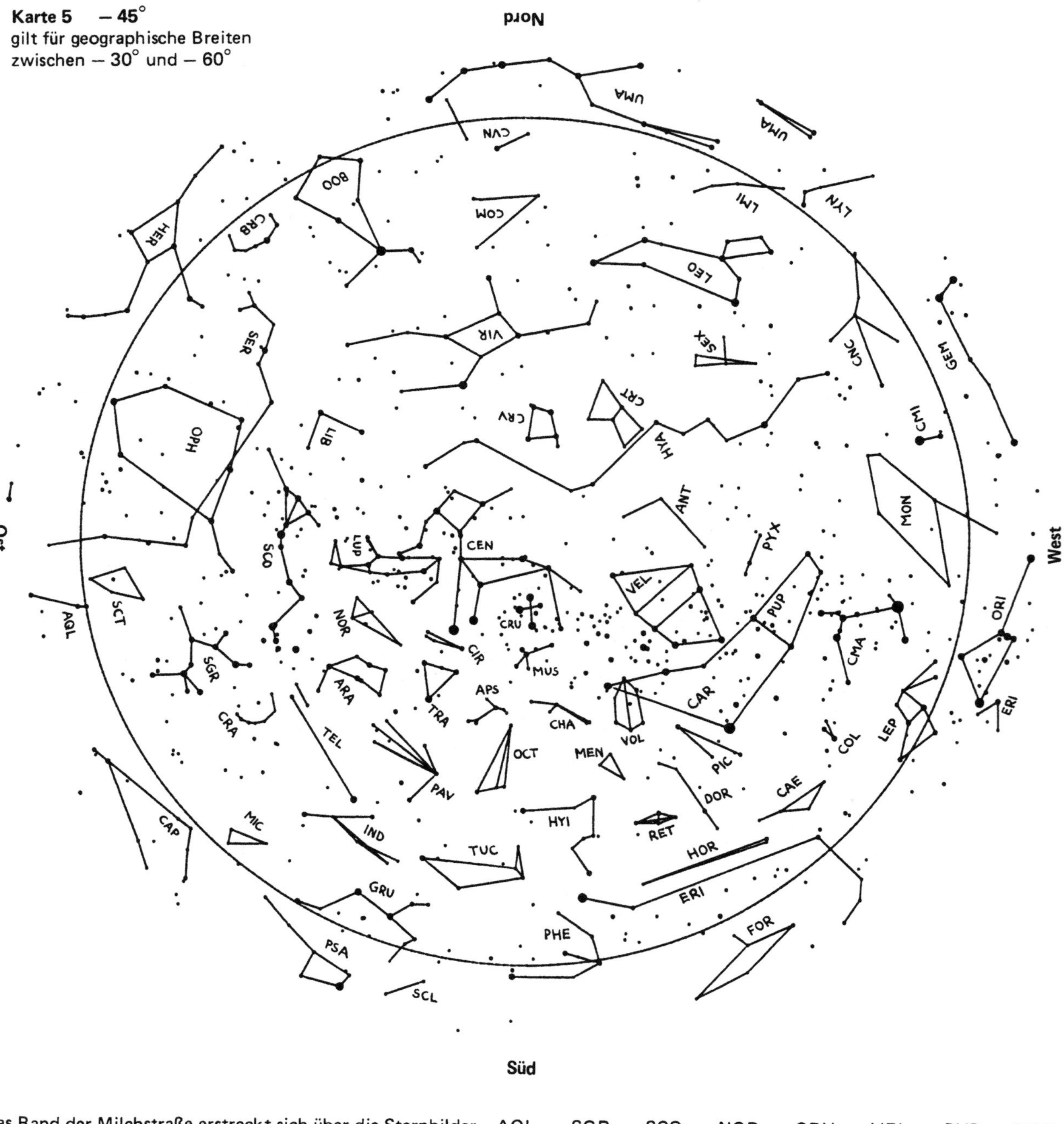

Das Band der Milchstraße erstreckt sich über die Sternbilder AQL – SGR – SCO – NOR – CRU – VEL – PUP – MON

−45° Karte 6
gilt für geographische Breiten
zwischen − 30° und − 60°

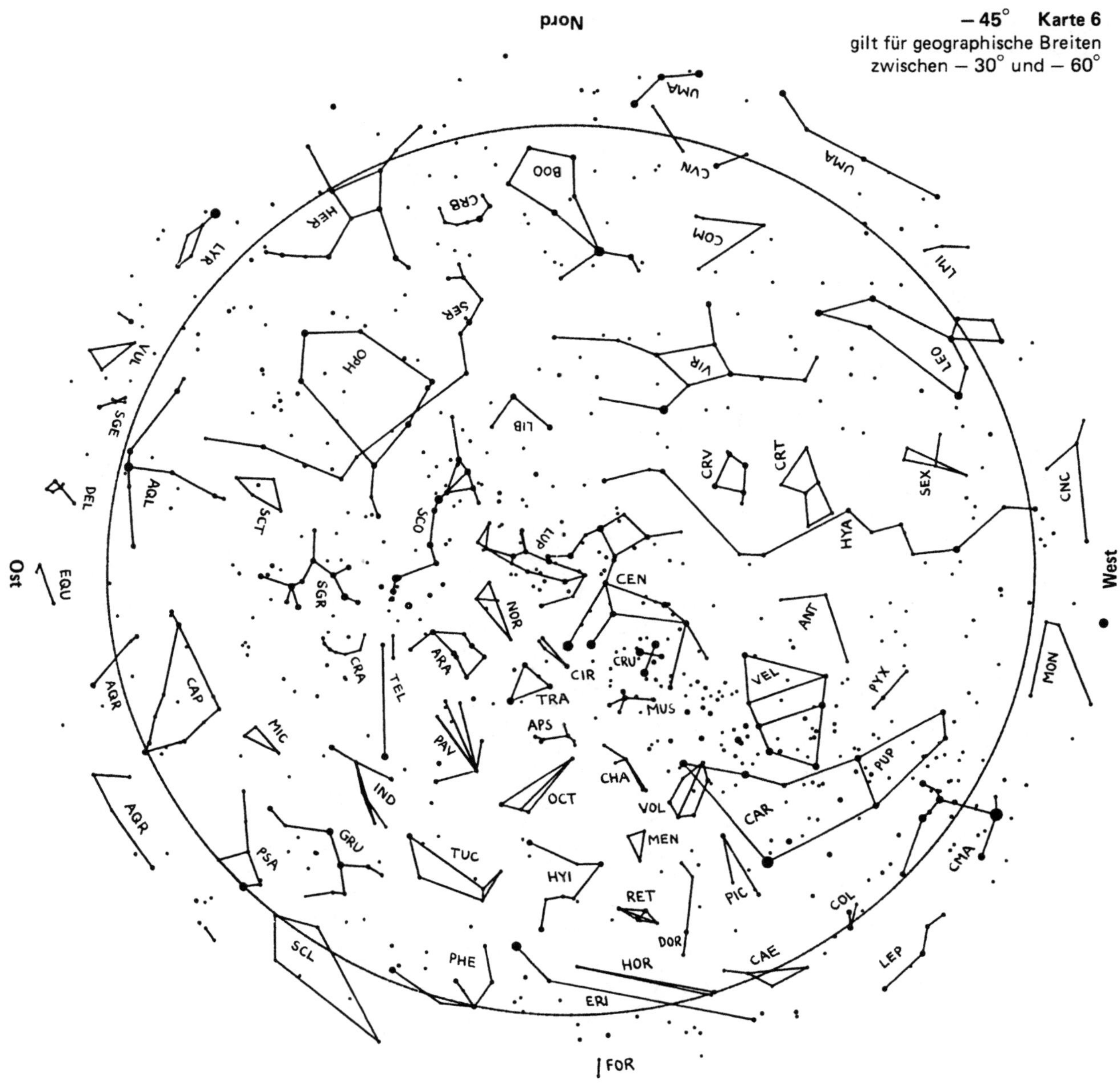

Das Band der Milchstraße erstreckt sich über die Sternbilder AQL − SGR − SCO − NOR − CRU − VEL − PUP

Karte 7 – 45°
gilt für geographische Breiten
zwischen – 30° und – 60°

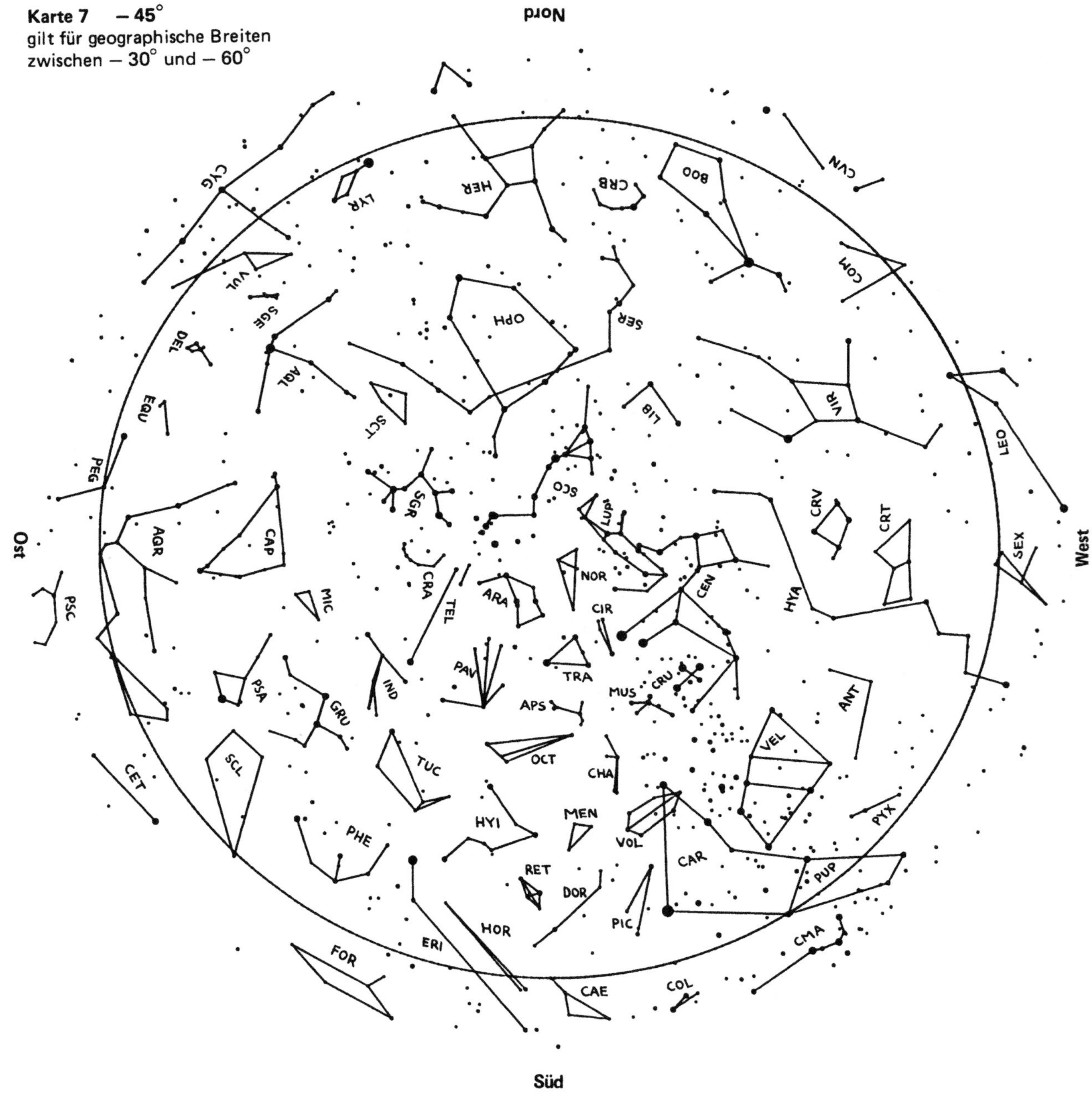

Das Band der Milchstraße erstreckt sich über die Sternbilder CYG – AQL – SGR –– SCO – NOR – CRU – VEL – PUP

−45° Karte 8
gilt für geographische Breiten
zwischen − 30° und − 60°

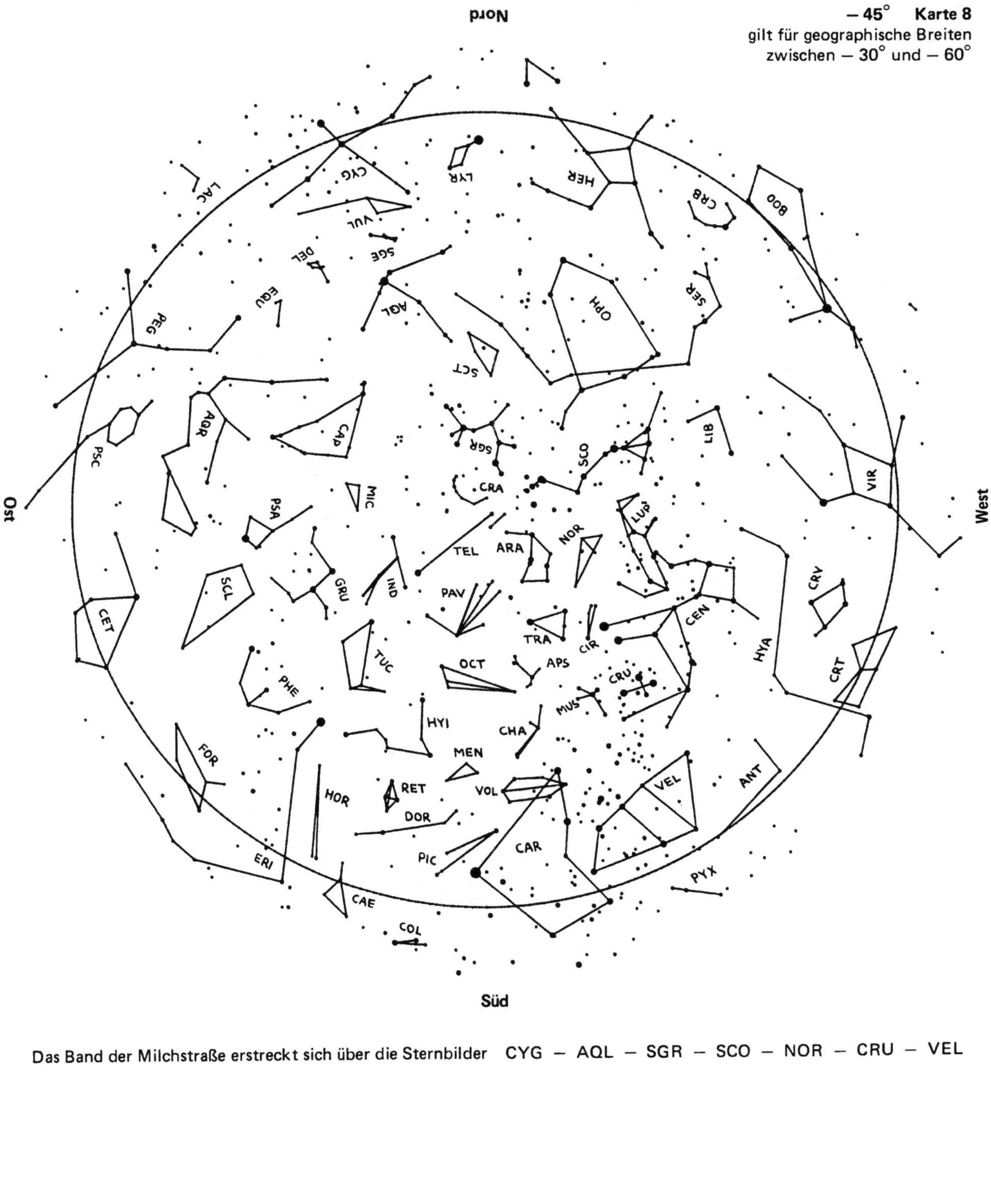

Das Band der Milchstraße erstreckt sich über die Sternbilder CYG − AQL − SGR − SCO − NOR − CRU − VEL

Karte 9 — 45°
gilt für geographische Breiten
zwischen – 30° und – 60°

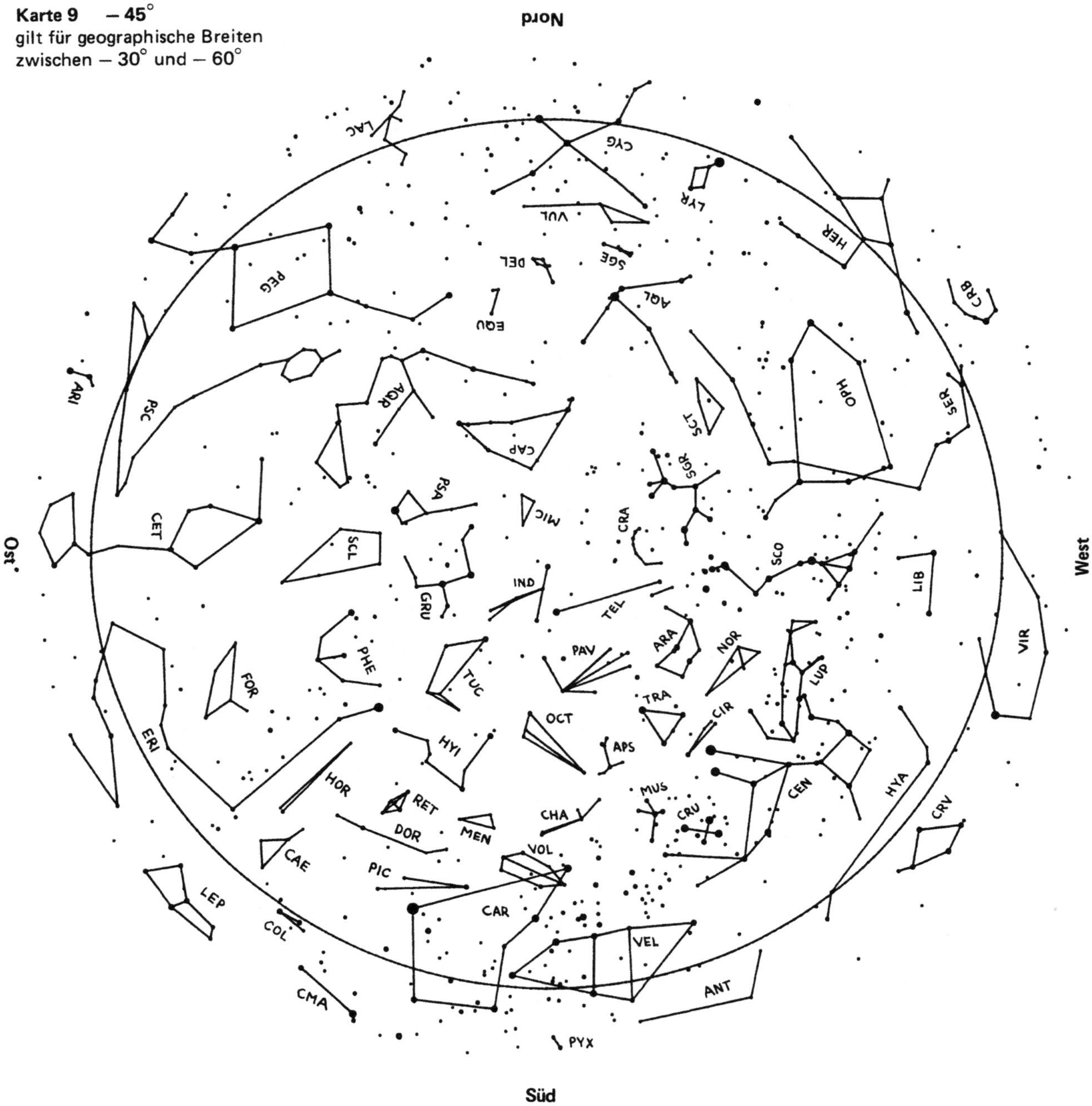

Das Band der Milchstraße erstreckt sich über die Sternbilder CYG – AQL – SGR – SCO – NOR – CRU – VEL

– 45° **Karte 10**
gilt für geographische Breiten
zwischen – 30° und – 60°

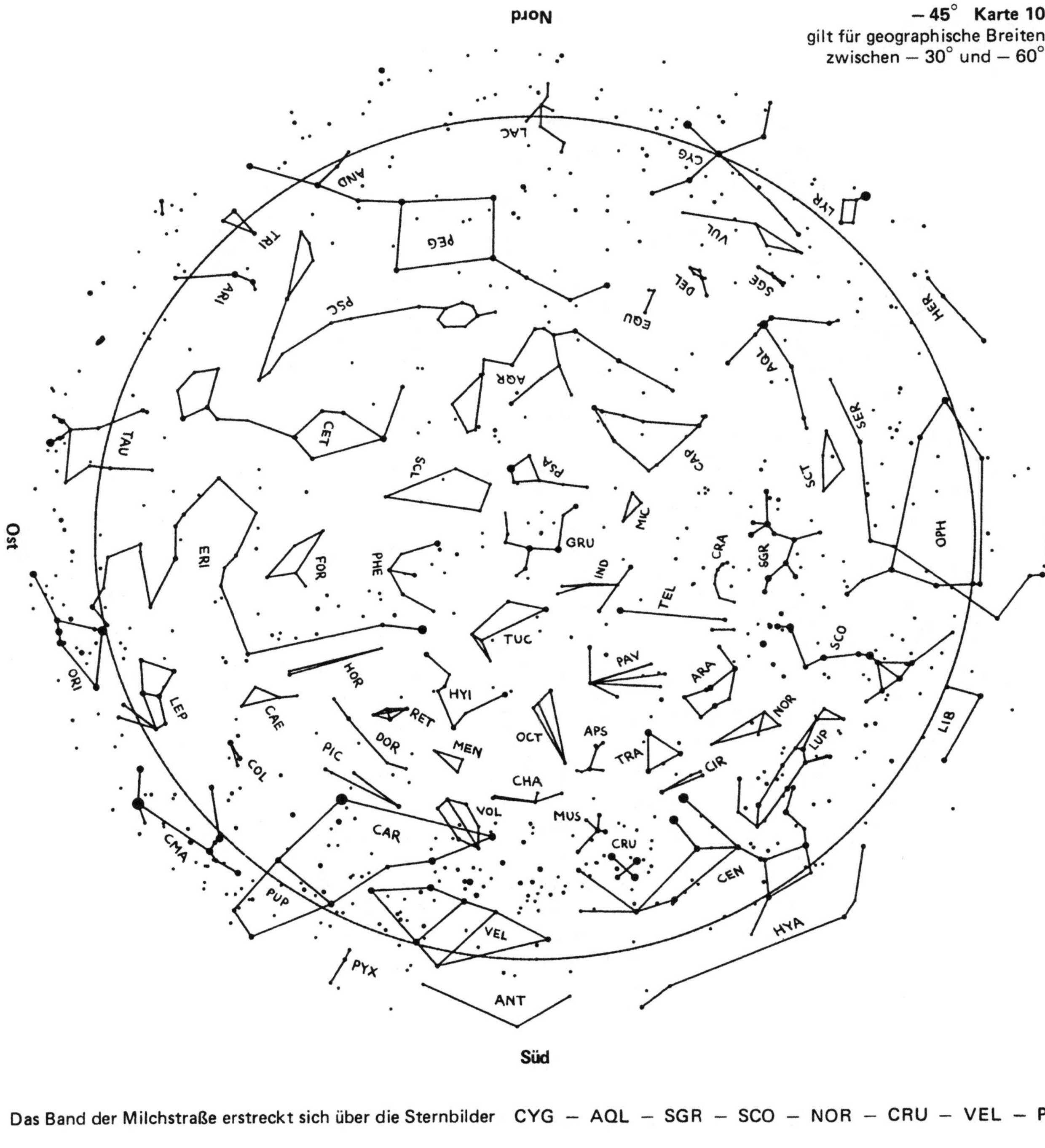

Das Band der Milchstraße erstreckt sich über die Sternbilder CYG – AQL – SGR – SCO – NOR – CRU – VEL – PUP

Karte 11 – 45°
gilt für geographische Breiten
zwischen – 30° und – 60°

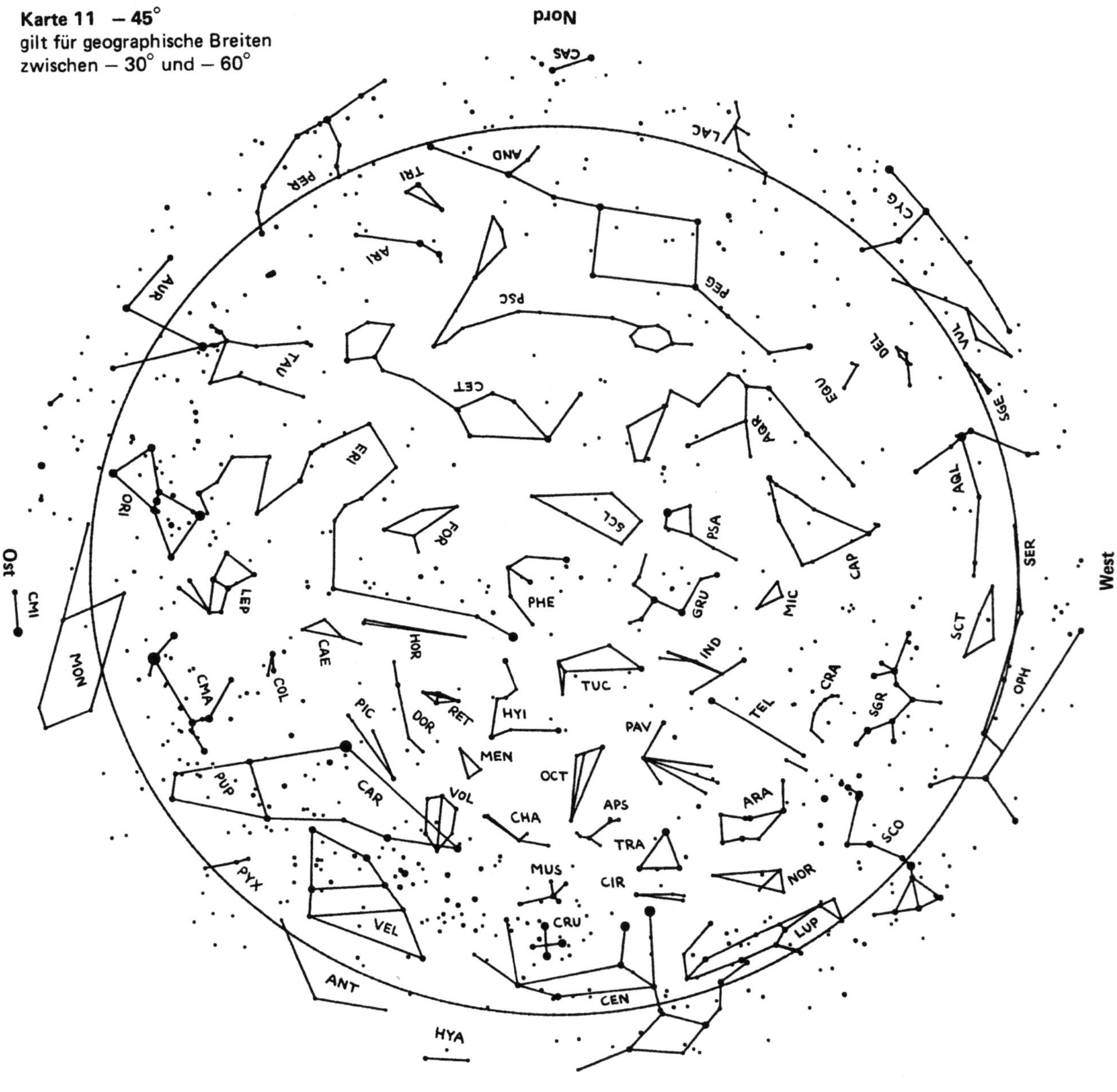

as Band der Milchstraße erstreckt sich über die Sternbilder CYG – AQL – SGR – SCO – NOR – CRU – VEL – PUP – MON

– 45° Karte 12
gilt für geographische Breiten
zwischen – 30° und – 60°

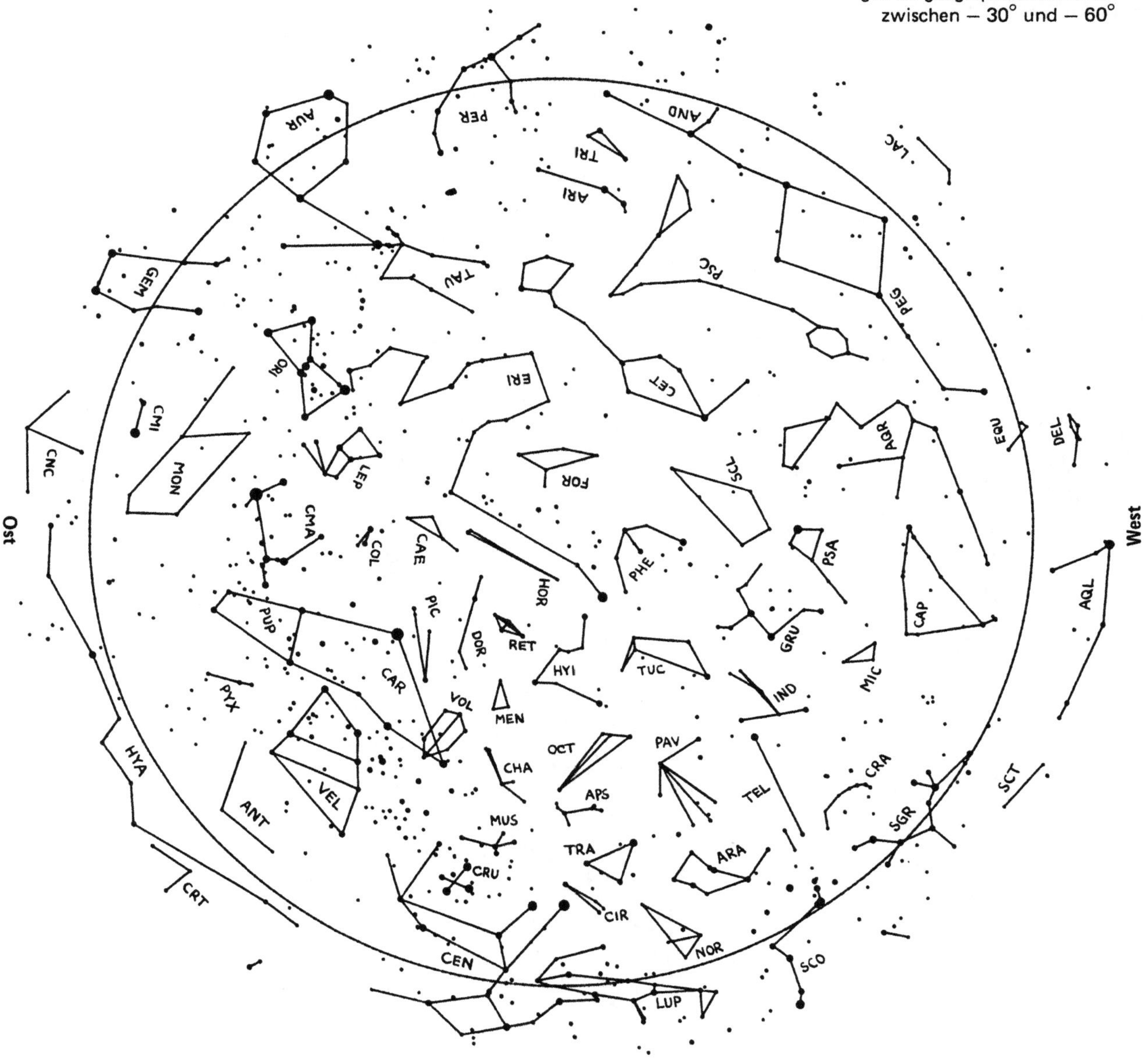

Das Band der Milchstraße erstreckt sich über die Sternbilder SGR – SCO – NOR – CRU – VEL – PUP – MON – AUR

Karte 1 – 75°
gilt für geographische Breiten
zwischen – 60° und – 90°

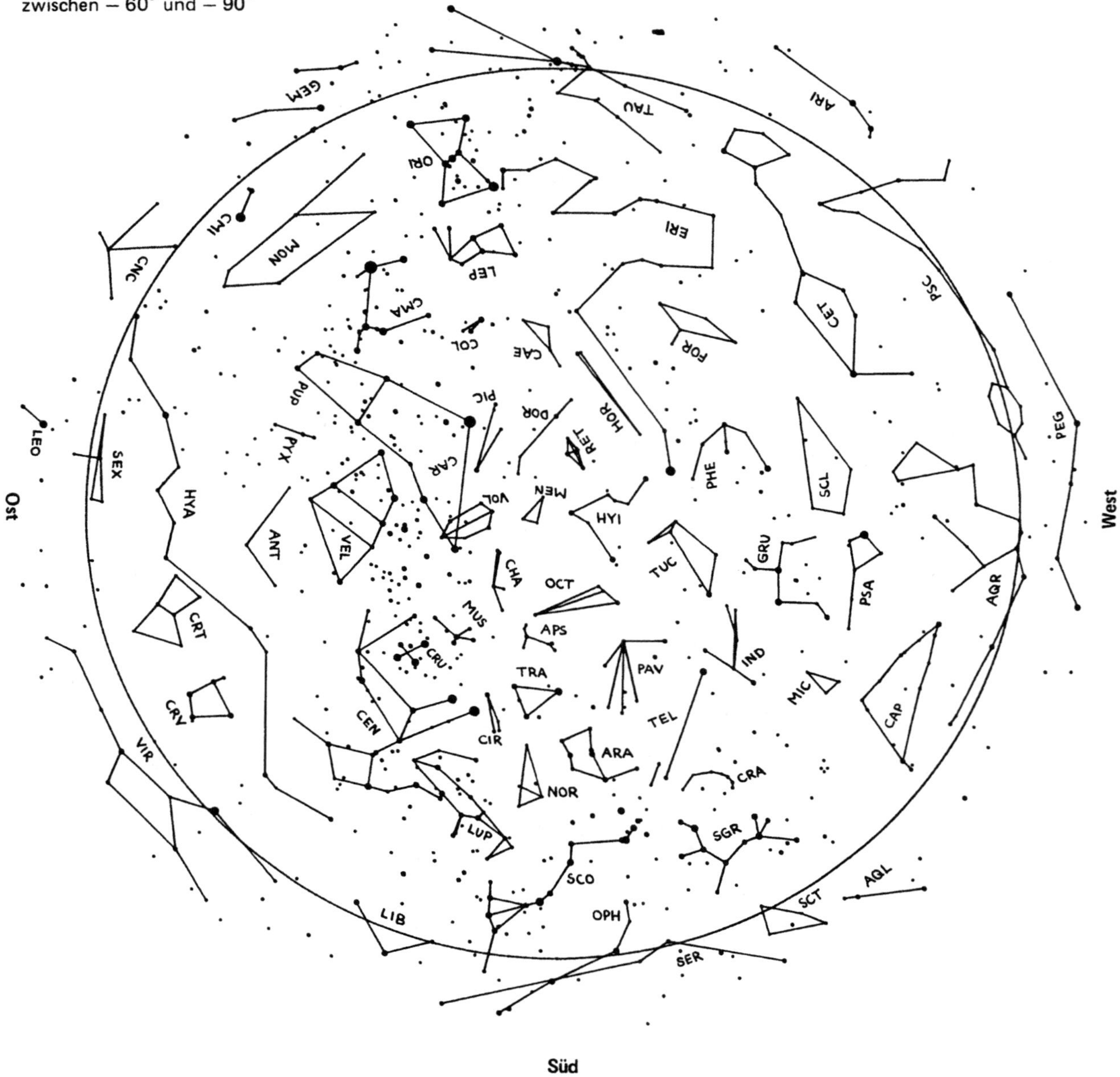

Das Band der Milchstraße erstreckt sich über die Sternbilder SGR – SCO – NOR – CRU – VEL – PUP – MON

– 75° Karte 2
gilt für geographische Breiten
zwischen – 60° und – 90°

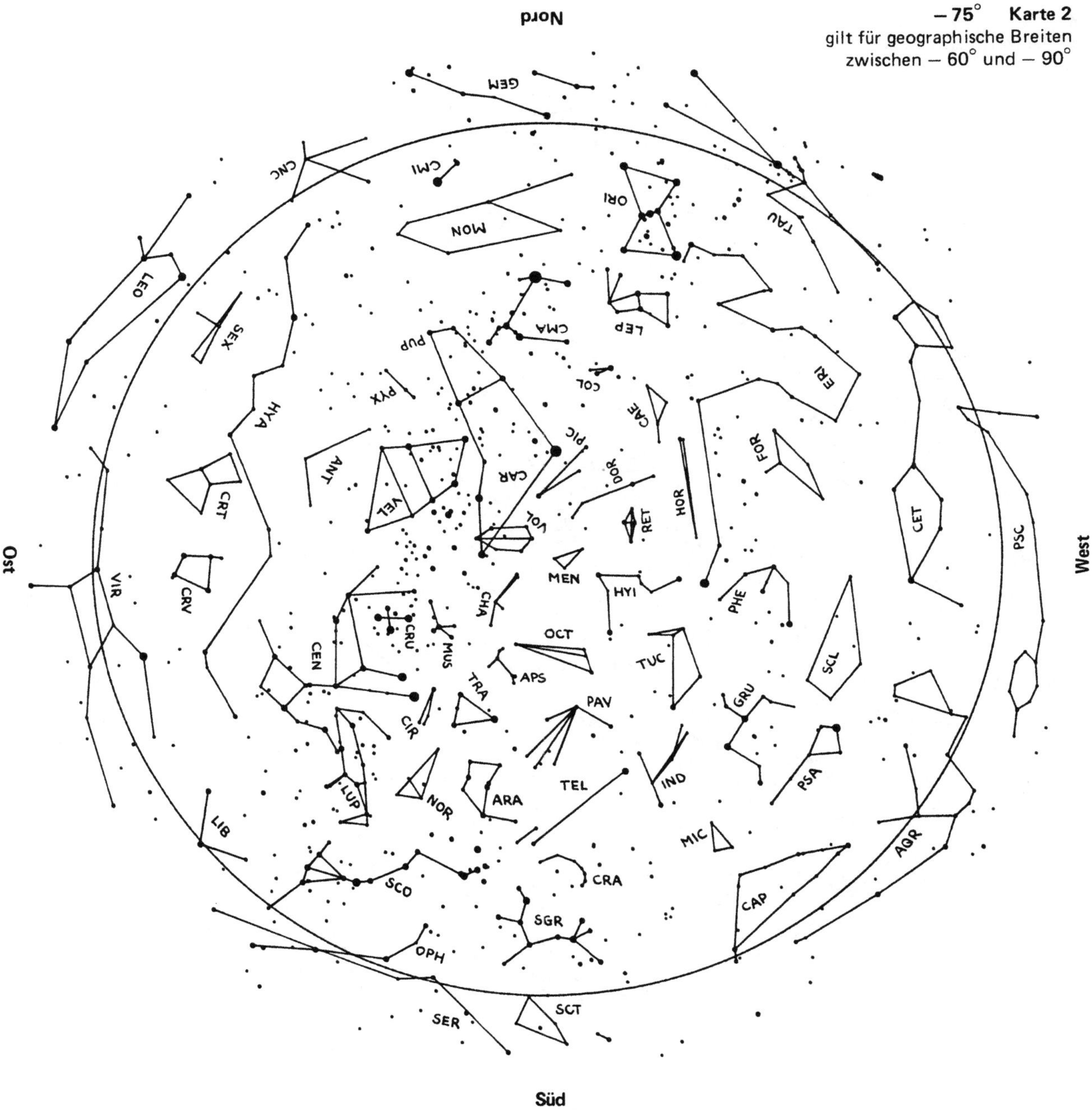

Das Band der Milchstraße erstreckt sich über die Sternbilder SGR – SCO – NOR – CRU – VEL – PUP – MON

Karte 3 – 75°
gilt für geographische Breiten
zwischen – 60° und – 90°

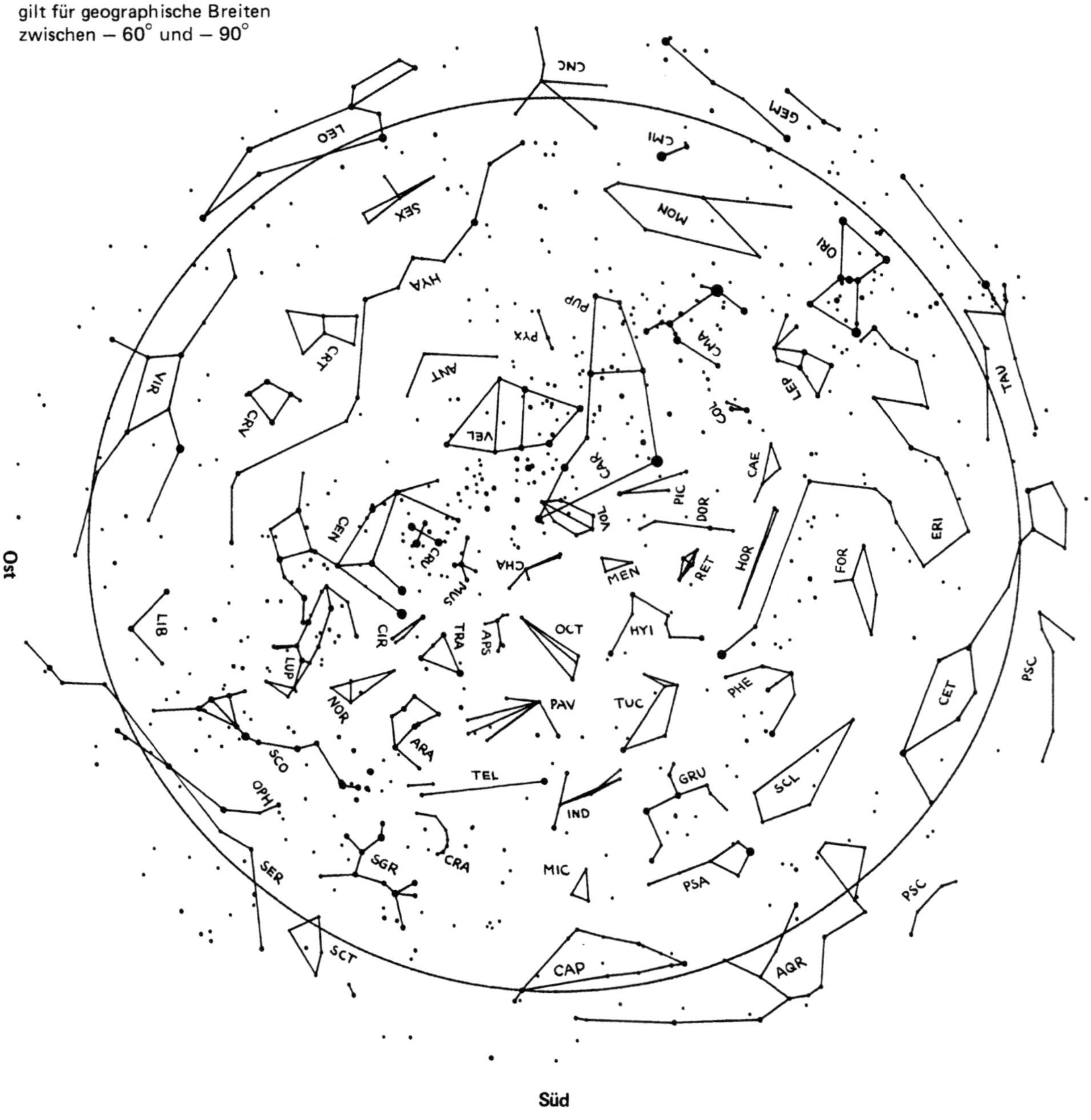

Das Band der Milchstraße erstreckt sich über die Sternbilder SGR – SCO – NOR – CRU – VEL – PUP – MON

– 75° Karte 4
gilt für geographische Breiten
zwischen – 60° und – 90°

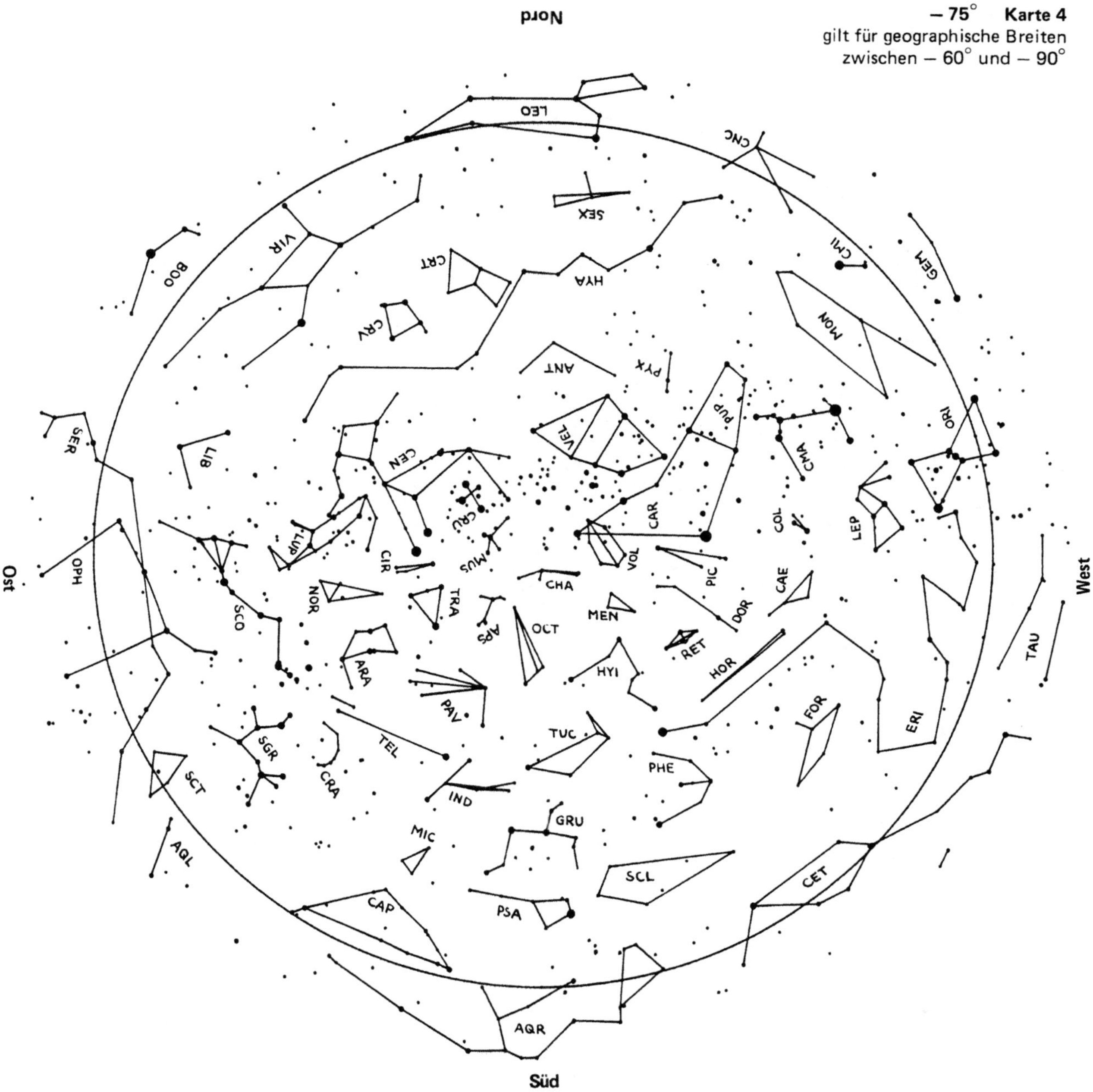

Das Band der Milchstraße erstreckt sich über die Sternbilder AQL – SGR – SCO – NOR – CRU – VEL – PUP – MON

Karte 5 – 75°
gilt für geographische Breiten
zwischen – 60° und – 90°

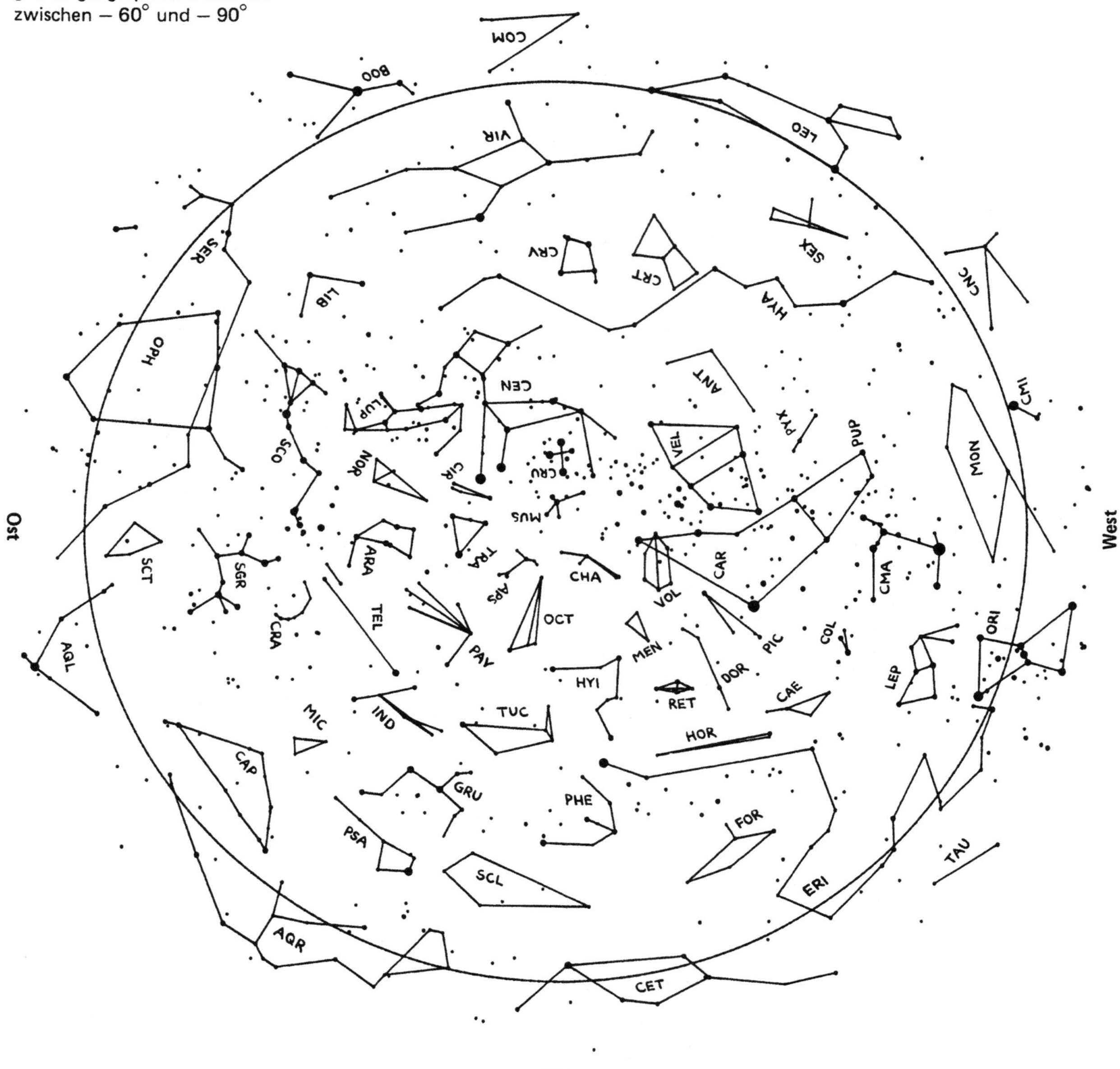

Das Band der Milchstraße erstreckt sich über die Sternbilder AQL – SGR – SCO – NOR – CRU – VEL – PUP – MON

– 75° Karte 6
gilt für geographische Breiten
zwischen – 60° und – 90°

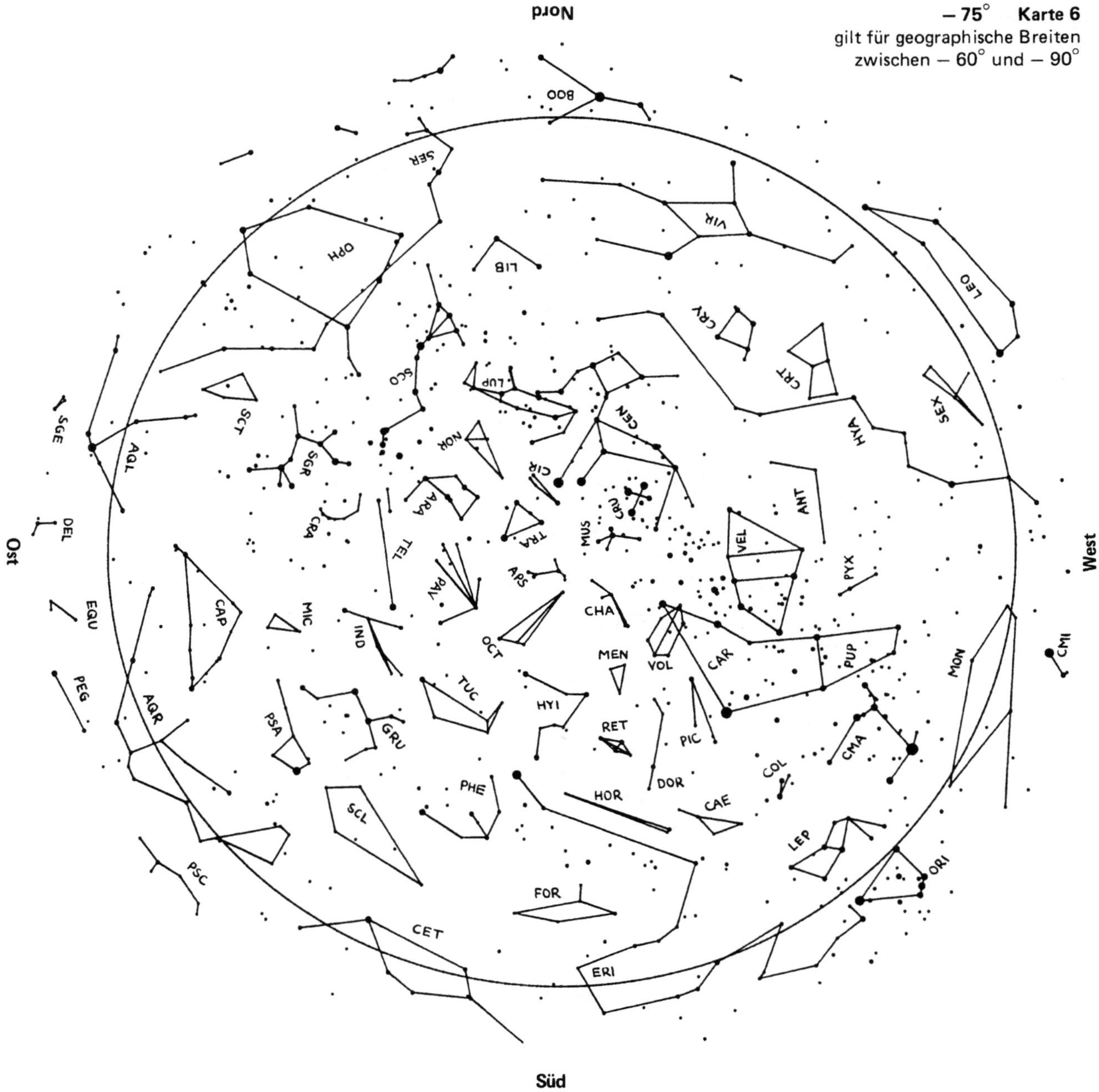

Das Band der Milchstraße erstreckt sich über die Sternbilder AQL – SGR – SCO – NOR – CRU – VEL – PUP – MON

Karte 7 − 75°
gilt für geographische Breiten
zwischen − 60° und − 90°

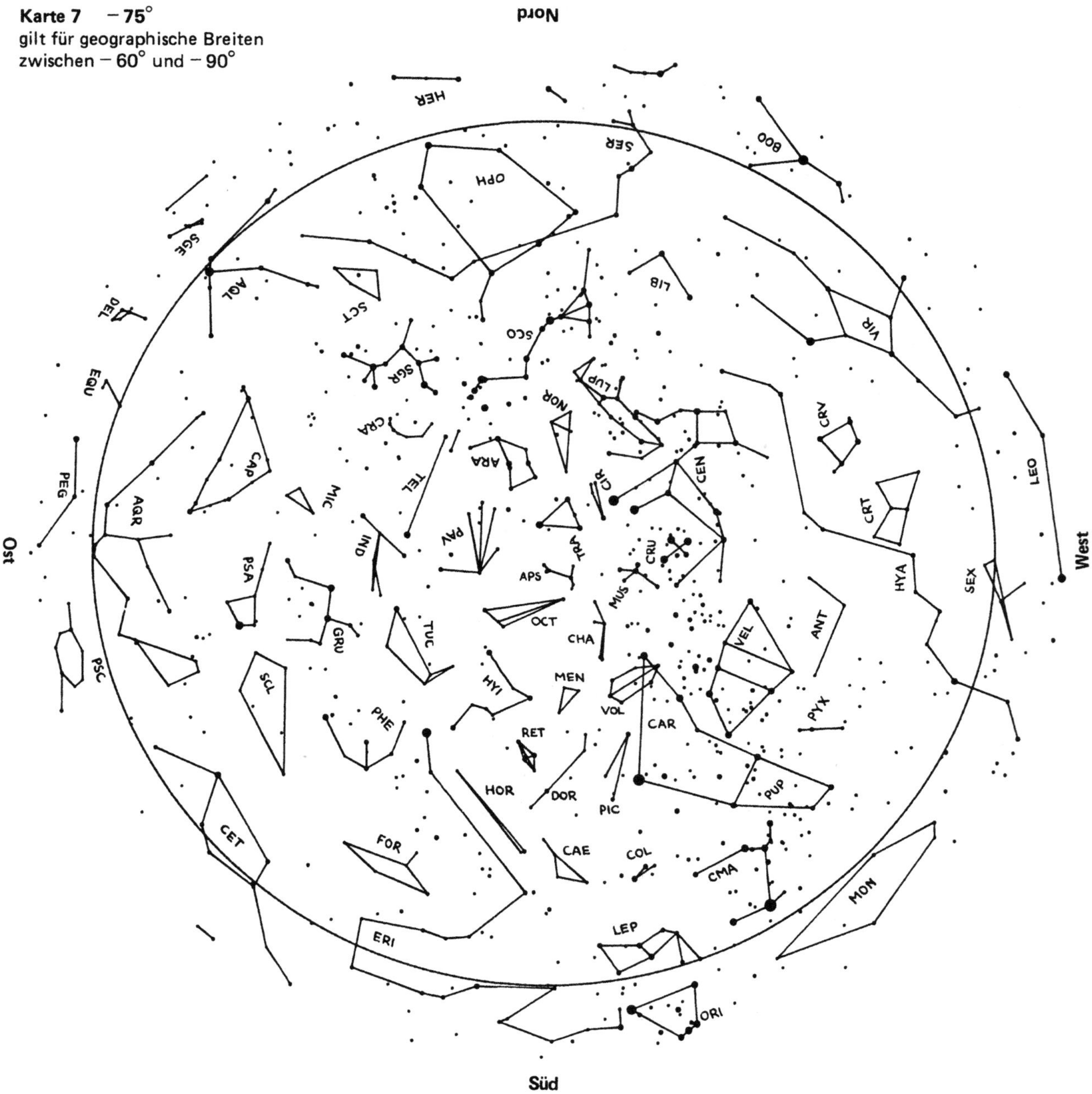

Das Band der Milchstraße erstreckt sich über die Sternbilder AQL – SGR – SCO – NOR – CRU – VEL – PUP – MON

– 75° Karte 8
gilt für geographische Breiten
zwischen – 60° und – 90°

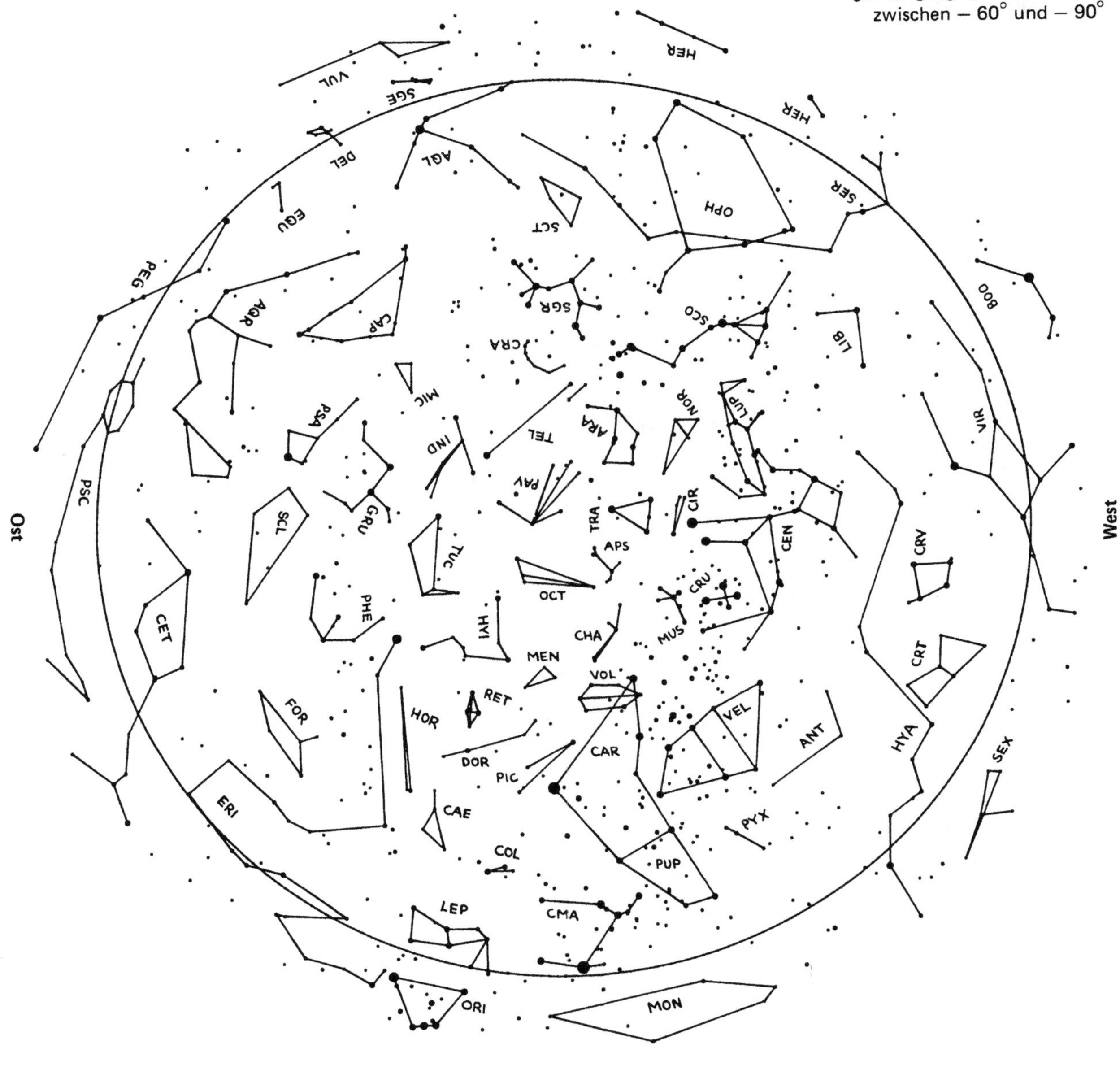

Das Band der Milchstraße erstreckt sich über die Sternbilder AQL – SGR – SCO – NOR – CRU – VEL – PUP – MON

Karte 9 – 75°
gilt für geographische Breiten
zwischen – 60° und – 90°

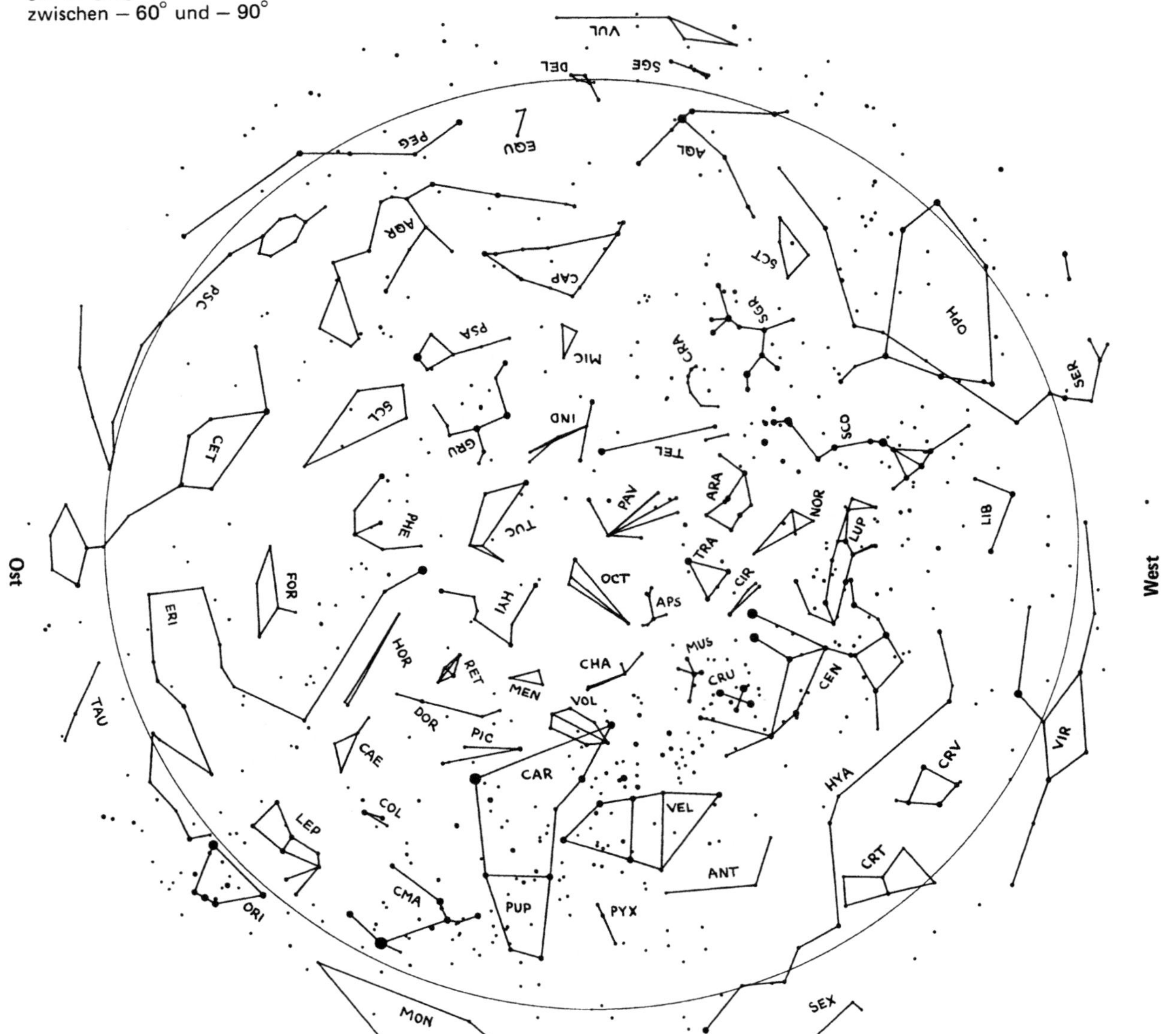

Das Band der Milchstraße erstreckt sich über die Sternbilder AQL – SGR – SCO – NOR – CRU – VEL – PUP – MON

-75° **Karte 10**
gilt für geographische Breiten
zwischen – 60° und – 90°

Das Band der Milchstraße erstreckt sich über die Sternbilder AQL – SGR – SCO – NOR – CRU – VEL – PUP – MON

Karte 11 – 75°
gilt für geographische Breiten
zwischen – 60° und – 90°

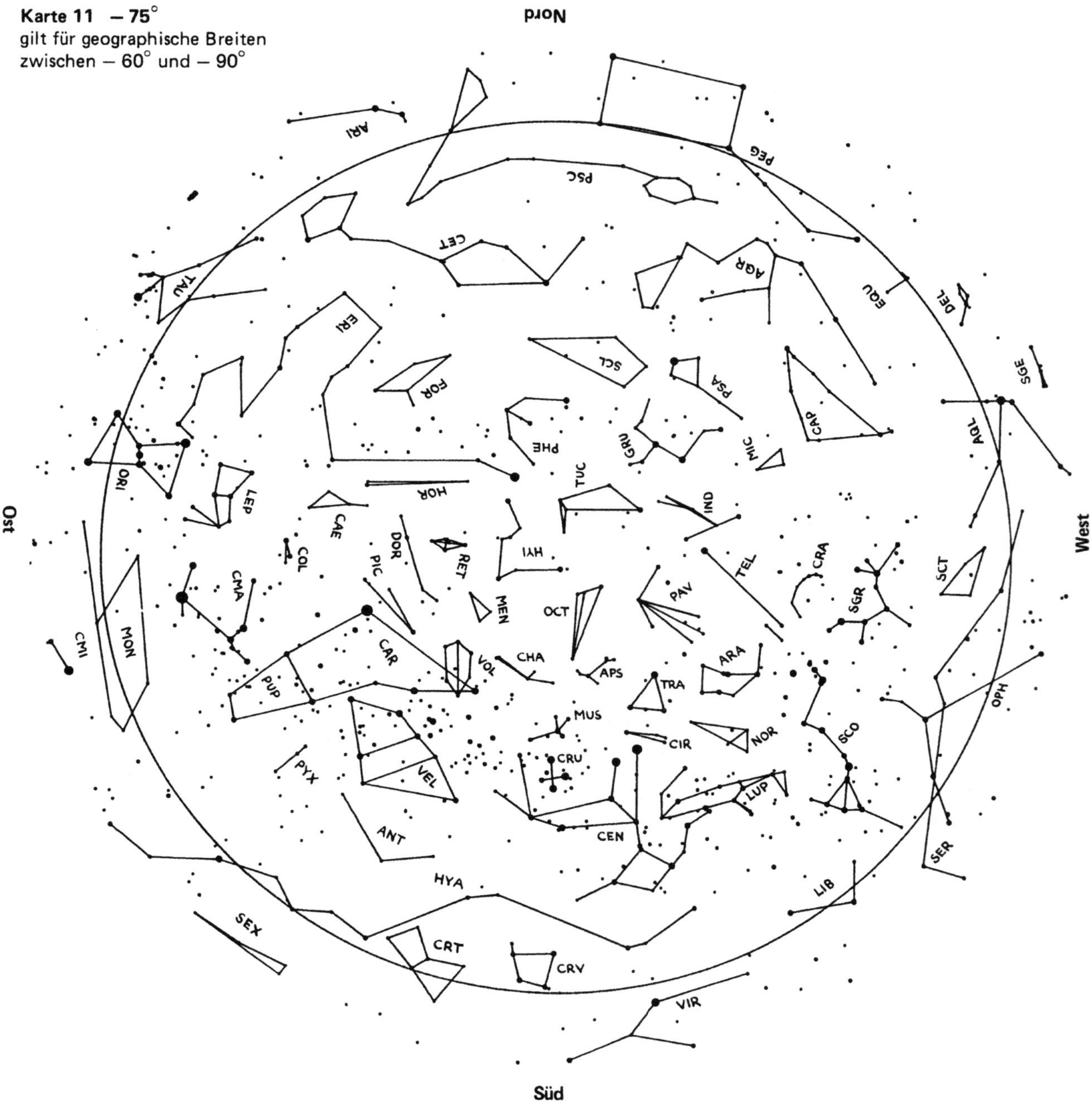

Das Band der Milchstraße erstreckt sich über die Sternbilder AQL – SGR – SCO – NOR – CRU – VEL – PUP – MON

– 75° Karte 12
gilt für geographische Breiten
zwischen – 60° und – 90°

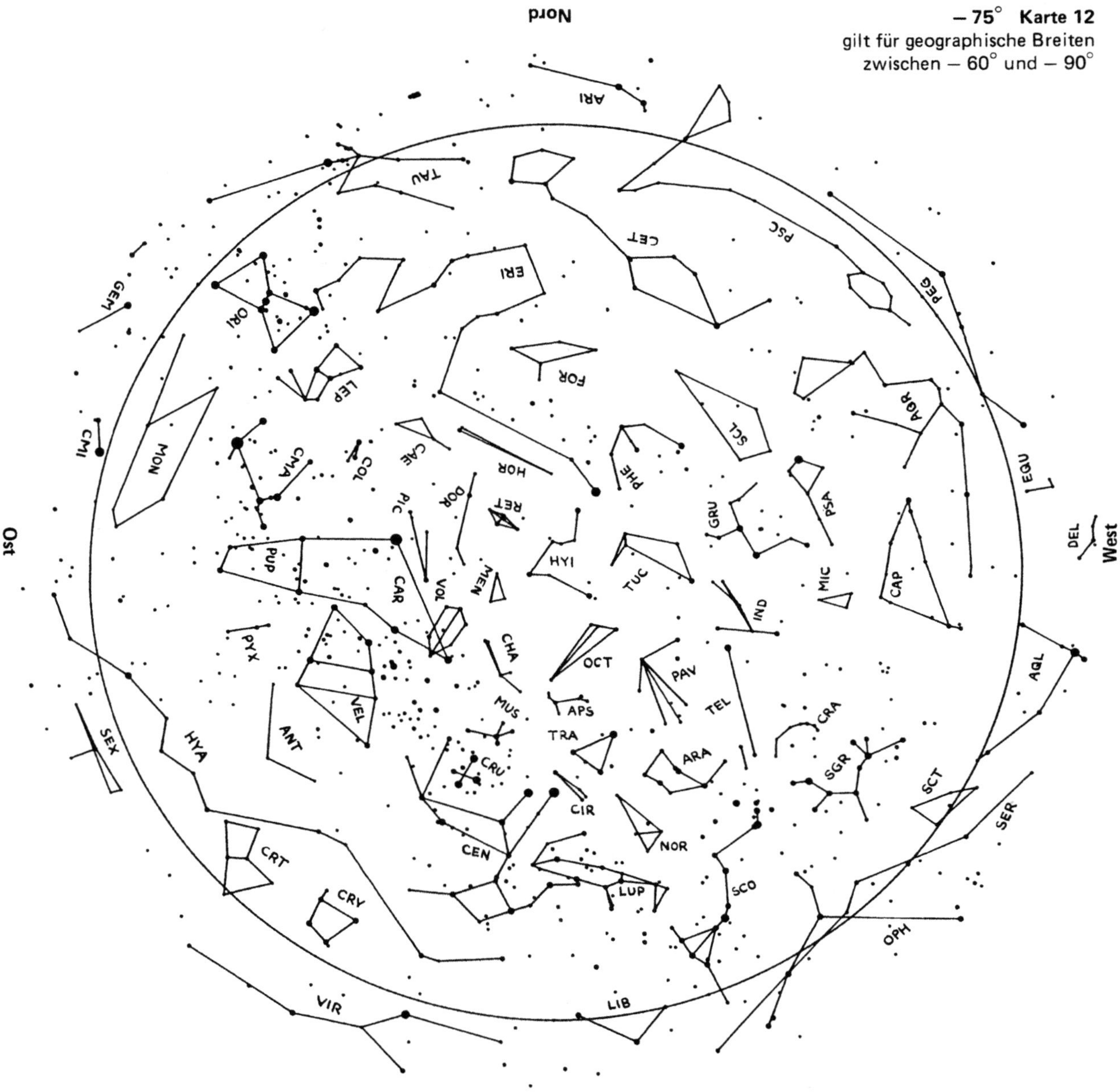

Das Band der Milchstraße erstreckt sich über die Sternbilder AQL – SGR – SCO – NOR – CRU – VEL – PUP – MON

Darstellung des Mondes. Kupferstich aus der 1645 erschienenen *Selenographia* von J. Hevel, wiedergegeben nach *Astronomie vom Altertum bis heute*. Umschau-Verlag, Frankfurt/Main 1975.

2
Himmelskörper

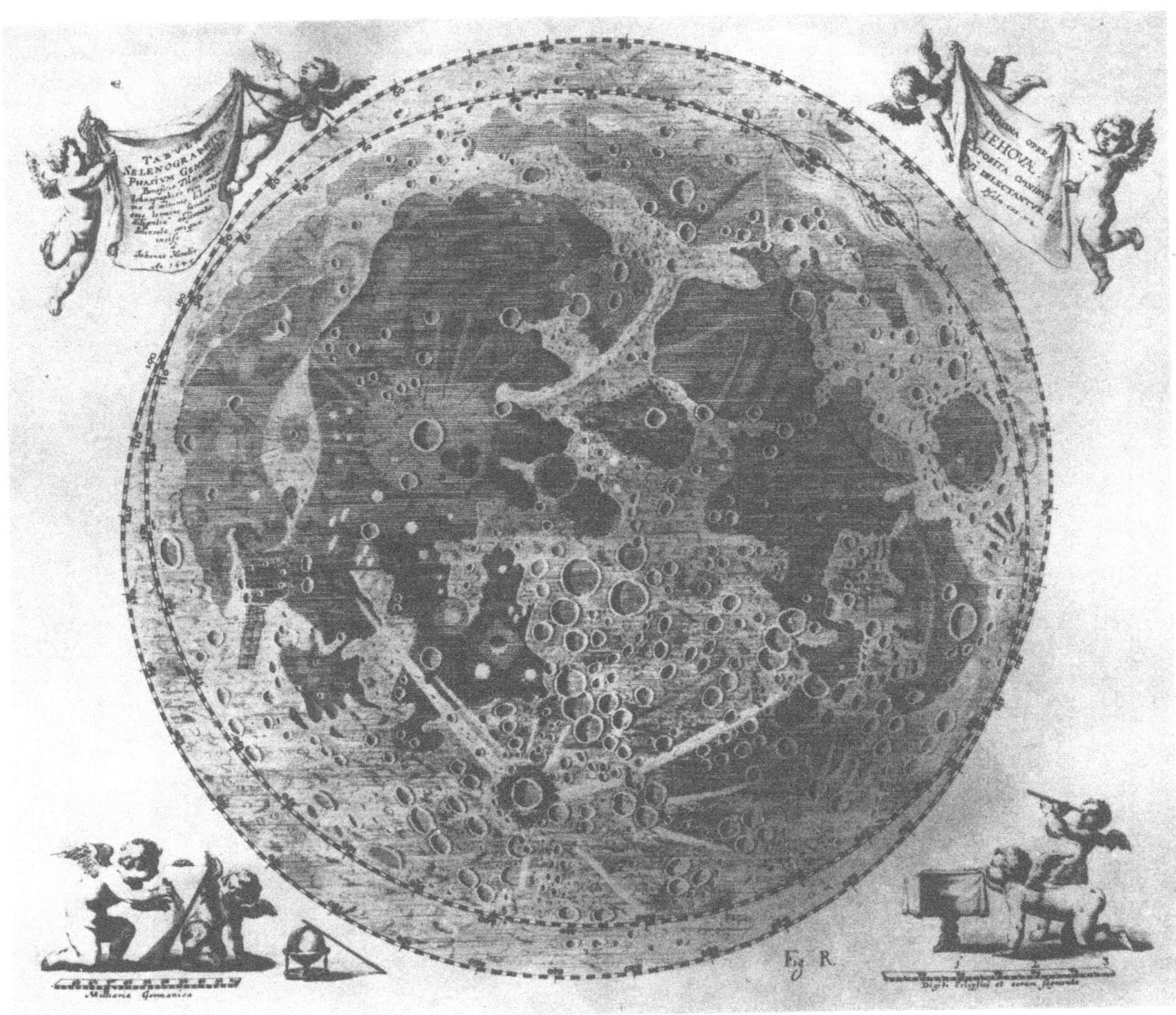

2 Himmelskörper

Im ersten Abschnitt haben wir über den sichtbaren Sternenhimmel gesprochen. Für jeden beliebigen Zeitpunkt des Jahres und für jeden beliebigen Ort auf der Erde gibt es im Kartenteil ein Blatt, welches dem Beobachter das Zurechtfinden am Himmel erleichtert.

Bevor nun von den Sternbildern selbst die Rede sein soll, möchte ich zunächst die in den einzelnen Sternbildern zum Teil schon mit einem Feldstecher beobachtbaren Arten von Objekten etwas näher beschreiben und erläutern.

Fixsterne und Planeten

Es ist uns bekannt, daß sich die Sterne in Relation zu unserem Horizont in tageszeitlichem und jahreszeitlichem Wechsel bewegen, ihre gegenseitige Lage hierbei im allgemeinen jedoch nicht ändern, weshalb man diese Sterne *Fixsterne* genannt hat. Die gegenseitige Lage jener Sterne, die zum Beispiel den Großen Wagen (= Großer Bär) bilden, bleibt für uns praktisch unverändert. Es gibt aber Ausnahmen. Es gibt Sterne, die sich im Laufe der Monate gegen die Fixsterne sehr deutlich verschieben. Diese Verschiebung geht manchmal schneller vor sich, manchmal wieder langsamer, die Bewegung kann ein anderes mal auch sogar rückläufig werden, und sie kann in schleifenförmiger Art vor sich gehen. Diese Sterne sind die *Planeten*.

Planeten sind Himmelskörper unseres Sonnensystems, die von der Sonne bestrahlt werden und nur im reflektierten Licht leuchten. Die Planeten bewegen sich wie die Erde in kreisähnlichen Bahnen um die Sonne. Wie das Bild 16 zeigt, haben sie alle den gleichen Umlaufsinn wie die Erde, und auch die Bahnkurven liegen praktisch alle in der gleichen Ebene: der Ekliptikebene. Unser Auge kann astronomische Entfernungen nicht richtig einschätzen, weshalb uns die relativ benachbarten Planeten, von der Erde aus gesehen, auf den Fixsternhintergrund projiziert erscheinen. Im Bild sind die Sehstrahlen als strichpunktierte Linien eingezeichnet, und man sieht beispielsweise von unserer Erde aus den Planeten Saturn im Sternbild des Schützen; oder den Planeten Jupiter im Sternbild der Waage. Genauso ist es auch gemeint, wenn man sagt, die Sonne steht im Sternbild des Wassermanns, nur sieht man in diesem Fall den Wassermann nicht, weil ihn die helle Sonne überstrahlt. Die einzelnen Planeten benötigen für einen Umlauf um die Sonne sehr unterschiedliche Zeiten. Während

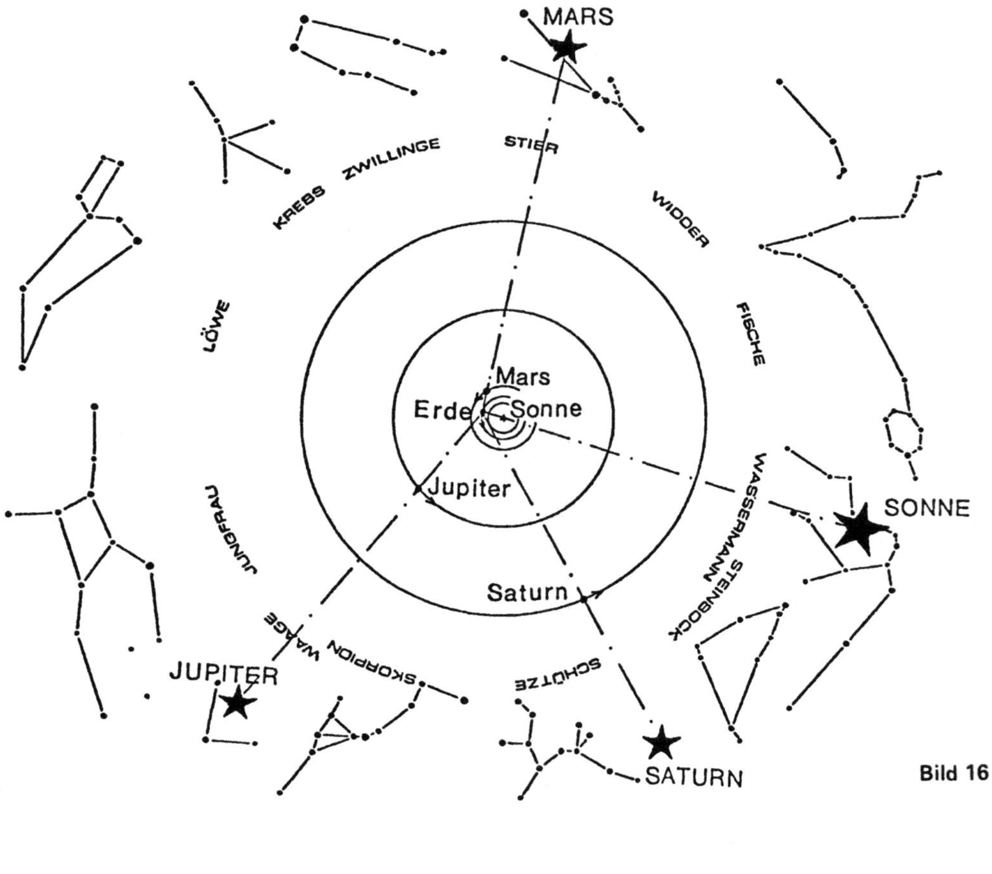

Bild 16

zum Beispiel der Mars für einen Umlauf etwa 2 Jahre braucht, umrundet der Saturn die Sonne in 29 Jahren. Die Stellung der Planeten, wie wir sie von der Erde aus vor dem weit entfernten Fixsternhimmel wahrnehmen, wird also von Monat zu Monat und von Jahr zu Jahr immer anders sein. Verfolgt man im Lauf der Jahre die scheinbare Planetenbewegung vor dem Fixsternhintergrund, dann sieht man aber, daß die Planeten stets dieselben Sternbilder durchlaufen. Diese Sternbilder sind die Tierkreissternbilder, die in Bild 16 dargestellt sind.

In unseren Himmelskarten konnten die Planeten nicht eingezeichnet werden, weil sich ihre Lage am Himmel stets verändert. Man erkennt sie am Himmel aber im allgemeinen recht leicht, weil

- der Saturn, der Jupiter, der Mars und die Venus mit ungewöhnlich starker Helligkeit leuchten;
- die Planeten darüber hinaus ein ruhiges Licht haben (Gegensatz: helle Fixsterne funkeln);
- und schließlich die Planeten stets in den Tierkreis-Sternbildern stehen.

Wir haben den Saturn, den Jupiter, den Mars und die Venus als besonders helle Planeten erwähnt. Es gibt noch andere, die man nicht so leicht sieht, das ist der Merkur, der Uranus, der Neptun und der Pluto. Aber auch noch viele kleine Planeten – Asteroiden und Planetoiden – umkreisen die Sonne.

Kometen

In unserem Sonnensystem gibt es ferner auch Objekte, die oft völlig unerwartet erscheinen und nur kurze Zeit zu beobachten sind: das sind die *Kometen*. Ein Komet ist ein Materiebrocken mit einem Durchmesser von einigen Kilometern. Materiestücke dieser Art gibt es eine ganze Menge, sie liegen weit weg von der Sonne bis fast an die Grenze zu unseren „Nachbarsonnen" im Weltall verstreut. Sie bewegen sich kaum, denn die Anziehungskräfte der Nachbarsterne oder die Anziehungskraft unserer Sonne sind sehr gering. Auch geringe Kräfte genügen im Lauf der Zeit, um den einige tausend Tonnen schweren Brocken ganz langsam zur Sonne hinzuziehen. Sobald einmal der Anfang gemacht ist, gibt es für den „Kometen-Kern" kein Zurück, und es beginnt ein Sturz aus gigantischer Höhe auf die Sonne zu. Die Bahnkurve dieses freien Falles ist nicht ganz unbeeinflußt, denn auch die Planeten, die um die Sonne verteilt sind, haben Anziehungskräfte und lenken den Kometen etwas aus seiner Bahn. Auch ist die Zielscheibe nicht sehr groß, sodaß der Komet die Sonne im allgemeinen nicht treffen wird. Je näher er kommt, umso größer werden die Anziehungskräfte und umso größer wird die aufgesammelte Geschwindigkeit des Kometen. Sobald der Komet an der Sonne vorbeischießt, ist auch sein Abstand von der Sonne am kleinsten und die Anziehungskraft daher am größten. Die Sonne hält also den Kometen zurück und er umrundet die Sonne mit seiner Maximalgeschwindigkeit. Der tausende Tonnen schwere Brocken hat jetzt eine ungeheuer große kinetische Energie und er rast wieder von der Sonne weg zurück ins Weltall. Und genauso wie bei einem Stein, den man in die Höhe wirft, wird auch die Geschwindigkeit des Kometen jetzt immer langsamer, weil er gegen die Anziehungskraft der Sonne wieder ins Weltall entweicht. Wenn er wieder auf halber Strecke zum nächsten Fixstern angelangt ist, bewegt er sich so langsam wie zu Beginn seines Sturzes in unser Sonnensystem. Die ungeheuer große kinetische Energie hat sich fast verlustfrei wieder in potentielle Energie zurückverwandelt. Es kann sein, daß dieser Komet in ein anderes Sonnensystem entweicht, es kann sein, daß dieser Komet seine Bahn periodisch wiederholt. Die Umlaufzeit kann zwei Jahre, aber auch eine Million Jahre betragen.

Das Aussehen eines Kometen in großer Sonnenferne ist sehr unscheinbar; ein Materiebrocken aus Gestein und gefrorenem Eis, einige Kilometer groß. Einen solchen Brocken kann man auch mit guten Fernrohren nicht entdecken, denn er leuchtet nicht und wird auch nicht merklich beleuchtet. Den größten Teil seiner Bahn vollführt der Komet daher auch unbemerkt. Sobald er sich aber der Sonne nähert, ändert sich das grundlegend. Auf der der Sonne zugewandten Seite verdampft Materie und Eis, strömt aus, wird durch photochemische Prozesse weiter zerteilt und durch die Sonnenstrahlung zum Leuchten angeregt. Der Strahlungsdruck der Sonne und der solare Wind blasen die verdampfte Materie fort und es entsteht der Kometenschweif, der bis zu 150 Millionen Kilometer lang sein kann. Während also der Kern des Kometen nur einige Kilometer groß ist, hat der Kometenschweif in manchen Fällen eine Länge, die von der Erde bis zur Sonne reichen würde.

Sternschnuppen

Der Kometenkern, also der Materiebrocken, wird durch den Abdampfprozeß, durch die Anziehungskräfte und durch die Beschleunigungsvorgänge erheblich belastet. Man hat oft beobachten können, daß Kometen unter einer solchen Beanspruchung zum Teil explodieren und sich teilweise auflösen. Im Lauf der Zeit bleibt dieses Schicksal keinem Kometen erspart, und seine Materie verteilt sich mehr oder minder gleichmäßig auf seiner ellipsenförmigen Bahn. Wenn die Erde auf ihrer jährlichen Wanderung eine solche Bahn kreuzt, beobachtet man besonders häufig Sternschnuppen. Denn wenn die Materieteilchen – sie haben eine Masse von weniger als 1 Gramm – mit der Erde zusammenstoßen, kommt es in hohen Luftschichten (etwa 100 Kilometer) zur Kompression der Luft, Materie verdampft, ionisiert und leuchtet auf. In etwa 50 Kilometer Höhe verlöschen Sternschnuppen wieder. Man schätzt, daß etwa 100 Millionen Sternschnuppen- und Meteoritenfälle verschiedenster Herkunft pro Tag vorkommen, wodurch unsere Erde täglich vielleicht um einige hundert Tonnen an Masse zunimmt.

Größe des Sonnensystems

Damit wir uns von der Größe des Sonnensystems eine richtige Vorstellung machen, wollen wir die interplanetaren Abstände mit einem Lichtstrahl ausloten. Wir wissen, ein Lichtstrahl durchläuft den Raum mit einer extrem hohen Geschwindigkeit, er legt in 1 Sekunde 300 000 Kilometer zurück. Würde man mit einem Lichtblitz den Mond anblinken, dann träfe er dort nach 1,3 Sekunden Zeitintervall ein und nach weiteren 1,3 Sekunden könnten wir von der Erde aus das reflektierte Licht wahrnehmen. Zur Überwindung der Distanz Sonne-Erde ist das Licht schon etwas mehr als 8 Minuten unterwegs. Bis zum Jupiter braucht es 43 Minuten, bis zum Saturn 1 Stunde und 20 Minuten, und damit das Sonnenlicht den äußersten Planeten – Pluto – erreicht, ist es fünfeinhalb Stunden unterwegs. Unser Sonnensystem erstreckt sich also mit seinen äußersten Planeten für unsere Begriffe sehr weit in den dort sicher schon recht dunklen Weltraum hinaus. Fragt man jedoch, wo im Weltraum der nächste Glutball liegt, also wie weit es bis zum nächsten Stern ist, dann schrumpft unser Planetensystem allerdings zu einem Punkt zusammen. Denn bis zum nächsten Fixstern, also bis zu unserem allernächsten Nachbarn, ist ein Lichtstrahl 4 Jahre unterwegs. Die Entfernung beträgt 4 „Lichtjahre".

Unsere Galaxie

Die Sterne sind im gesamten Weltraum nicht gleichmäßig verteilt, sondern es zeigt sich, daß sie in größeren Systemen zusammengefaßt sind, die man Galaxien nennt. Unsere Galaxie, also die Galaxie, der die Sonne angehört, besteht aus etwa 200 Milliarden Sternen. Wollte man jemanden beauftragen, diese Sterne nachzuzählen und könnte er jede Sekunde auf einen neuen Stern zeigen, so wäre dieser Mann – auch wenn er Tag und Nacht und ohne Urlaub arbeitete – 6 300 Jahre lang beschäftigt. Könnten wir unsere Galaxie von außen betrachten, so würden wir eine flache, diskusförmige Scheibe sehen. Wir sehen sie tatsächlich aber „von innen", weil unsere Sonne samt ihrem Planetensystem im Inneren der Galaxie eingebettet ist. Blickt man *senkrecht* zur Scheibenebene von innen aus der Galaxie hinaus, so wird man relativ wenige Sterne sehen. Blickt man hingegen nicht senkrecht, sondern in der Ebene der Diskusscheibe nach allen Richtungen, dann wird man sehr viele Sterne registrieren können, weil ja viele Sterne in der Diskusscheibe enthalten sind, die man auf diese Weise alle hintereinander stehend sieht; der Beobachter sieht sich von einem Sternenband umgeben: das ist die Milchstraße. Man muß sich vorstellen, daß die Milchstraße dort, wo sie unter den Horizont sinkt, sich auch auf der anderen Seite der Erde fortsetzt und sich so zu einem Ring schließt. Wenn wir die Milchstraße am Himmel sehen, so haben wir direkt die Scheibenebene unserer Galaxie vor Augen. Die hellen Sterne, die wir mit freiem Auge erkennen und die uns mehr oder minder gleichmäßig in allen Richtungen umgeben, sind unsere nächsten Nachbarn in unserer Galaxie.

Veränderliche Sterne

Pfarrer David Fabricius, ein deutscher Theologe und Astronom, hat im Jahre 1596 im Sternbild des Walfischs eine interessante Beobachtung gemacht. Er hat festgestellt, daß der Stern Omikron im Lauf der Monate seine Helligkeit ändert. Manchmal war seine Helligkeit so stark, daß man ihn der 2. oder 3. Größenklasse zurechnen mußte, nach einigen Monaten war er dagegen mit freiem Auge überhaupt nicht mehr zu sehen (seine Minimalhelligkeit war $+10^m$). Die Helligkeitsschwankungen haben sich als periodisch erwiesen, wobei ein Zyklus insgesamt 332 Tage dauert. Dieser „wunderbaren" Lichtschwankungen wegen hat man den Stern Mira genannt. Erst 240 Jahre später hat der deutsche Astronom Friedrich Wilhelm Argelander eine Methode zur Erforschung veränderlicher Sterne entwickelt und damit eine neue Forschungsrichtung eingeleitet. Aus diesen Forschungsarbeiten kann man heute wesentliche Kenntnisse über den Aufbau der Sterne, über die Natur der stellaren Energieproduktion und über die Entfernung der Sterne und Galaxien ableiten. Heute sind mehr als 20 000 veränderliche Sterne bekannt.

Die systematische Erforschung der Veränderlichen hat gezeigt, daß die Art des Lichtwechsels sehr mannigfaltig sein kann und daß es unterschiedliche Ursachen für dieses Phänomen gibt. Bei den *Bedeckungsveränderlichen* zum Beispiel handelt es sich um ein Doppelsystem von Sternen, die einander wie ein Karussell umkreisen und dadurch manchmal heller leuchten, wenn sie nebeneinander stehen, und so eine größere lichtabstrahlende Fläche haben, manchmal aber schwächer leuchten, wenn sie sich gegenseitig bedecken. Bei den *pulsierenden Veränderlichen* dagegen kommt es zu einer periodischen Pulsation der Sternatmosphäre in radialer Richtung der Sternkugel. Neben den Bedeckungsveränderlichen und den pulsierenden Veränderlichen gibt es noch eine dritte Klasse, die *eruptiven Veränderlichen*. Bei ihnen beobachtet man beachtliche Helligkeitszunahmen und plötzliche Materieausbrüche, die mit den atomaren Brennprozessen im Sterninneren zusammenhängen. Sterne mit derart explosiven Lichtausbrüchen werden auch Novae (Supernovae) genannt. Am 4. Juli 1054 haben chinesische Astronomen eine besonders bemerkenswerte Supernova-Explosion beobachten können. Im Sternbild des Stieres hat ein bislang unsichtbarer Stern in kurzer Zeit derart an Helligkeit zugenommen, daß er auch bei Tag zu sehen war. Etwa 700 Jahre später konnten Astronomen an der gleichen Stelle sogar die expandierenden Reste dieser Explosion als Nebel im Fernrohr beobachten. Man konnte nachweisen, daß diese Explosionswolke sich auch heute noch ausdehnt, obwohl schon 900 Jahre vergangen sind. Die Expansionsgeschwindigkeit ist hierbei so groß, daß Teile der Explosionswolke in 1 Sekunde einen Weg von 1000 Kilometer zurücklegen.

Planetarische Nebel

In unserer Milchstraße gibt es eine Reihe oft ringförmig erscheinender Nebelflecken, die sogenannten Planetarischen Nebel. Im Zentrum dieser Nebelflecken befindet sich ein heißer Stern, der den Nebel durch seine Ultraviolett-Strahlung zum Leuchten anregt. Die Planetarischen Nebel dürften auf Nova-Explosionen zurückgehen. Der heisse Stern im Zentrum des Nebels könnte der Rest des vor langer Zeit zerborstenen Sternes sein. Ringförmig erscheint die „Nebelblase", weil auch eine von innen beleuchtete Seifenblase als Ring erscheinen würde. In der äußeren Berandung der Blase stehen nämlich mehr leuchtende Punkte hintereinander, als wenn man gegen das Zentrum der Blase schaut. In Richtung zum Zentrum leuchten nur die Vorderseite und die Rückseite der Blase.

Doppelsterne

Doppelsterne sind Sterne, die sehr nahe beieinander stehen. Von astronomischem Interesse sind dabei nicht jene Doppelsterne, die, von uns gesehen, zufälligerweise auf der gleichen Visierlinie liegen und in Wirklichkeit nichts miteinander zu tun haben. Astronomisch interessant sind nur jene Doppelsterne, die durch Anziehungskräfte miteinander verbunden sind und die um ihren gemeinsamen Schwerpunkt kreisen. Bei der Entstehung eines Sterns hat sich in vielen Fällen die gasförmige Masse zum Hauptstern verdichtet, und aus Nebelresten hat sich ein Begleitstern gebildet. Man nimmt an, daß mindestens jeder zweite Stern ein solcher Doppelstern oder auch ein Mehrfachsystem ist. Doppelsterne sind für die Astronomen von besonderem Interesse, weil man aus den Bahnbewegungen auf die Masse, die Dichte und auf die Sternradien schließen kann. Einige Doppelsterne kann man schon mit einem Feldstecher optisch trennen.

Sternhaufen

In der Milchstraße sind die Sterne im allgemeinen ziemlich gleichmäßig verteilt. Ansammlungen von zusammengehörigen Sternen, die sich von ihrer Umgebung schon optisch durch eine größere Sterndichte abheben, nennt man Sternhaufen. Es gibt Sternhaufen, zu denen nur relativ wenig Sterne gehören – etwa 20 bis 300 Sterne – das sind die „offenen Sternhaufen". Sie sind hauptsächlich in der Ebene der Milchstraße zu finden. Man schätzt, daß es etwa 15 000 offene Sternhaufen gibt. Ein bekanntes Beispiel für einen offenen Sternhaufen ist das Siebengestirn (Plejaden) im Sternbild des Stieres.

Neben den offenen Sternhaufen gibt es aber auch Sternhaufen, die wesentlich mehr Sterne beherbergen, nämlich bis zu 100 000 in einem kugelsymmetrischen Gebilde vereinigen. Solche Sternhaufen nennt man Kugelhaufen. Die Kugehaufen – etwa 300 an der Zahl – umgeben unsere Milchstraße wie eine runde Wolke.

Die Größe unserer Galaxie

Um sich ein Bild von der Größe unserer Galaxie zu machen, zieht man gern stark verkleinerte Modelle heran: Ein Modellmaßstab, der die Erde bis zu einem Durchmesser von 1 Millimeter zusammenschrumpfen läßt, ist immer noch ungeeignet und unanschaulich, weil in diesem Modell der nächste Fixstern 4000 Kilometer von uns entfernt wäre. Verkleinert man das Modell daher weiter und zieht sogar die Entfernung zu unserem nächst benachbarten Fixstern auf 1 Millimeter zusammen, dann stellt sich die Milchstraße als diskusförmige Scheibe dar. Der Durchmesser des Diskus wäre etwas mehr als 20 Meter und irgendwo, gegen den Rand der Diskusscheibe hin, wäre unsere Erde und unsere Sonne zu finden. Allerdings gibt es kein Mikroskop, welches einen derart kleinen Punkt noch sichtbar machen könnte. Die Erde wäre nur so groß wie ein Molekül.

Die diskusförmige Galaxie rotiert als Ganzes um ihr Zentrum. Die Rotation und die damit verbundene Zentrifugalkraft verhindern, daß die Milchstraße durch die Wirkung der Gravitation ihrer eigenen Masse in sich zusammenstürzt. Die Sonne legt auf ihrer Rotationsbahn in 1 Sekunde einen Weg von mehr als 200 Kilometer zurück; dennoch braucht sie mehr als 200 Millionen Jahre um wieder an ihren Ausgangspunkt zurückzukehren.

Um uns von der Größe unseres Sonnensystems eine Vorstellung zu machen, haben wir vorhin die interplanetaren Abstände mit einem Lichtstrahl ausgelotet. Wir haben gesehen, daß ein Sonnenstrahl fünfeinhalb Stunden unterwegs ist, um zu unserem äußersten Planeten – Pluto – zu gelangen. Wenn ein Lichtstrahl die ganze diskusförmige Galaxie durchqueren soll, dann ist er 98 000 Jahre unterwegs. In unserem verkleinerten Modellbild von vorhin würde der Lichtstrahl also praktisch stillstehend erscheinen und auf seinem Weg nicht vorankommen.

Die anderen Galaxien

Wir haben weiter oben in einem stark verkleinerten Modellbild unsere Milchstraße oder unsere Galaxie als eine diskusförmige Scheibe mit einem Durchmesser von 20 Metern gesehen. Bleibt man bei diesem Modellmaßstab und dringt noch weiter in den Weltraum vor, so findet man in einem Umkreis von mehr als 600 Kilometern ungefähr 10 Millionen andere Galaxien verstreut.

Die Galaxien zeigen sich im Fernrohr als verwaschene nebelige Gebilde. Bei den nächsten Nachbar-Galaxien ist es gelungen, zumindest Randpartien der Galaxie in Einzelsterne aufzulösen. Es hat sich gezeigt, daß auch die anderen Galaxien, genauso wie unsere Milchstraße, veränderliche Sterne, leuchtende Gasnebel und verschiedene Sternhaufen beherbergen.

Die Planisphäre des südlichen Himmels. Holzschnitt von A. Dürer 1515, wiedergegeben nach W. Perrey: *Sternbilder.* Urachhaus-Verlag 1981.

3
Die Sternbilder

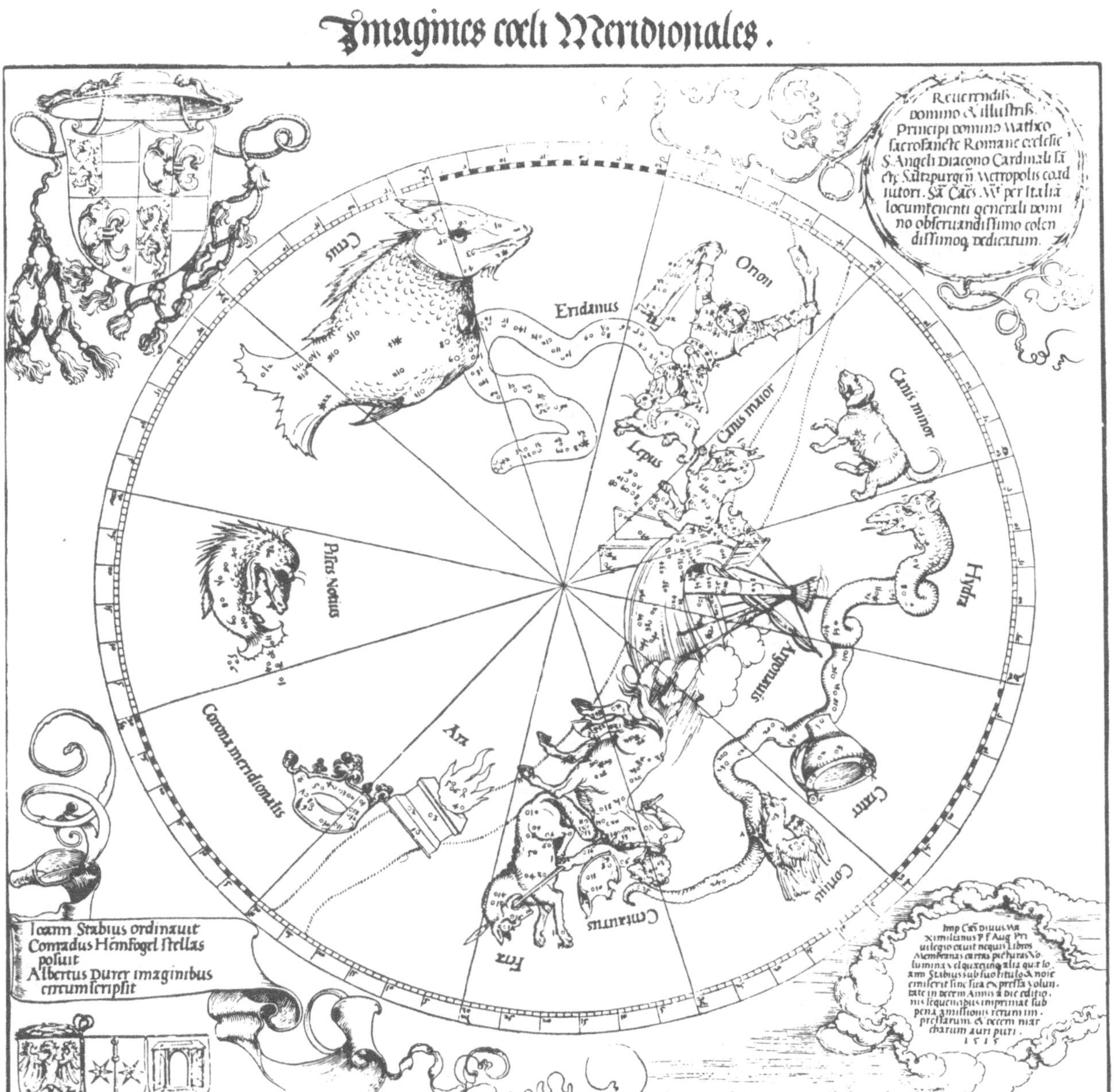

3 Die Sternbilder

Kehren wir aus dem Unendlichen zurück. Versetzen wir uns wieder auf unsere punktförmige Erde. Die hellen Sterne, die wir mit freiem Auge sehen, sind unsere nächsten Nachbarn in der Milchstraße. Schon mit freiem Auge und erst recht mit einfachen optischen Hilfsmitteln kann man Objekte unseres Sonnensystems, veränderliche Sterne, Nebel, Doppelsterne, Sternhaufen und ferne Galaxien beobachten. Man kann in die Unendlichkeit hineinschauen; das Erlebnis der Vielfalt und Weite sprengt die Dimension unserer engen täglichen Erfahrung.

Die Himmelskarten, über die wir im ersten Abschnitt sprachen, zeigen für jeden beliebigen Zeitpunkt des Jahres und für jeden beliebigen Ort der Erde den sichtbaren Sternenhimmel. Auf diesen Karten waren die einzelnen Sternbilder so nebeneinander angeordnet, wie sie unmittelbar am Himmel zu sehen sind. Diese Karten sind also damit im wahrsten Sinn des Wortes Himmelskarten. Um die komplette sichtbare Halbkugel des Himmels auf einem einzigen Kartenblatt unterzubringen, mußte daher ein relativ kleiner Maßstab gewählt werden. Wenn man jedoch noch weitere Details in die Konfigurationen eintragen möchte, so sind diese Karten nicht optimal, weil alles zu stark zusammengedrängt erscheint. Man wird auch bemerkt haben, daß in den Himmelskarten sich die Gestalt der Sternbilder etwas verändert, also verzerrt erscheint, je nachdem ob das Sternbild gerade über dem Betrachter (also im Zenit, bzw. in der Mitte des Kartenfeldes) liegt, oder ob es in Horizontnähe steht. Das hängt mit dem Projektionsverfahren zusammen und ist unvermeidlich.

In der nun folgenden Zusammenstellung über die 88 Sternbilder werden Karten in einem größeren und für alle Sternbilder einheitlichen Maßstab dargestellt. Der Mittelpunkt der Projektionsebene wurde etwa in den Mittelpunkt des Sternbildes gelegt, wodurch die Verzerrungen klein gehalten werden konnten. Die Kreisscheibchen konnten jetzt gleichfalls größer gezeichnet werden, wodurch man aus dem Scheibchendurchmesser nun auch die Sternhelligkeit besser entnehmen kann. In diesen Detailkarten sind alle jene Sterne eingezeichnet, die mit freiem Auge im allgemeinen sichtbar sind und die in den Himmelskarten des 1. Abschnittes zu finden waren; sie sind je nach Helligkeit als mehr oder minder große Kreise oder Punkte dargestellt. Zusätzlich dazu findet man auch Quadrate (in einheitlicher Größe), die auf die Lage weiterer bemerkenswerter Objekte wie Doppelsterne, veränderliche Sterne, Kugelsternhaufen, offene Sternhaufen, Gasnebel und weit entfernte Galaxien hinweisen. Sie werden im Textteil beschrieben. Aber auch Meteoritenströme, die oft die Zentren von Sternschnuppen-Ausstrahlungen sind, wurden eingetragen. Die Detailkarten enthalten ferner die Konturlinien[1)] des Sternbildes und die wichtigsten Bezeichnungen und Benennungen[2)]. Die Nachbarsternbilder sind gleichfalls dargestellt – sie sollen bei der Identifikation der Sterne und Objekte am nächtlichen Himmel helfen. Bei den meisten anderen Sternkarten muß man – durch den Kartenschnitt bedingt – oft die zweite Hälfte mancher Sternbilder auf einem anderen Blatt suchen, obwohl sich die Kartenränder weitgehend überlappen. Daß – wie bei unseren Karten – jedes Sternbild stets inmitten seiner Nachbarsternbilder dargestellt ist, erweist sich als recht angenehm, weil man sich die Sternbilder und die wichtigsten Objekte und ihre Umgebung so am besten einprägen kann. Natürlich mußte in der Größe der Darstellung ein Kompromiß gefunden werden, wenn man sowohl die weit ausgedehnten Sternbilder, wie zum Beispiel die Nördliche Wasserschlange, als auch die kleinen Sternbilder, wie den Delphin, im gleichen Maßstab darstellen will. Nur ein einheitlicher Maßstab ergibt optimale Vergleichsmöglichkeiten. Im Textteil habe ich auch einige Worte zur Mythologie und zur Geschichte der Sternbilder beigefügt, soweit es mir von Interesse schien. Über Sternbilder, die erst in jüngerer Zeit geformt wurden, wie etwa die Sternbilder des südlichen Sternenhimmels, gibt es weniger zu erzählen.

Jeder Sternbild-Detailkarte ist auch eine kleine Tabelle beigefügt, die angibt, auf welcher Himmelskarte (Seite 12 bis Seite 83) das betreffende Sternbild gefunden werden kann. Die Nummer der Himmelskarte (zum Beispiel Karte 4) gibt gleichzeitig auch an, in welchem Monat (also IV = April) das betreffende Sternbild am Abendhimmel (21 Uhr; am 15ten des Monats) gesehen werden kann. Für andere Beobachtungszeitpunkte – als 21 Uhr und Monatsmitte – muß man freilich die Auswahltafel von Seite 4 heranziehen.

In vielen Fällen wird auch ein scheinbarer Durchmesser (z. B. von Sternhaufen), oder ein scheinbarer Abstand (z. B. von Doppelsternen) angegeben. Hierunter versteht man jenen Winkel, unter welchem dem Auge das betreffende Objekt erscheint. Beispielsweise erscheint uns der Durchmesser des Mondes unter einem Winkel von einem halben Grad ($0{,}5^\circ$ = 30 Winkelminuten = $30'$). Der scheinbare Abstand von Doppelsternen ist oft kleiner als 1 Winkelminute und wird in Winkelsekunden (1 Winkelminute = 60 Winkelsekunden = $60''$) angegeben.

Die 88 Sternbilder sind im folgenden alphabetisch nach ihrer deutschen Bezeichnung geordnet. Man findet auf diese Weise zu jedem Sternbild also leicht die weitere Information. Über das Stichwortverzeichnis findet man aber auch den Zugang zur Information über den international genormten lateinischen Namen sowie über sonstige gebräuchliche Bezeichnungen.

1) Konturlinien wurden grundsätzlich nur dann eingezeichnet, wenn sowohl der Anfangs- als auch der Endpunkt der Linie im Kartenfeld liegen. Die Konturen jener Sternbilder, die über den Kartenrand hinausreichen, können demnach unvollständig sein.

2) Für viele Sterne und stellare Objekte sind Eigennamen im Gebrauch, die aus der Überlieferung stammen. Im 17. Jahrhundert hat der deutsche Astronom Bayer eine einheitliche Bezeichnung durch griechische Buchstaben eingeführt, die sich naturgemäß nur auf die helleren Sterne beschränkt. Darüber hinaus gibt es viele andere stellare Objekte, die in Katalogen nach ihrem Standort am Himmel angeordnet sind; diese Objekte werden häufig nach ihrer Katalognummer benannt. Hier ist vor allem der Katalog von Charles Messier zu nennen, der besonders eindrucksvolle Objekte aufzählt (z. B. M 31 = Andromedanebel). Über 6000 Nebel und Sternhaufen sind im New General Catalogue of Nebulae and Clusters verzeichnet; der Andromedanebel, der natürlich auch in diesem umfassenderen Katalog angeführt ist, trägt hier die Benennung NGC 224.

Die Namen der Sternbilder wurden in den folgenden Karten den Sternbildkonturen beigefügt, obwohl die betreffenden Namen an sich den jeweils genau umgrenzten Himmelsfeldern zugeordnet sind. Die Grenzlinien der Sternbilder sind für uns aber eher belanglos, man kann sie im Bedarfsfall aus einem Himmelsatlas (siehe Schrifttum) entnehmen.

Mythologie und Geschichte

Hier bilden mehrere Sternkonfigurationen eine Einheit: der Kiel des Schiffes (Carina), das Achterschiff (Puppis), das Segel des Schiffes (Vela) und der Fliegende Fisch (Volans). Diese Sternbildgruppe stellt das berühmte Schiff der Argonauten dar. Es wurde von Argus in Thessalien gebaut, um das Goldene Vlies aus Kolchis zu holen. Das Goldene Vlies ist am Himmel zu sehen, es ist das goldene Fell des Widders (Aries).

Bemerkenswerte Objekte

L2 Pup ist ein veränderlicher Stern. Seine Helligkeit schwankt zwischen $3{,}7^m$ und $5{,}1^m$. Die Periodendauer beträgt 141 Tage.

V Pup ist ein veränderlicher Stern. Seine Helligkeit schwankt zwischen $4{,}1^m$ und $4{,}8^m$. Die Periodendauer ist 1,45 Tage. V Pup ist eine Bedeckungsveränderliche.

M 46 = NGC 2437 ist ein ziemlich reicher offener Sternhaufen, der aus etwa 150 Sternen besteht, einen scheinbaren Durchmesser von 24′ hat und eine visuelle Helligkeit von $6{,}0^m$ aufweist.

Die Konturen der Sternbilder Achterschiff und Kiel des Schiffes gehen ineinander über. Die Grenze ist durch Doppelstriche // gekennzeichnet.

Geographische Breite	Himmelskarten, auf denen das Sternbild zu finden ist: 1	2	3	4	5	6	7	8	9	10	11	12
+ 75°-Karten												
+ 45°-Karten		●	●									
+ 15°-Karten	●	●	●	●	●							●
– 15°-Karten	●	●	●	●	●	●					●	●
– 45°-Karten	●	●	●	●	●	●	●			●	●	●
– 75°-Karten	●	●	●	●	●	●	●	●	●	●	●	●

Adler
Aquila
Aql

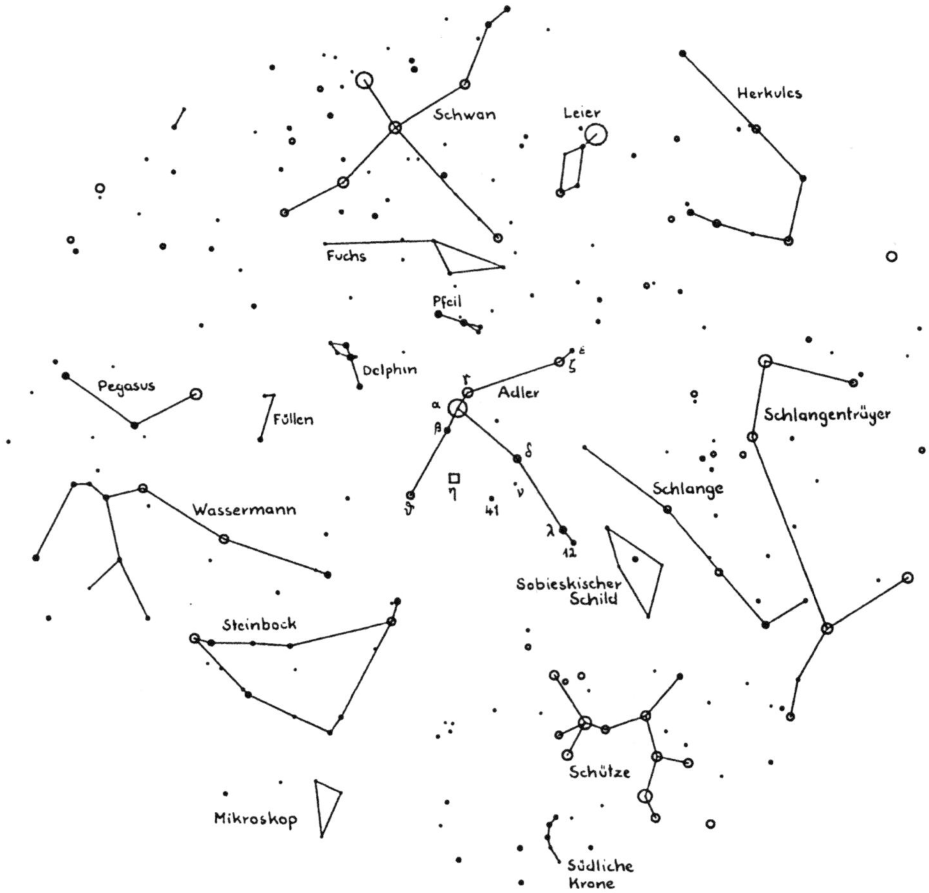

Mythologie und Geschichte

Die Stellung der Sterne dieses hellen und deutlichen Sternbildes erinnert an einen fliegenden Vogel; wir sehen heute darin einen Adler.

Die Darstellung eines Vogels auf einer himmelskundlichen Tontafel aus dem Euphrat-Gebiet aus der Zeit 1200 v. Chr. dürfte das älteste Zeugnis dieses Sternbildes sein. Die Römer haben hierin stets den Adler gesehen; die Griechen haben vom Adler, vom Vogel des Zeus und vom König der Vögel gesprochen; hiermit verbunden war auch die Sage über Prometheus. Die Araber haben in dem Sternbild einen schwarzen fliegenden Adler, die Perser und die Hebräer einen Falken und auch einen Geier gesehen.

Bemerkenswerte Objekte

α *Aql* ist der hellste Stern des Sternbildes, sein Licht ist hellgelb. Der Stern trägt den arabischen Namen Atair. Außerdem ist auch der Name Altair gebräuchlich, der gleichfalls arabischen Ursprungs ist. Sowohl das komplette Sternbild, als auch der Hauptstern α waren den Arabern unter dem Namen Fliegender Adler bekannt.

η *Aql* ist ein veränderlicher Stern. Seine Helligkeit schwankt zwischen $3{,}7^m$ und $4{,}4^m$. Die Periodendauer dieser Helligkeitsschwankung ist 7,18 Tage.

Geographische Breite	Himmelskarten, auf denen das Sternbild zu finden ist											
	1	2	3	4	5	6	7	8	9	10	11	12
+ 75°-Karten					●	●	●	●	●	●	●	●
+ 45°-Karten						●	●	●	●	●	●	
+ 15°-Karten						●	●	●	●	●	●	●
– 15°-Karten						●	●	●	●	●	●	
– 45°-Karten						●	●	●	●	●	●	
– 75°-Karten						●	●	●	●	●	●	

Altar
Ara
(Ara)

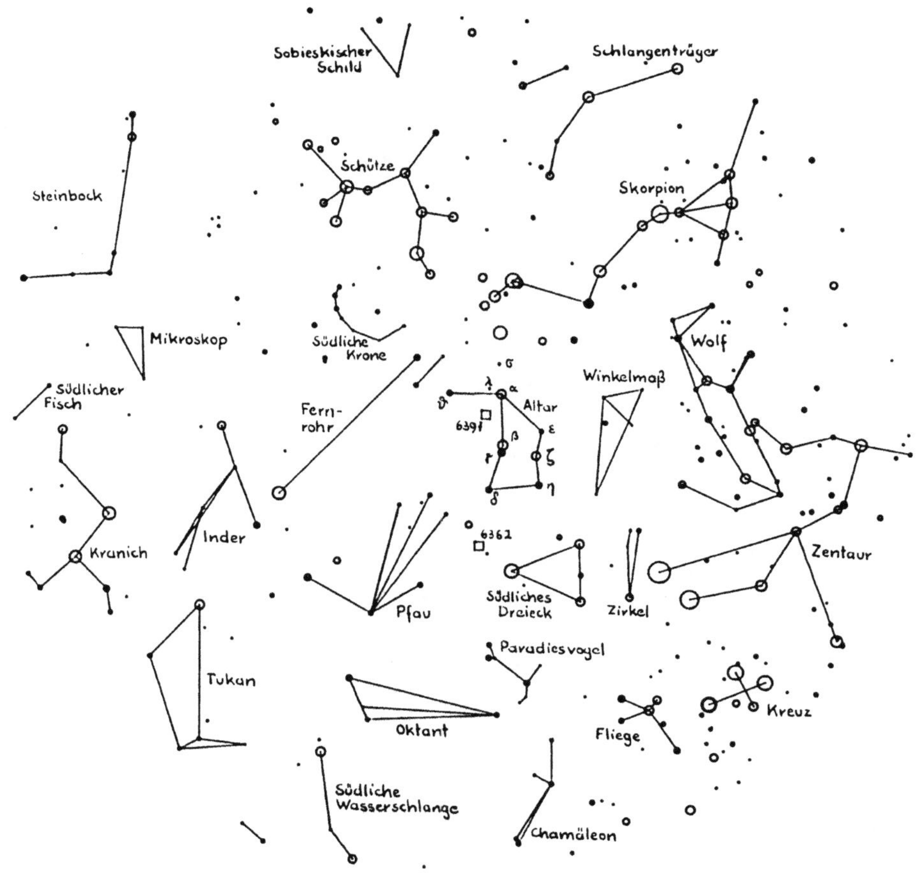

Mythologie und Geschichte

Für die Römer war dieses Sternbild der Altar des Zentaurus und auch der Altar des Dionysos, des griechischen Gottes der Triebkraft der Natur (des Rebstocks). Die Araber sahen im Sternbild ein Weihrauchfaß.

Bemerkenswerte Objekte

NGC 6362 ist ein Kugelsternhaufen.
Durchmesser: 6,7′
Photographische Helligkeit: $7{,}1^m$

NGC 6397 ist ein Kugelsternhaufen.
Durchmesser: 19′
Photographische Helligkeit: $4{,}7^m$

Geographische Breite	Himmelskarten, auf denen das Sternbild zu finden ist											
	1	2	3	4	5	6	7	8	9	10	11	12
+ 75°-Karten												
+ 45°-Karten												
+ 15°-Karten					●	●	●	●	●	●		
− 15°-Karten				●	●	●	●	●	●	●	●	
− 45°-Karten	●	●	●	●	●	●	●	●	●	●	●	●
− 75°-Karten	●	●	●	●	●	●	●	●	●	●	●	●

Andromeda
Andromeda
(And)

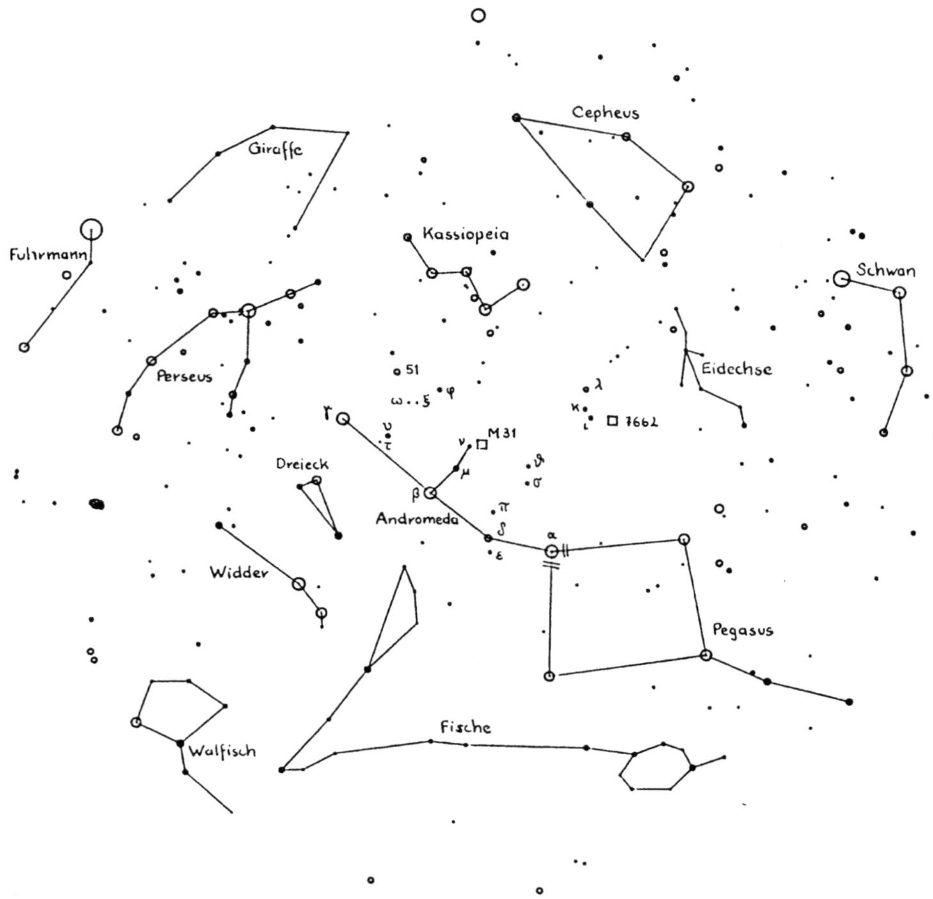

Mythologie und Geschichte

Andromeda ist die Tochter des Cepheus und der Cassiopeia; Andromeda wurde zur Sühne angekettet einem Seeungeheuer ausgesetzt, weil sich ihre Mutter für schöner als die Nereiden – die Meeresgöttinnen – hielt. Das Seeungeheuer, das Neptun in die Welt gesetzt hat, ist im allgemeinen auch am Himmel zu sehen, es ist das Sternbild des Walfisches. In alten Karten ist der Walfisch wie ein Fabelwesen mit langen scharfkralligen Tatzen dargestellt, und wahrscheinlich schielt er auch hinauf zu seinem schönen Opfer. Dem Held Perseus gelingt es, mit der mystischen Hilfe des abgeschlagenen Medusenhauptes das Seeungeheuer zu töten und Andromeda zu retten. Perseus nimmt Andromeda zur Gemahlin und wird zum Gründer von Mykene. In spanischen astronomischen Tafeln ist Andromeda mit geöffneten Ketten, die um ihren Körper liegen, dargestellt. Die Fische liegen in ihrer Nähe.

Bemerkenswerte Objekte

α *And* ist ein weiß leuchtender Stern, der den arabischen Namen Sirrah trägt. Sirrah heißt soviel wie Pferdenabel; dieser Stern wurde nämlich früher zum Sternbild Pegasus gezählt.

β *And = Mirach* wird als Schurz oder Gürtel der Andromeda aufgefaßt.

γ *And* ist ein orange leuchtender Stern; er trägt den Namen Alamak, nach einem kleinen dachsähnlichen arabischen Raubtier. Dieser Stern ist ein Doppelstern. Die Helligkeiten der Komponenten sind $3{,}0^m$ und $5{,}0^m$. Der Doppelsternabstand beträgt $10''$.

M 31 = NGC 224 = Andromedanebel ist ein extragalaktischer Spiralnebel.
Visuelle Helligkeit: $4{,}8^m$
Durchmesser: $100'$
Entfernung: über 2 Millionen Lichtjahre

NGC 7662 ist ein planetarischer Nebel.
Durchmesser: $32'' \times 28''$
Photographische Helligkeit: $8{,}9^m$

Die Konturen der Sternbilder Andromeda und Pegasus gehen ineinander über. An der durch einen Doppelstrich // gekennzeichneten Stelle liegt die Grenze.

Geographische Breite	Himmelskarten, auf denen das Sternbild zu finden ist											
	1	2	3	4	5	6	7	8	9	10	11	12
+ 75°-Karten	●	●	●	●	●	●	●	●	●	●	●	●
+ 45°-Karten	●	●	●	●		●	●	●	●	●	●	●
+ 15°-Karten	●	●						●	●	●	●	●
– 15°-Karten	●	●							●	●	●	●
– 45°-Karten	●									●	●	●
– 75°-Karten												

Bärenhüter
Bootes
(Boo)

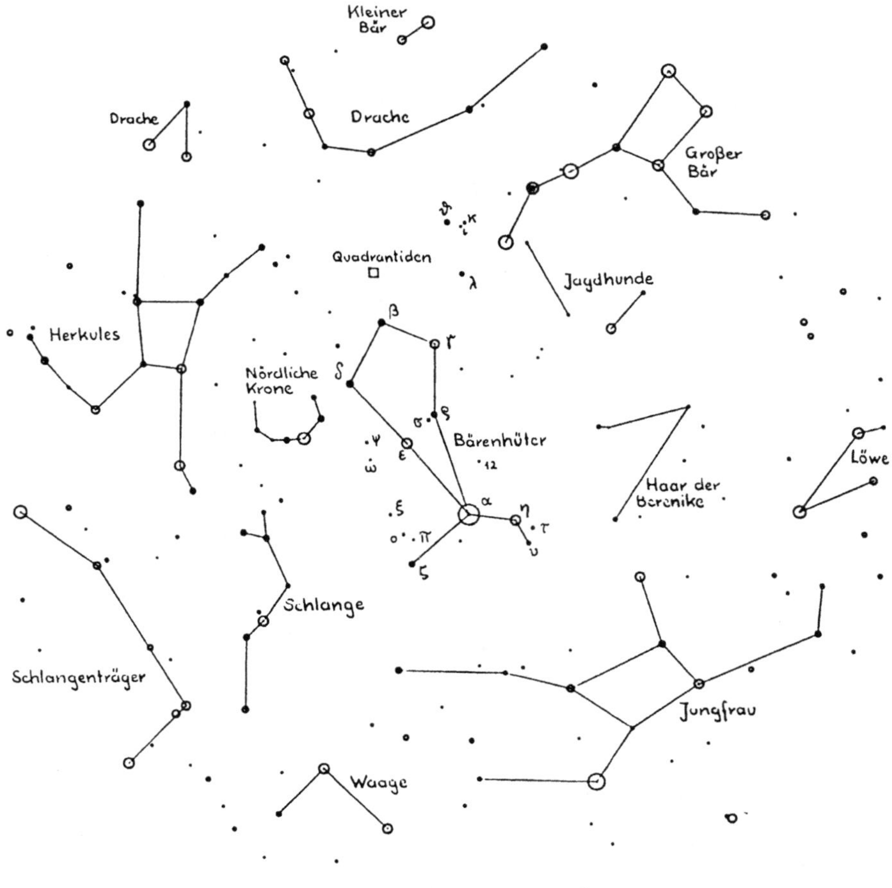

Mythologie und Geschichte

Die Bezeichnung Bootes ist wahrscheinlich älter als 3000 Jahre – sie kommt in der Odyssee vor. „Bootes" hat man vermutlich zuerst nur den Hauptstern (Arcturus) genannt. Später hat man sich vorgestellt, daß der Bärenhüter die Jagdhunde (canes venatici) führt, die den Großen Bären um den Pol herum verfolgen. Vielfach sieht man den Bootes auch als Ochsentreiber oder als Hirten. Das schöne Sternbild wird von manchem Dichter erwähnt. In Ovids Erzählung von Daedalus und Ikarus ermahnt der Vater seinen Sohn zur Vorsicht, er solle bei seiner Flucht mit den künstlichen Flügeln nicht den *Bootes* betrachten oder das gezogene Schwert des Orions, und er solle der Sonne nicht zu nahe kommen, weil sonst das Wachs, das die Federn zusammenhält, schmelzen könnte. Wir wissen, die Mahnung war vergebens.

Bemerkenswerte Objekte

α Boo, ein goldgelber Stern großer Helligkeit ist seit langer Zeit bekannt und war wahrscheinlich überhaupt einer der ersten Sterne, die benannt wurden. Sein Name Arcturus ist etwa gleichbedeutend mit Bootes oder Bärenhüter. Sternbilder und Sterne haben dem Landwirt seit jeher den Zeitpunkt der Ernte und der Aussaat angezeigt. So lesen wir beispielsweise beim griechischen Dichter Hesiod (700 v. Chr.): „Wenn aber Orion und Sirius in die Mitte des Himmels gekommen sind und die rosenfingrige Morgenröte (Eos) den Arcturus erblickt, dann, o Perses, pflücke alle Trauben ab und bringe sie heim."

ε Boo ist ein Doppelstern. Sein Licht strahlt hell orange. Die Helligkeiten der beiden Komponenten sind $3{,}0^m$ und $6{,}3^m$. Der Doppelsternabstand beträgt $3''$.

ξ Boo ist ein visueller Doppelstern. Die Sternmassen sind 0,8- bzw. 0,7fach kleiner als die Masse unserer Sonne. Für einen Umlauf benötigt dieses Doppelsternsystem 152 Jahre. Dieser Doppelstern ist 22 Lichtjahre von uns entfernt.

Quadrantiden sind ein Meteorstrom. Das Maximum der Erscheinung tritt am 3. Januar auf.

Geographische Breite	Himmelskarten, auf denen das Sternbild zu finden ist											
	1	2	3	4	5	6	7	8	9	10	11	12
+ 75°-Karten	●	●	●	●	●	●	●	●	●	●	●	●
+ 45°-Karten		●	●	●	●	●	●	●	●	●		
+ 15°-Karten			●	●	●	●	●	●	●			
– 15°-Karten				●	●	●	●	●				
– 45°-Karten				●	●	●	●	●				
– 75°-Karten												

Becher

Crater

(Crt)

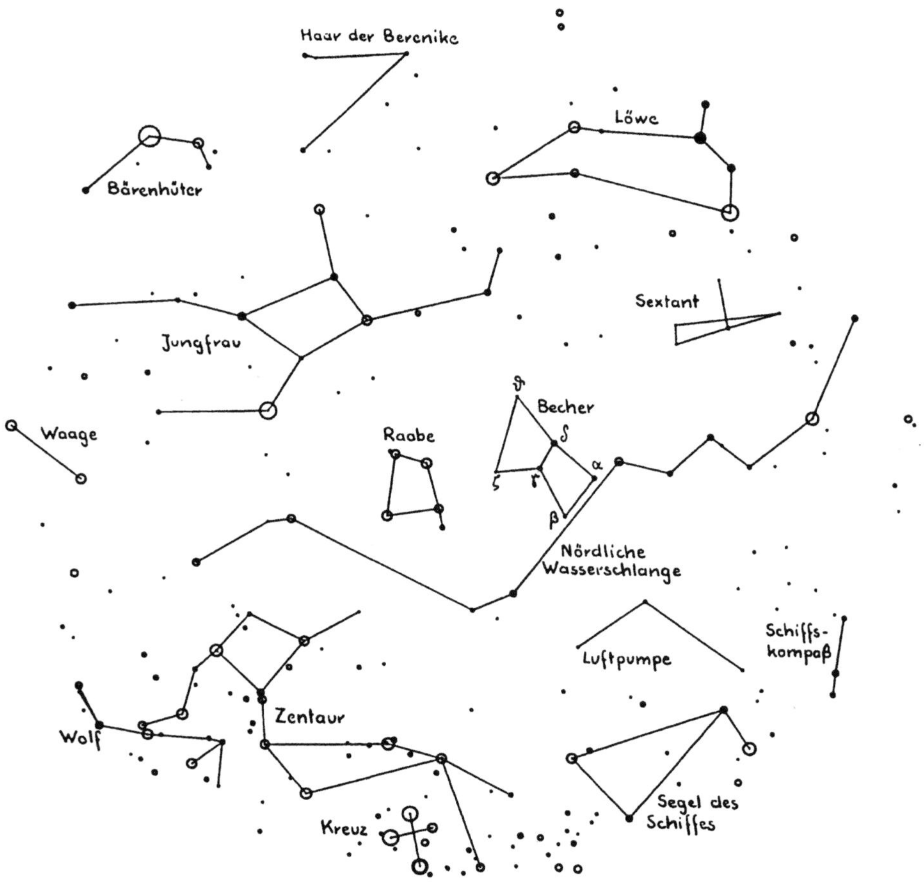

Mythologie und Geschichte

Die Sterne zeigen die Umrißlinien eines Kelches. Er steht auf dem Rücken der Wasserschlange. Schon die frühen Griechen haben das Sternbild Kelch, Pokal oder Becher des Apollo genannt. Ovid weiß zu erzählen, daß Apollo einen Raben mit einem goldenen Becher ausgesendet hat, damit er ihm von weither frisches Wasser bringt. Der Rabe aber labt sich auf seinem Weg an einem Feigenbaum und verspätet sich dadurch. Bei seiner Rückkehr belügt er Apollo – es hätte ihn eine riesengroße Wasserschlange gehindert, den göttlichen Auftrag auszuführen. Die Erzählung verbindet also die drei Sternbilder Nördliche Wasserschlange, Rabe und Becher. Im 17. Jahrhundert hat man im „Becher" auch den Kelch aus der Leidensgeschichte Christi erblickt.

Geographische Breite	Himmelskarten, auf denen das Sternbild zu finden ist											
	1	2	3	4	5	6	7	8	9	10	11	12
+ 75°-Karten			●	●	●	●						
+ 45°-Karten		●	●	●	●	●	●					
+ 15°-Karten		●	●	●	●	●	●					
– 15°-Karten	●	●	●	●	●	●	●					
– 45°-Karten	●	●	●	●	●	●	●	●				
– 75°-Karten	●	●	●	●	●	●	●	●				●

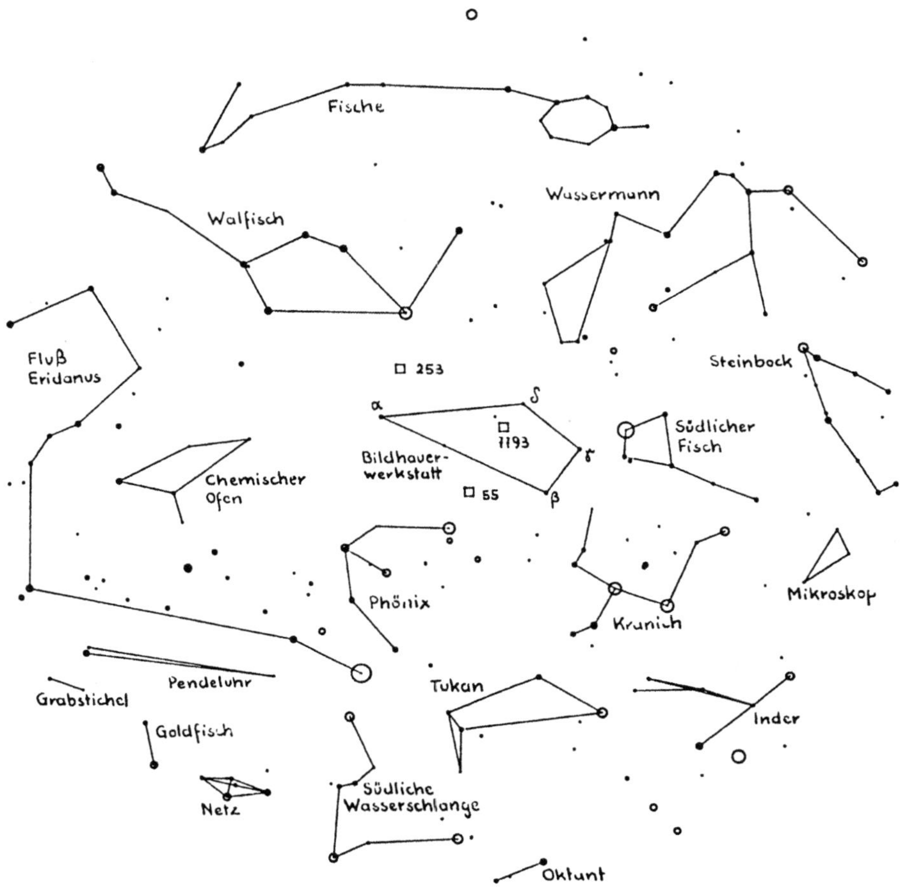

Mythologie und Geschichte

Der französische Astronom Abbé Nicolas Louis de Lacaille hat in den Jahren 1751 bis 1754 am Kap der Guten Hoffnung astronomische Beobachtungen durchgeführt und einen Katalog des südlichen Sternenhimmels herausgegeben. Dieses Sternbild geht auf seine Arbeiten zurück.

Bemerkenswerte Objekte

NGC 55 ist eine Galaxie.
Scheinbarer Durchmesser: 25′
Entfernung von der Erde: 6,2 Millionen Lichtjahre
Photographische Helligkeit: $7{,}8^m$

NGC 253 ist eine Galaxie.
Scheinbarer Durchmesser: 22′
Entfernung von der Erde: 7,2 Millionen Lichtjahre
Visuelle Helligkeit: $8{,}9^m$

NGC 7793 ist eine Galaxie.
Scheinbarer Durchmesser: 6′
Entfernung von der Erde: 10 Millionen Lichtjahre
Photographische Helligkeit: $9{,}7^m$

Geographische Breite	Himmelskarten, auf denen das Sternbild zu finden ist											
	1	2	3	4	5	6	7	8	9	10	11	12
+ 75°-Karten												
+ 45°-Karten									●	●	●	●
+ 15°-Karten	●							●	●	●	●	●
– 15°-Karten	●	●						●	●	●	●	●
– 45°-Karten	●	●					●	●	●	●	●	●
– 75°-Karten	●	●	●	●	●	●	●	●	●	●	●	●

Cepheus
Cepheus
(Cep)

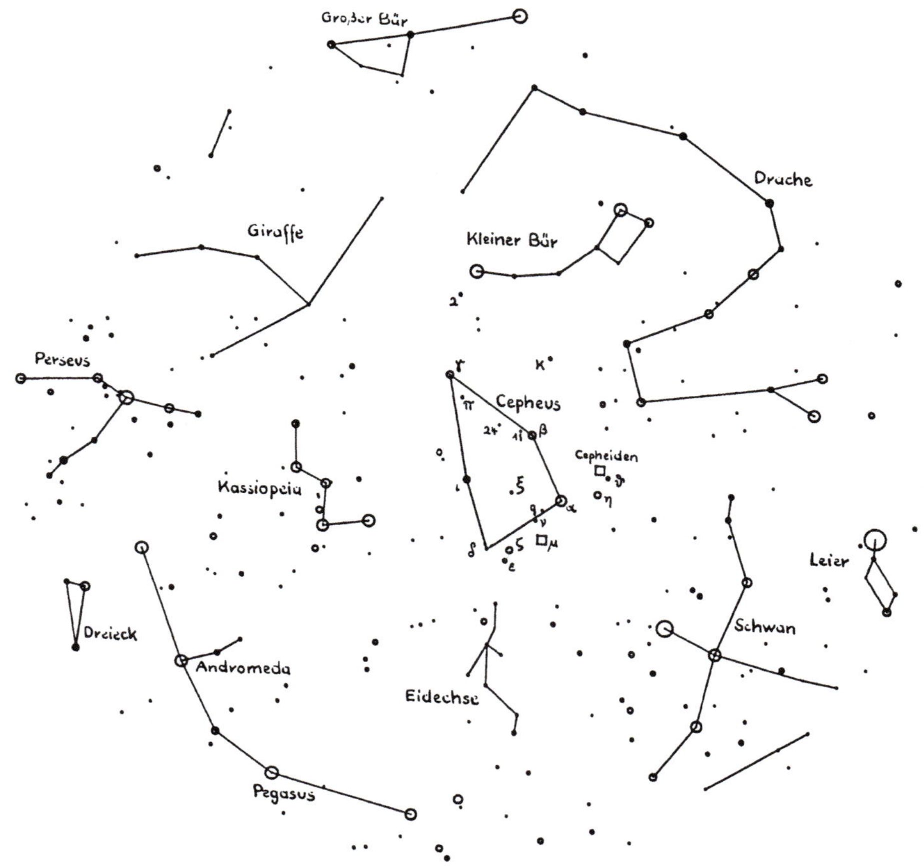

Mythologie und Geschichte

Cepheus ist ein unscheinbares Sternbild, in dem fünf nicht sehr helle Sterne ein mitra-artiges Fünfeck bilden. In der griechischen Literatur und Sage (500 v. Chr.) ist Cepheus der König von Äthiopien, der Gemahl der Cassiopeia und der Vater der Andromeda.

Bemerkenswerte Objekte

α Cep ist ein weiß leuchtender Stern und trägt den arabischen Namen Alderamin. Vermutlich wird dieser Stern im Jahr 7500 unser neuer Polarstern sein.

β Cep = Alfirk

δ Cep ist ein Doppelstern und ein veränderlicher Stern. Die eine Sternkomponente des Doppelsterns hat eine Helligkeit von $7{,}5^m$; die andere ist variabel. Der Doppelsternabstand ist 41″ groß. Als veränderlicher Stern schwankt die Helligkeit zwischen $3{,}7^m$ und $4{,}4^m$. Die Periodendauer beträgt dabei 5,37 Tage.

μ Cep ist ein granatfarben leuchtender veränderlicher Stern. Die Helligkeit schwankt zwischen $4{,}0^m$ und $4{,}8^m$. Die Periodendauer beträgt 750 Tage.

Cepheiden sind ein Meteorstrom. Am 18. August ist das Maximum der Meteorerscheinungen.

Geographische Breite	Himmelskarten, auf denen das Sternbild zu finden ist											
	1	2	3	4	5	6	7	8	9	10	11	12
+ 75°-Karten	●	●	●	●	●	●	●	●	●	●	●	●
+ 45°-Karten	●	●	●	●	●	●	●	●	●	●	●	●
+ 15°-Karten	●	●	●		●	●	●	●	●	●	●	●
− 15°-Karten								●	●	●	●	●
− 45°-Karten												
− 75°-Karten												

Chamäleon
Chamaeleon
(Cha)

Mythologie und Geschichte

Das Chamäleon ist ein unbedeutendes Sternbild des südlichen Sternenhimmels. Es wurde erstmals vom deutschen Astronomen J. Bayer (1572–1625) publiziert, wobei er sich auf Beobachtungen von Seefahrern stützte. Für die Chinesen war dieses Sternbild angeblich eine Schöpfkelle oder auch ein Hohlmaß.

Geographische Breite	Himmelskarten, auf denen das Sternbild zu finden ist											
	1	2	3	4	5	6	7	8	9	10	11	12
+ 75°-Karten												
+ 45°-Karten												
+ 15°-Karten		●	●	●	●							
– 15°-Karten	●	●	●	●	●	●	●	●	●	●	●	●
– 45°-Karten	●	●	●	●	●	●	●	●	●	●	●	●
– 75°-Karten	●	●	●	●	●	●	●	●	●	●	●	●

Chemischer Ofen
Fornax
(For)

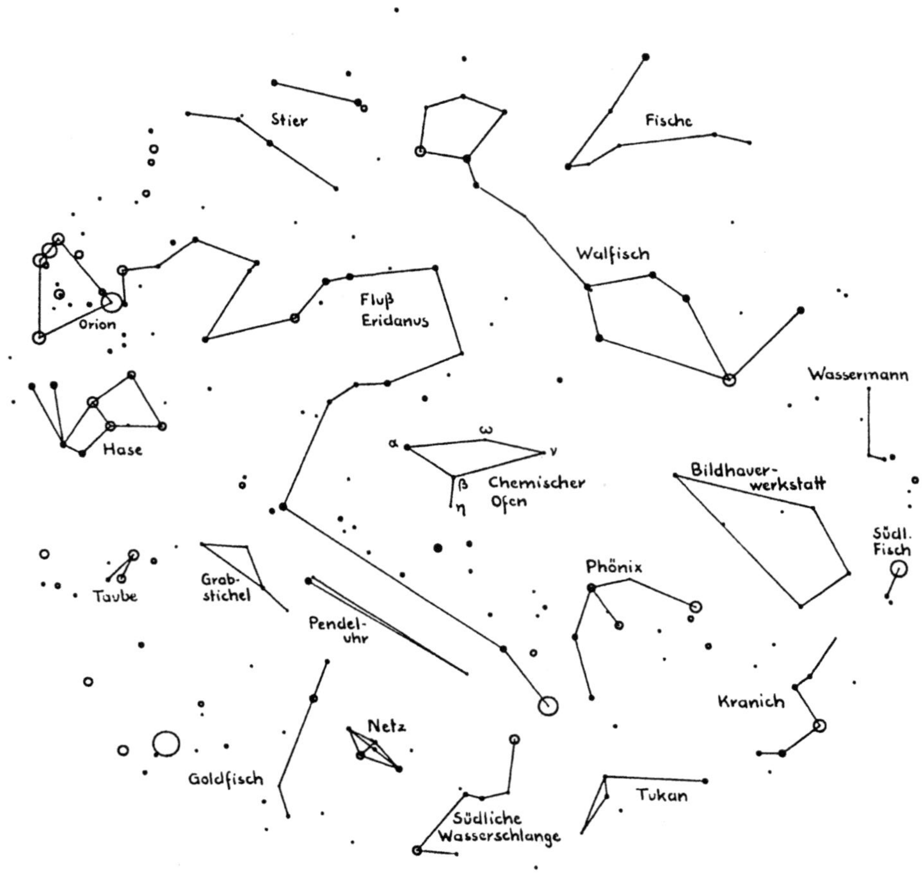

Mythologie und Geschichte

Dieses Sternbild wurde etwa um 1750 von einem französischen Astronomen entworfen. Die Chinesen haben darin den Kornspeicher des Himmels gesehen.

Geographische Breite	Himmelskarten, auf denen das Sternbild zu finden ist											
	1	2	3	4	5	6	7	8	9	10	11	12
+ 75°-Karten												
+ 45°-Karten	●	●								●	●	●
+ 15°-Karten	●	●	●						●	●	●	●
– 15°-Karten	●	●	●						●	●	●	●
– 45°-Karten	●	●	●	●				●	●	●	●	●
– 75°-Karten	●	●	●	●	●	●	●	●	●	●	●	●

Delphin
Delphinus
(Del)

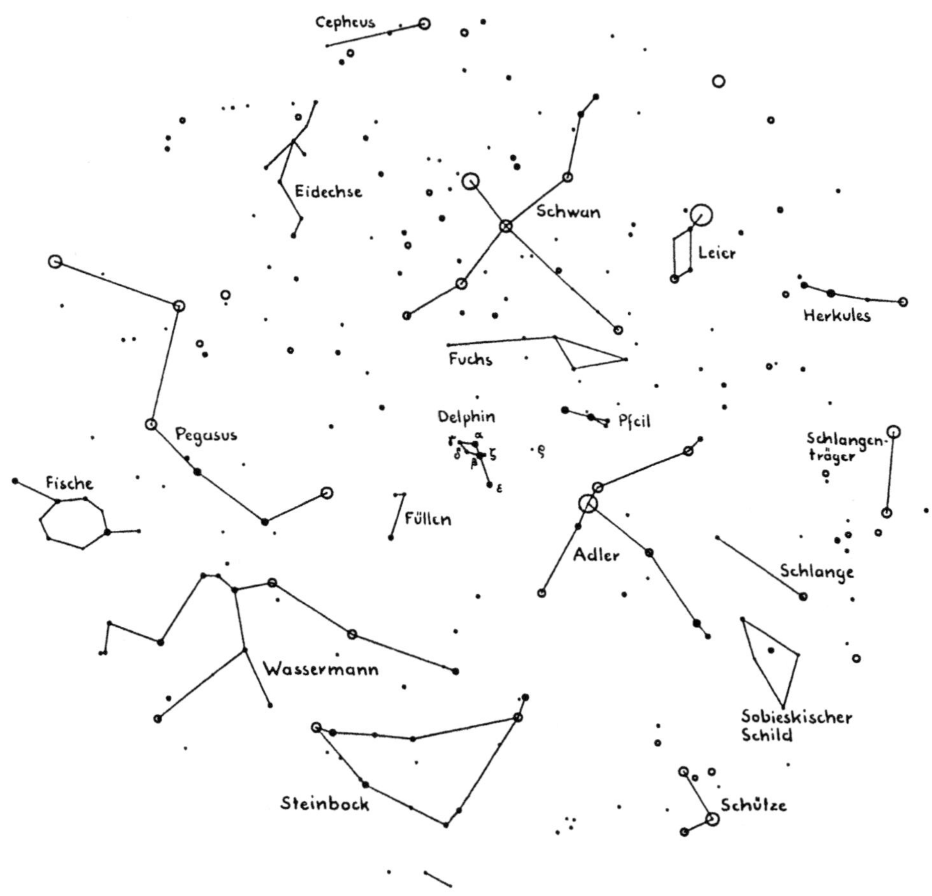

Mythologie und Geschichte

Der Delphin ist ein sehr kleines, aber markantes Sternbild. Es war in Griechenland sowohl die Bezeichnung Delphis als auch Delphin üblich. Die letztere Benennung ist seit dem 17. Jahrhundert erhalten geblieben.

Eine kleine Geschichte verbindet den Delphin mit dem griechischen Lyriker Arion (600 v. Chr.) aus Lesbos. Arion war ein berühmter Sänger, der durch sein Lied bewirken konnte, daß Wölfe von ihrer Beute abließen und daß Eulen und Krähen ihre Feindschaft vergaßen. Arion war einst als Sänger in Sizilien und wollte, mit reichen Schätzen belohnt, in die Heimat zurückkehren. Auf hoher See hatte man ihn jedoch überfallen. Ein Delphin – durch sein Leierspiel herangelockt – hat Arion über das Meer getragen und so gerettet. Die Götter haben den Delphin zum Dank als Sternbild an den Himmel versetzt, weil dieses Tier dem großen Sänger und seiner Kunst Ehrfurcht und Liebe bewiesen hat.

Bemerkenswerte Objekte

β Del ist ein grünlich leuchtender Doppelstern. Die beiden umeinander kreisenden Sterne haben die 2,3fache und 2,0fache Sonnenmasse. Die Helligkeit der beiden Komponenten ist $4{,}1^m$ und $5{,}1^m$. Für einen Umlauf benötigen die Sterne 27 Jahre. Die Entfernung zur Erde beträgt 99 Lichtjahre.

γ Del ist ein Doppelstern. Die Helligkeiten der Komponenten sind $4{,}0^m$ und $5{,}0^m$. Der Doppelstern-Abstand beträgt $10''$.

Geographische Breite	Himmelskarten, auf denen das Sternbild zu finden ist											
	1	2	3	4	5	6	7	8	9	10	11	12
+ 75°-Karten	●	●	●	●	●	●	●	●	●	●	●	●
+ 45°-Karten	●				●	●	●	●	●	●	●	●
+ 15°-Karten						●	●	●	●	●	●	●
– 15°-Karten						●	●	●	●	●	●	●
– 45°-Karten						●	●	●	●	●	●	●
– 75°-Karten							●	●	●	●	●	

Drache

Draco

(Dra)

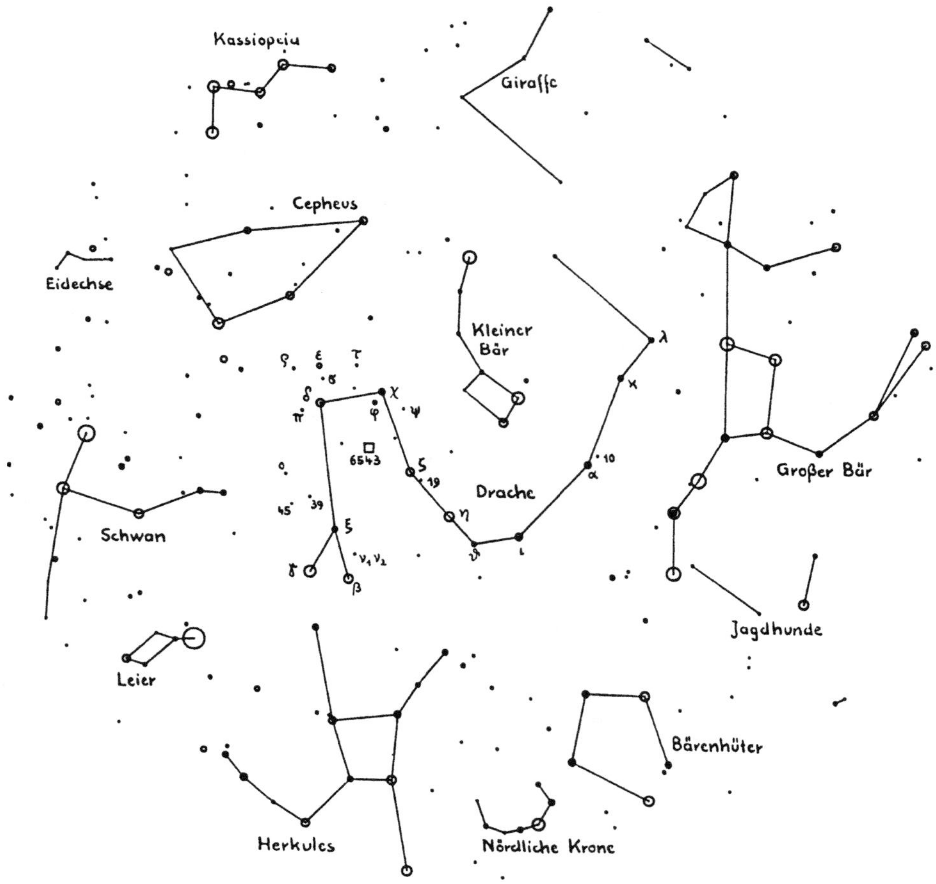

Mythologie und Geschichte

Klassische Schriftsteller und Astronomen haben dieses Sternbild als Drachen gekannt. In Persien sah man es als menschenfressende Schlange, und die alten Hindus verehrten diese Sternkonstellation als Alligator. Der Drache liegt zwischen dem Großen und dem Kleinen Bären, mit seinem Rachen bedroht er den Herkules, sein Schwanz zeigt zum Polarstern. Früher hat der Drache noch schöner ausgesehen, weil er sogar Flügel hatte. Thales von Milet (640 ? – 546 v. Chr.) hat auf Kosten des Drachen aus diesen Flügeln ein neues Sternbild geformt, den Kleinen Bären, zu dem der Polarstern gehört. Von dieser Maßnahme sollte die griechische Marine profitieren.

Bemerkenswerte Objekte

γ *Dra* leuchtet orangefarben und ist der hellste Stern des Sternbildes. Er trägt den Namen Etamin oder auch Eltanin, was soviel heißt wie Drachenkopf.

ν_1 ν_2 *Dra* ist ein Doppelstern. Die Helligkeitskomponenten sind $4{,}6^m$ und $4{,}6^m$. Der Doppelsternabstand beträgt 62″.

NGC 6543 ist ein ovaler inhomogen heller planetarischer Nebel mit einer scheinbaren photographischen Helligkeit von $8{,}8^m$. Der Durchmesser liegt bei 22″.

Geographische Breite	Himmelskarten, auf denen das Sternbild zu finden ist											
	1	2	3	4	5	6	7	8	9	10	11	12
+ 75°-Karten	●	●	●	●	●	●	●	●	●	●	●	●
+ 45°-Karten	●	●	●	●	●	●	●	●	●	●	●	●
+ 15°-Karten			●	●	●	●	●	●	●	●	●	
– 15°-Karten						●						
– 45°-Karten												
– 75°-Karten												

Dreieck
Triangulum
(Tri)

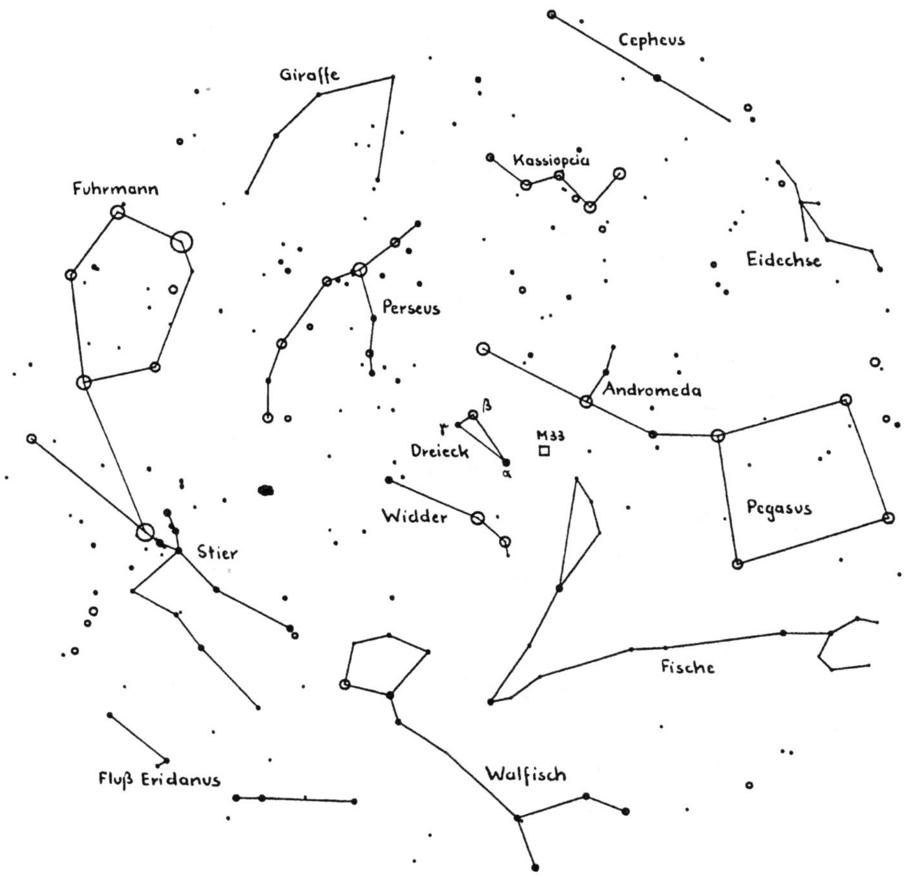

Mythologie und Geschichte

Dieses Sternbild hat in alter Zeit mehr Beachtung gefunden als heute. Der alte griechische Name geht auf den Großbuchstaben Delta zurück und wurde von Cicero transkribiert und Deltoton oder auch Deltotum genannt. Diesen Namen verwendeten auch die Astronomen des 17. Jahrhunderts. Das Sternbild soll das Nildelta symbolisieren und der alexandrinischen Wissenschaft ein Denkmal setzen.

Geographische Breite	Himmelskarten, auf denen das Sternbild zu finden ist											
	1	2	3	4	5	6	7	8	9	10	11	12
+ 75°-Karten	●	●	●	●	●	●	●	●	●	●	●	●
+ 45°-Karten	●	●	●	●	●		●	●	●	●	●	●
+ 15°-Karten	●	●	●					●	●	●	●	●
− 15°-Karten	●	●							●	●	●	●
− 45°-Karten	●	●								●	●	●
− 75°-Karten												

Bemerkenswerte Objekte

M 33 = NGC 598 ist ein extragalaktischer Spiralnebel.
Scheinbarer Durchmesser: 34′
Helligkeit: $5{,}8^{m}$
Entfernung von der Erde: 2 Millionen Lichtjahre

Eidechse
Lacerta
(Lac)

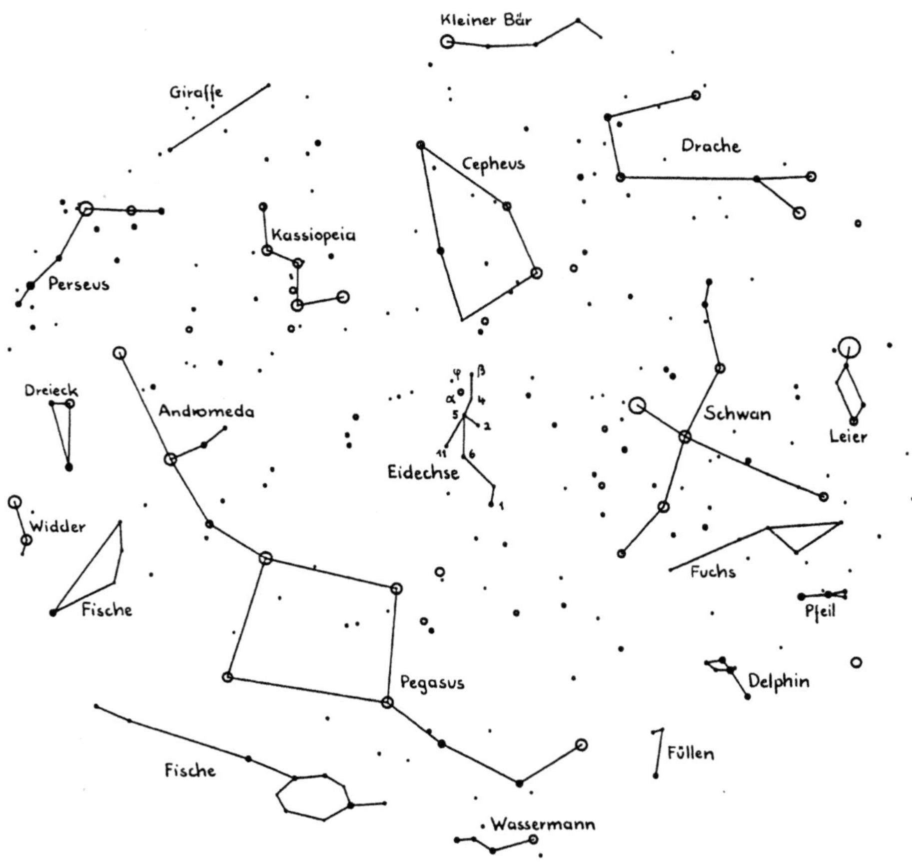

Mythologie und Geschichte

Dieses unscheinbare Sternbild wurde um 1650 von dem polnischen Astronomen Hevelius figuriert, wobei entlegene Sterne der Andromeda und des Schwans in das neue Sternbild eingegliedert wurden. Die frühen Chinesen haben hier unter Verwendung einiger Sterne des Schwans eine fliegende Schlange gesehen.

Geographische Breite	Himmelskarten, auf denen das Sternbild zu finden ist											
	1	2	3	4	5	6	7	8	9	10	11	12
+ 75°-Karten	●	●	●	●	●	●	●	●	●	●	●	●
+ 45°-Karten	●	●	●	●	●	●	●	●	●	●	●	●
+ 15°-Karten	●					●	●	●	●	●	●	●
– 15°-Karten	●						●	●	●	●	●	●
– 45°-Karten									●	●	●	
– 75°-Karten												

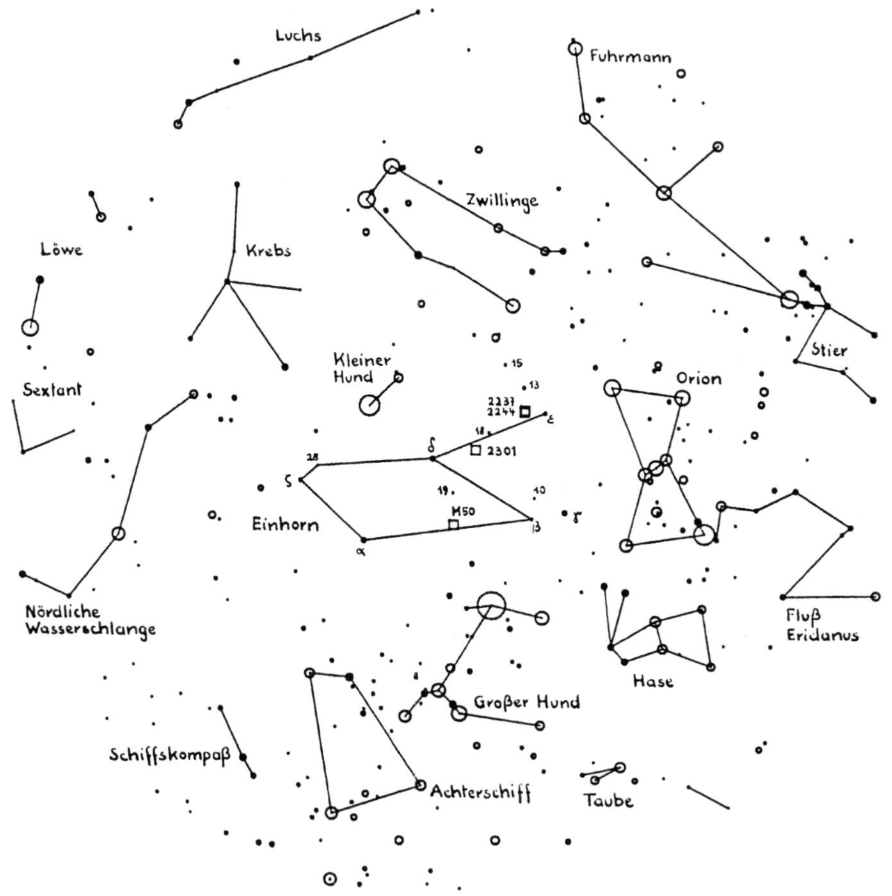

Mythologie und Geschichte

Das Sternbild Einhorn ist eine neuere Konstellation. Man findet es als „Unicornu" im Planisphärium (17. Jh.) des Kepplerschen Schwiegersohns, Jakob Bartsch. Darüber hinaus soll es auch schon 1564 in einem astrologischen Buch als „das andere Pferd südlich von Zwillingen und Krebs" beschrieben worden sein. Auch auf einem persischen Globus soll es dargestellt sein.

Bemerkenswerte Objekte

β Mon ist ein Dreifachsystem. Die Helligkeiten der Sternkomponenten sind $5{,}0^m$, $5{,}5^m$ und $6{,}0^m$. Die Sternabstände betragen $7''$ und $3''$.

NGC 2237 = Rosetten-Nebel. Der Rosetten-Nebel ist ein diffuser Nebel, er hat die 9000fache Sonnenmasse. Sein scheinbarer Durchmesser ist $61'' \times 64''$. Von der Erde ist er 4500 Lichtjahre entfernt.

NGC 2244 ist ein sehr unscheinbarer offener Sternhaufen mit einem scheinbaren Durchmesser von $40'$, einer Helligkeit von $6{,}2^m$. Der Sternhaufen besteht aus etwa 16 Sternen.

NGC 2301 ist ein unscheinbarer offener Sternhaufen mit einem scheinbaren Durchmesser von $15'$; die scheinbare gesamte visuelle Helligkeit ist $5{,}8^m$. Der Sternhaufen besteht ungefähr aus 60 Sternen.

M 50 = NGC 2323 ist ein offener Sternhaufen.
Scheinbarer Durchmesser: $10'$
Helligkeit: $6{,}3^m$

Geographische Breite	Himmelskarten, auf denen das Sternbild zu finden ist											
	1	2	3	4	5	6	7	8	9	10	11	12
+ 75°-Karten	●	●	●	●	●	●					●	●
+ 45°-Karten	●	●	●	●	●							●
+ 15°-Karten	●	●	●	●	●							●
− 15°-Karten	●	●	●	●	●						●	●
− 45°-Karten	●	●	●	●	●						●	●
− 75°-Karten	●	●	●	●	●	●				●	●	●

Fernrohr
Telescopium
(Tel)

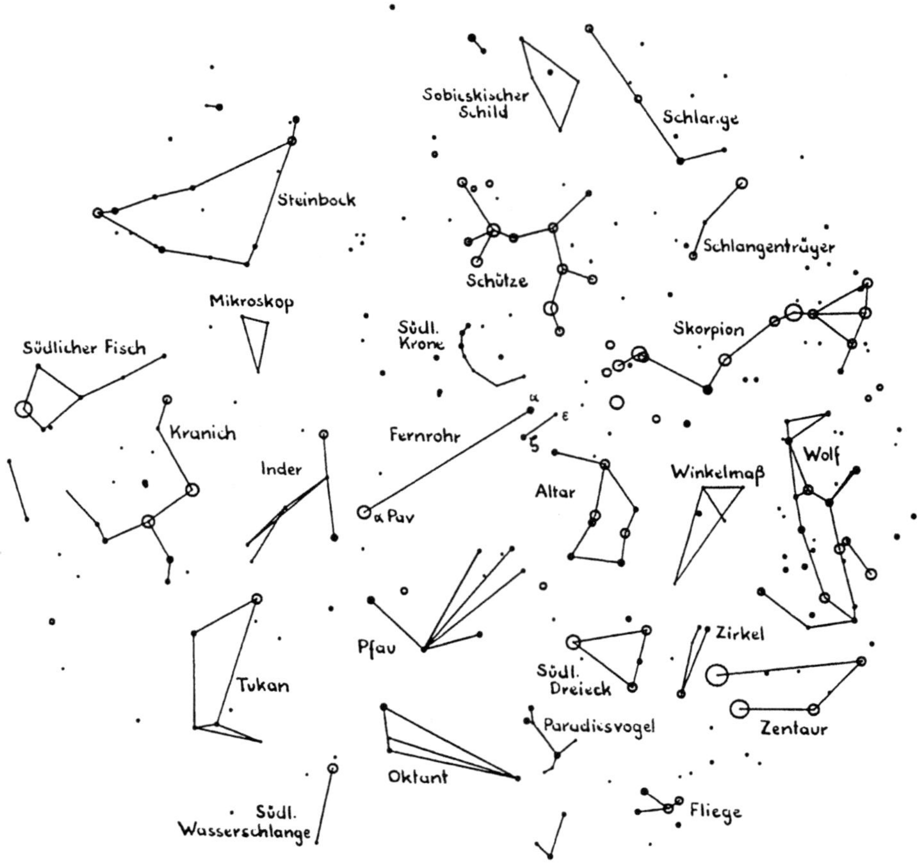

Mythologie und Geschichte

Dieses Sternbild ist etwa 1750 von einem französischen Astronomen interpretiert worden. Die Sternkonturen zeigen vereinfacht zwei parallele Linien. Die längere Linie soll das eigentliche Fernrohr sein, und die kurze Linie könnte man als Sucherfernrohr in der unmittelbaren Nachbarschaft des Okulares sehen. Der Stern, der das Objektiv markiert, gehört aber genau genommen schon zum Pfau (Pavo). Der Schöpfer dieses Sternbildes hat allerdings „das große astronomische Fernglas, an einem Maste aufgehängt" gesehen. Mit solchen Vorrichtungen hat der polnische Astronom Johannes Hevelius (1611–1687) die Mondoberfläche erforscht. Es soll sich hierbei um ein 45 Meter langes Luftfernrohr gehandelt haben.

Geographische Breite	Himmelskarten, auf denen das Sternbild zu finden ist											
	1	2	3	4	5	6	7	8	9	10	11	12
+ 75°-Karten												
+ 45°-Karten								●	●			
+ 15°-Karten						●	●	●	●	●		
– 15°-Karten				●	●	●	●	●	●	●	●	●
– 45°-Karten	●	●	●	●	●	●	●	●	●	●	●	●
– 75°-Karten	●	●	●	●	●	●	●	●	●	●	●	●

Fische
Pisces
(Psc)

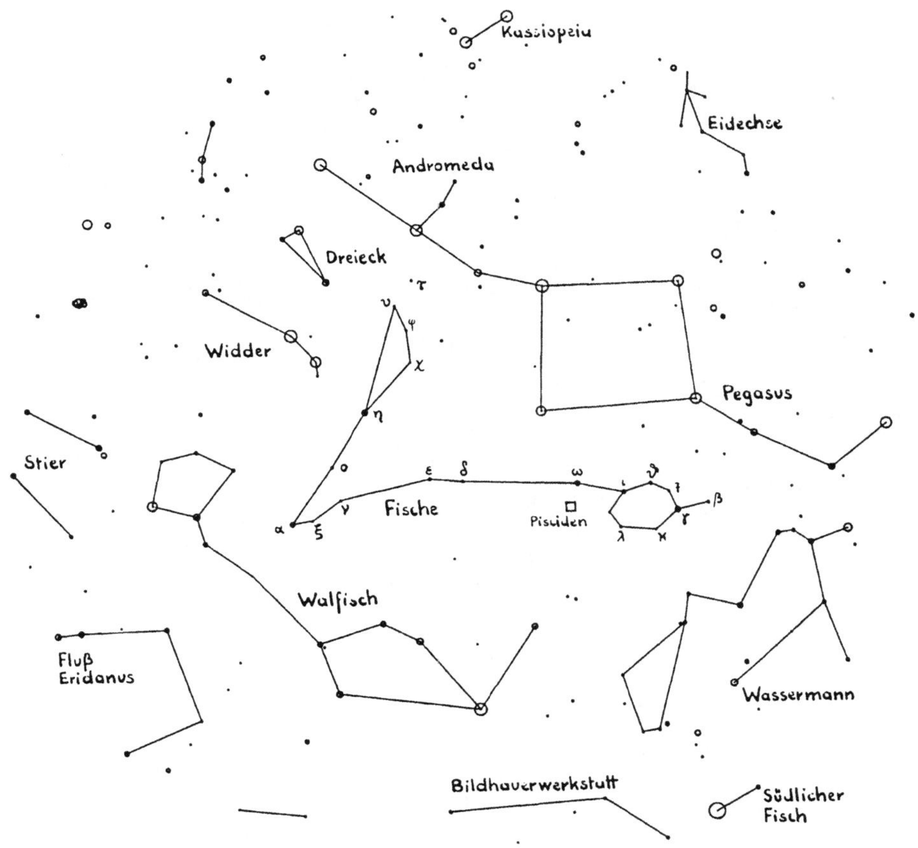

Mythologie und Geschichte

Die Fische sind ein unauffälliges, aber weit ausgedehntes Sternbild: es sind zwei in sich geschlossene Figuren – die Fische darstellend – die durch ein Band miteinander verknüpft sind. Die Fabel berichtet, daß einst Venus und Amor sich in zwei Fische verwandelt und in den Euphrat gestürzt hätten, um dem Riesen Typhon zu entgehen.

Bemerkenswerte Objekte

α Psc trägt die arabische Bezeichnung Alrescha, die man mit „Strick" übersetzt. Er ist der hellste Stern des Bandes, das die beiden Fische verbindet. α Psc ist ein Doppelstern, dessen Komponenten eine Helligkeit von $4{,}3^m$ bzw. $5{,}2^m$ haben. Ihr scheinbarer Abstand ist 1,9″, und ein Umlauf um den gemeinsamen Schwerpunkt ist in etwa 720 Jahren vollendet.

Pisciden. Meteorstrom
Dauer: 16. August bis 8. Oktober
Maximum am 12. September

Geographische Breite	Himmelskarten, auf denen das Sternbild zu finden ist											
	1	2	3	4	5	6	7	8	9	10	11	12
+ 75°-Karten	●	●	●	●	●	●	●	●	●	●	●	●
+ 45°-Karten	●							●	●	●	●	●
+ 15°-Karten	●								●	●	●	●
– 15°-Karten	●								●	●	●	●
– 45°-Karten	●								●	●	●	●
– 75°-Karten											●	●

Fliege
Musca
(Mus)

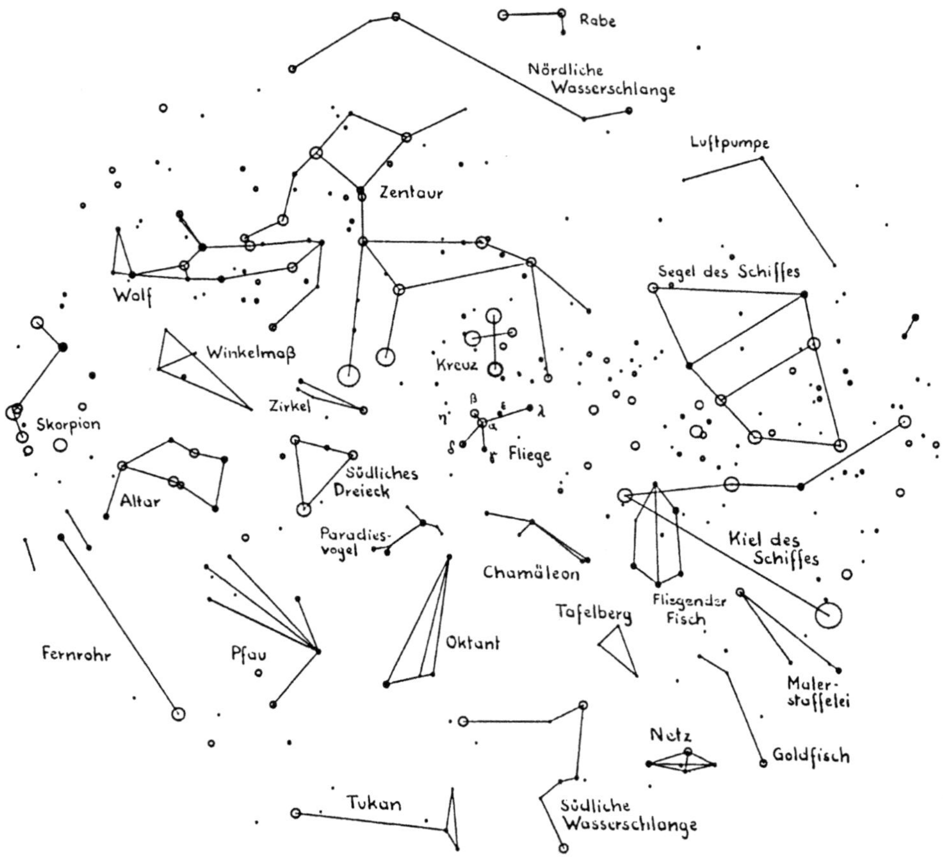

Mythologie und Geschichte

Der niederländische Seefahrer und Navigator Frederic Houtmann führte Ende des 16. Jahrhunderts eine Flotte nach Indonesien und brachte von dort eine Menge astronomischer Daten mit. Der deutsche Astronom Johann Bayer hat eine Reihe dieser Angaben in seinem Himmelskartenwerk Uranometria (1603) eingearbeitet. Auch dieses Sternbild hat dort seinen Ursprung.

Geographische Breite	Himmelskarten, auf denen das Sternbild zu finden ist											
	1	2	3	4	5	6	7	8	9	10	11	12
+ 75°-Karten												
+ 45°-Karten												
+ 15°-Karten			●	●	●	●	●					
– 15°-Karten	●	●	●	●	●	●	●	●	●	●	●	●
– 45°-Karten	●	●	●	●	●	●	●	●	●	●	●	●
– 75°-Karten	●	●	●	●	●	●	●	●	●	●	●	●

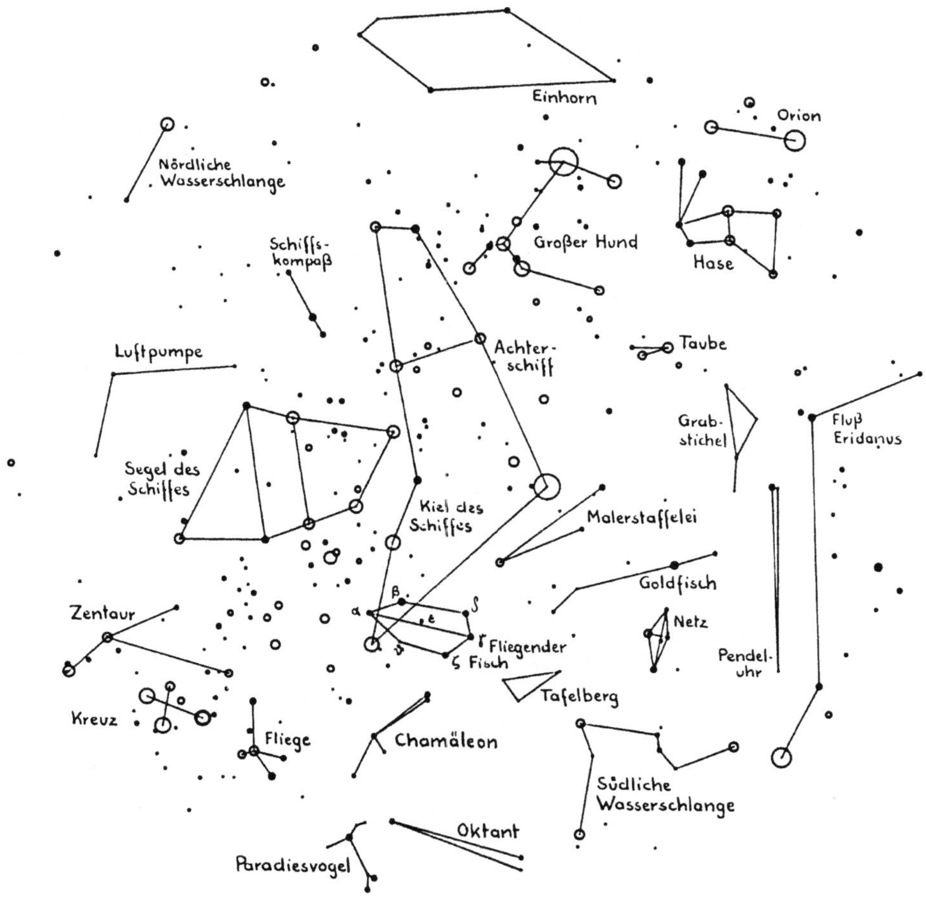

Mythologie und Geschichte

Hier bilden mehrere Sternkonfigurationen eine Einheit: der Kiel des Schiffes (Carina), das Achterschiff (Puppis), das Segel des Schiffes (Vela) und der Fliegende Fisch (Volans). Diese Sterngruppe stellt das berühmte Schiff der Argonauten dar. Es wurde von Argus in Thessalien gebaut, um das Goldene Vlies aus Kolchis zu holen. Das Goldene Vlies ist am Himmel zu sehen, es ist das goldene Fell des Widders (Aries).

Geographische Breite	Himmelskarten, auf denen das Sternbild zu finden ist											
	1	2	3	4	5	6	7	8	9	10	11	12
+ 75°-Karten												
+ 45°-Karten												
+ 15°-Karten	●	●	●	●	●							
– 15°-Karten	●	●	●	●	●	●	●	●		●	●	●
– 45°-Karten	●	●	●	●	●	●	●	●	●	●	●	●
– 75°-Karten	●	●	●	●	●	●	●	●	●	●	●	●

Fluß Eridanus

Eridanus

(Eri)

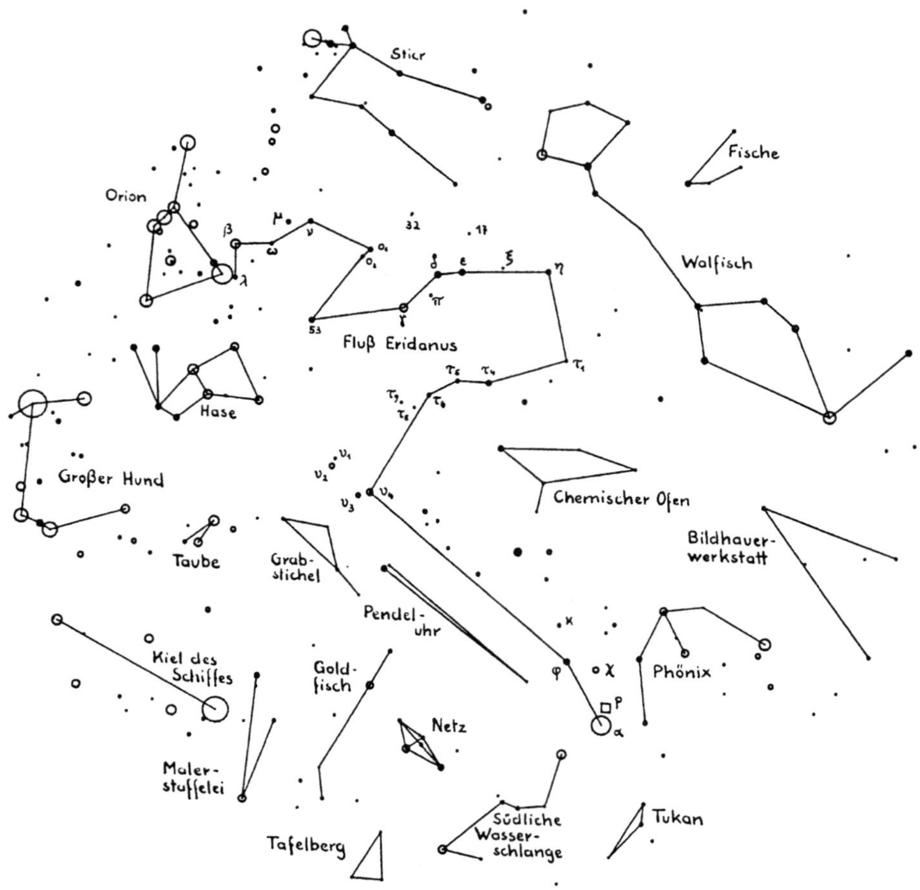

Mythologie und Geschichte

Der Fluß Eridanus ist das längste Sternbild; es erstreckt sich vom Orion, also vom Himmelsäquator, bis tief in den südlichen Sternenhimmel. Eridanus gilt als Totenfluß und als Fluß der Unterwelt. An den Fluß Eridanus knüpft sich aber auch die Erzählung über die griechisch mythologische Gestalt Phaethon. Phaethon, der jugendliche Sohn des Sonnengottes Helios, wollte für einen Tag den Sonnenwagen führen. Er konnte aber das Pferdegespann nicht zügeln, der Sonnenwagen kam der Erde zu nahe und verwüstete alles. Ein Blitz tötet Phaethon und er stürzt in den Fluß Eridanus. Die in das Firmament eingebrannten Feuerspuren sehen wir heute noch als Milchstraße.

Bemerkenswerte Objekte

α Eri ist ein weißer sehr heller Stern mit dem arabischen Namen Achernar, was soviel wie „das Ende des Flusses" bedeutet.

p *Eri* ist ein visueller Doppelstern, den man mit einem einfachen Fernrohr trennen kann. Beide Sterne haben die 0,4fache Masse unserer Sonne, und ihre Helligkeit ist $6{,}0^m$. Sie benötigen 408 Jahre für einen Umlauf und sind von uns 22 Lichtjahre entfernt.

32 Eri ist ein Doppelstern. Die Helligkeiten der Komponenten sind $4{,}0^m$ und $6{,}0^m$. Der Doppelsternabstand beträgt 7″.

Geographische Breite	Himmelskarten, auf denen das Sternbild zu finden ist											
	1	2	3	4	5	6	7	8	9	10	11	12
+ 75°-Karten												
+ 45°-Karten											●	●
+ 15°-Karten	●	●								●	●	●
– 15°-Karten	●	●	●							●	●	●
– 45°-Karten	●	●	●	●						●	●	●
– 75°-Karten	●	●	●	●	●	●	●	●	●	●	●	●

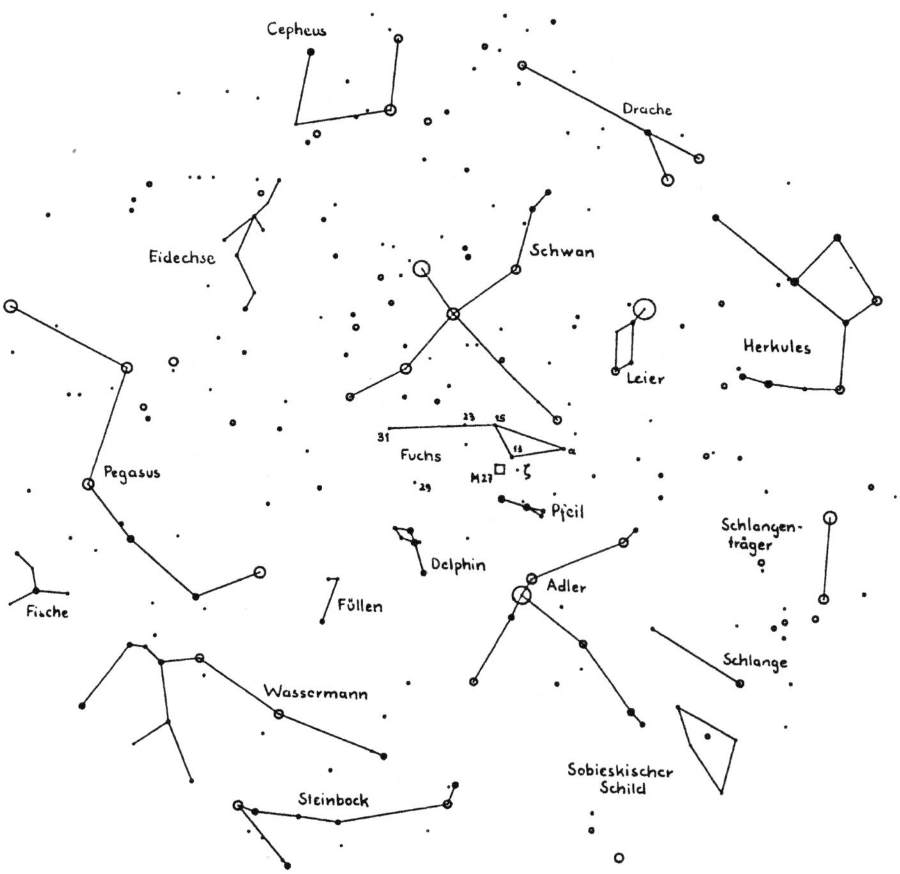

Bemerkenswerte Objekte

M 27 = NGC 6853 = Hantel-Nebel = Dumbbell-Nebel
Planetarischer Nebel
Durchmesser: 8′ × 4′
Helligkeit: 7,6^{m}

Geographische Breite	Himmelskarten, auf denen das Sternbild zu finden ist											
	1	2	3	4	5	6	7	8	9	10	11	12
+ 75°-Karten	●	●	●	●	●	●	●	●	●	●	●	●
+ 45°-Karten	●			●	●	●	●	●	●	●	●	●
+ 15°-Karten						●	●	●	●	●	●	●
− 15°-Karten						●	●	●	●	●	●	
− 45°-Karten							●	●	●	●	●	
− 75°-Karten								●	●			

Fuhrmann
Auriga
(Aur)

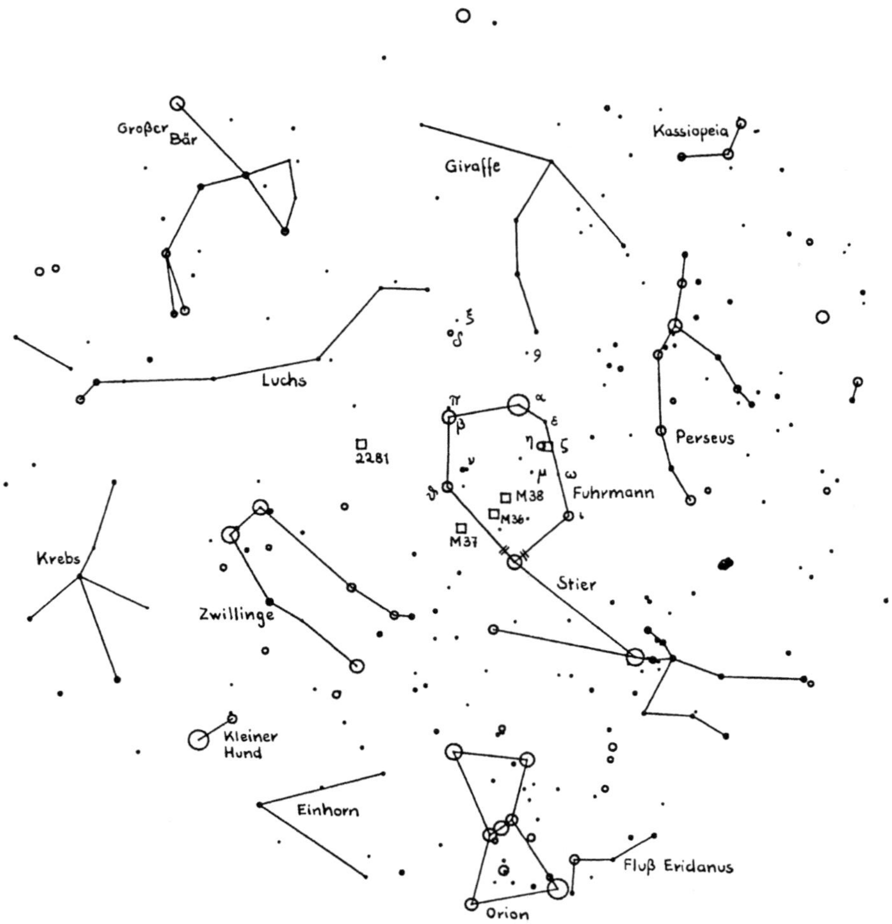

Mythologie und Geschichte

Dieses ausgeprägte und deutliche Sternbild ist im wesentlichen ein Fünfeck und soll den Oberkörper des Fuhrmannes, oder des Zügel-Führers, des Erichthonius darstellen. Der linke Stern seines Gürtels gehört eigentlich schon zum Stier. Erichthonius ist der Sohn des römischen Feuergottes Vulcanus und der Minerva, der Beschützerin des Handwerks und der Künste. Er hat die Lähmung seines Vaters ererbt, und ihm wird die Erfindung des pferdegezogenen Wagens zugeschrieben. Man nimmt an, daß dieses Sternbild seinen Ursprung im Euphrat-Gebiet hat und schon seit Jahrtausenden in genau dieser Form gesehen wird.

Bemerkenswerte Objekte

α Aur ist ein weiß leuchtender Stern und trägt den Namen Capella (Ziegenstern). Der Ziegenstern hängt mit dem Göttervater Zeus zusammen. Zeus ist der Sohn des Kronos und der Titanin Rheia. Kronos wurde von seinem Vater geweissagt, daß auch er einst durch seinen Sohn den Thron verlieren werde; um das zu verhindern, verschlang Kronos seine Kinder, wie der Tag die Stunden. Zeus wurde gleich nach der Geburt von seiner Mutter in einer Grotte verborgen und von der Ziege Amaltheia gesäugt. Zeus hat sie später aus Dankbarkeit an den Himmel versetzt; im Sternbild des Auriga ist sie der prächtig leuchtende Stern α.

ε Aur ist ein veränderlicher Stern. Seine Helligkeit schwankt zwischen $3{,}1^m$ und $3{,}8^m$. Die Periodendauer beträgt 9883 Tage. ε Aur zählt man zu den Bedeckungsveränderlichen.

ζ Aur leuchtet orange und ist gleichfalls ein veränderlicher Stern. Seine Helligkeit schwankt zwischen $4{,}9^m$ und $5{,}6^m$. Die Periodendauer beträgt 972 Tage. Dieser Stern ist eine Bedeckungsveränderliche.

M 38 = NGC 1912 ist ein offener Sternhaufen, der aus etwa 100 Sternen besteht.
Scheinbarer Durchmesser: 18′
Helligkeit: $7{,}4^m$
Entfernung von der Erde: 3200 Lichtjahre

M 36 = NGC 1960 ist ein offener Sternhaufen, der aus etwa 50 Sternen besteht.
Scheinbarer Durchmesser: 17′
Helligkeit: $6{,}3^m$
Entfernung von der Erde: 4000 Lichtjahre

M 37 = NGC 2099 ist ein ziemlich reicher offener Sternhaufen. Er besteht aus etwa 150 Sternen.
Scheinbarer Durchmesser: 25′
Visuelle Helligkeit: $6{,}2^m$
Entfernung von der Erde: fast 3000 Lichtjahre

NGC 2281 ist ein mittelmäßig reicher offener Sternhaufen mit etwa 30 Sternen.
Helligkeit: $6{,}7^m$
Durchmesser: 17′

Füllen
Equuleus
(Equ)

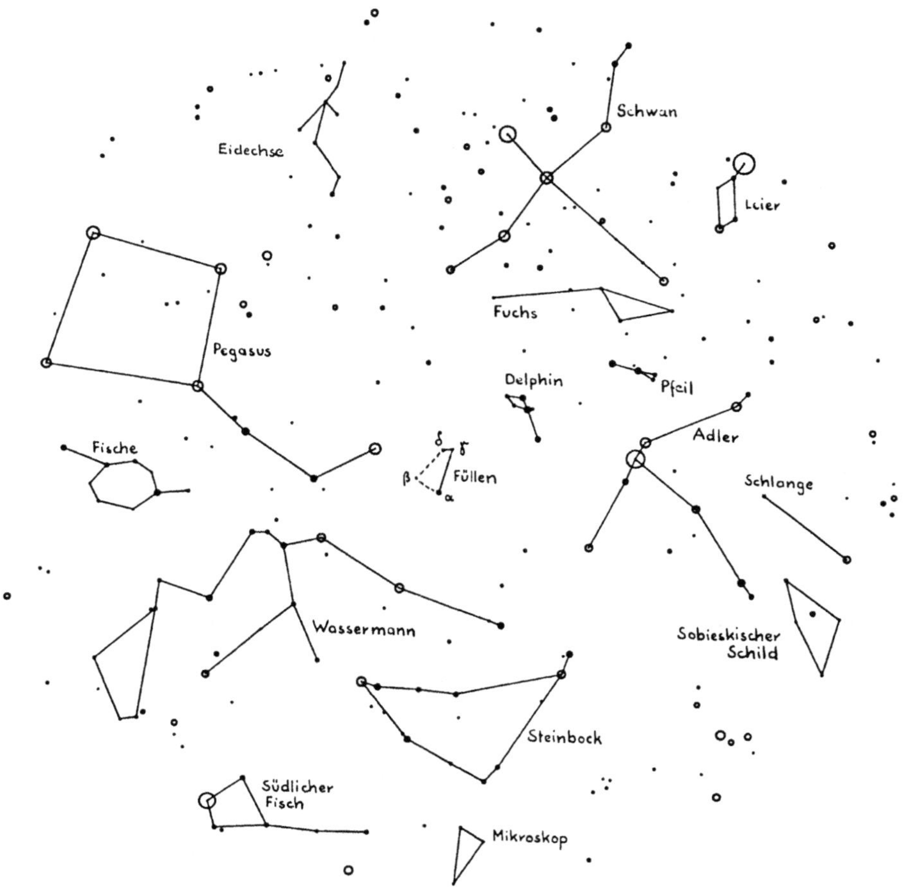

Mythologie und Geschichte

Es ist ein kleines unscheinbares Sternbild aus schwachen Sternen und liegt zwischen dem geflügelten Roß Pegasus und dem Delphin. Ein vierter, allerdings schwacher Stern ergänzt die dargestellte Figur zu einem sich verjüngenden Viereck, den Pferdekopf.

Geographische Breite	Himmelskarten, auf denen das Sternbild zu finden ist											
	1	2	3	4	5	6	7	8	9	10	11	12
+ 75°-Karten	●	●	●	●	●	●	●	●	●	●	●	●
+ 45°-Karten	●					●	●	●	●	●	●	●
+ 15°-Karten						●	●	●	●	●	●	●
– 15°-Karten						●	●	●	●	●	●	●
– 45°-Karten						●	●	●	●	●	●	●
– 75°-Karten						●	●	●	●	●	●	●

Fuhrmann (Fortsetzung)

Die Konturen der Sternbilder Fuhrmann und Stier gehen ineinander über. An der durch einen Doppelstrich // gekennzeichneten Stelle liegt die Grenze.

Geographische Breite	Himmelskarten, auf denen das Sternbild zu finden ist											
	1	2	3	4	5	6	7	8	9	10	11	12
+ 75°-Karten	●	●	●	●	●	●	●	●	●	●	●	●
+ 45°-Karten	●	●	●	●	●	●		●	●	●	●	●
+ 15°-Karten	●	●	●	●	●					●	●	●
– 15°-Karten	●	●	●	●							●	●
– 45°-Karten	●	●	●									●
– 75°-Karten												

Giraffe
Camelopardalis
(Cam)

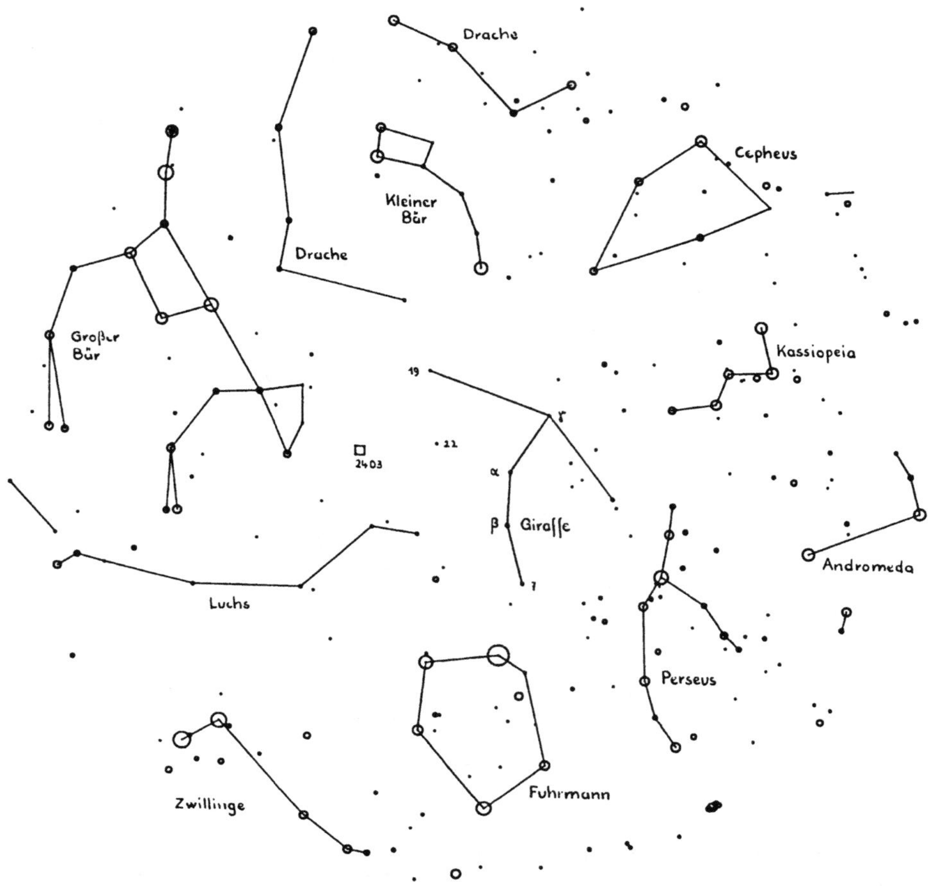

Mythologie und Geschichte

Die Giraffe ist ein relativ junges Sternbild, es wurde 1614 von dem deutschen Astronomen Jakob Bartsch (Keplers Schwiegersohn) eingeführt.

Bemerkenswerte Objekte

NGC 2403. Galaxie
Scheinbarer Durchmesser: 20′
Wirklicher Durchmesser: mehr als 40 000 Lichtjahre
Visuelle Helligkeit: $8{,}5^m$
Entfernung von der Erde: mehr als 7 Millionen Lichtjahre

Geographische Breite	Himmelskarten, auf denen das Sternbild zu finden ist											
	1	2	3	4	5	6	7	8	9	10	11	12
+ 75°-Karten	●	●	●	●	●	●	●	●	●	●	●	●
+ 45°-Karten	●	●	●	●	●	●	●	●	●	●	●	●
+ 15°-Karten	●	●	●	●	●				●	●	●	●
– 15°-Karten	●	●	●								●	●
– 45°-Karten												
– 75°-Karten												

Goldfisch
Dorado
(Dor)

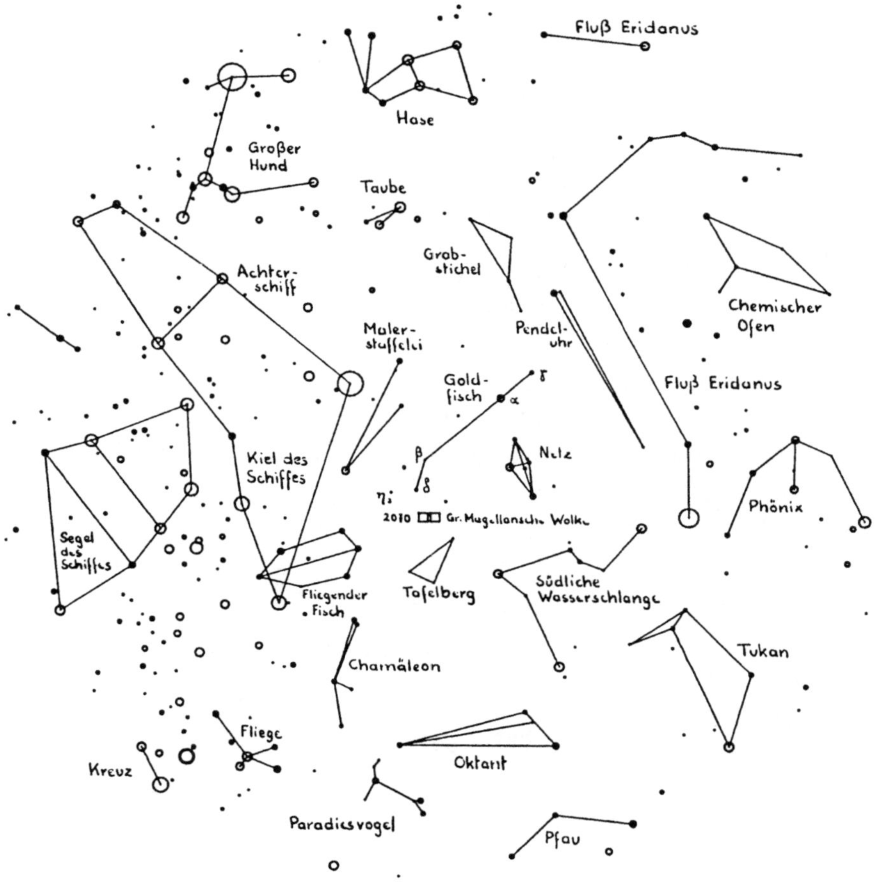

Mythologie und Geschichte

Der niederländische Seefahrer und Navigator Frederic Houtmann hat Ende des 16. Jahrhunderts eine Flotte nach Indonesien geführt und von dort eine Menge astronomischer Daten mitgebracht. Der deutsche Astronom Johann Bayer hat eine Reihe dieser Angaben in seinem Himmelskartenwerk Uranometria (1603) eingearbeitet. Auch dieses Sternbild hat dort seinen Ursprung.

Bemerkenswerte Objekte

β Dor ist ein veränderlicher Stern. Die Helligkeit schwankt zwischen $4{,}2^m$ und $5{,}7^m$. Die Periodendauer ist 9,8 Tage.

NGC 2070 = Tarantel-Nebel ist ein diffuser Nebel.
Durchmesser: 20′ x 20′

Große Magellansche Wolke. Sie ist ein Spiralnebel.
Helligkeit: $0{,}1^m$
Scheinbarer Durchmesser: 432′ x 432′
Entfernung von der Erde: 170 000 Lichtjahre

Die Große Magellansche Wolke ist nach ihrem Entdecker, einem bekannten Seefahrer, benannt. Mit bloßem Auge zeigt sie sich als recht große Wolke, die zum Teil bis in das Nachbarsternbild „Tafelberg" reicht.

Geographische Breite	Himmelskarten, auf denen das Sternbild zu finden ist											
	1	2	3	4	5	6	7	8	9	10	11	12
+ 75°-Karten												
+ 45°-Karten												
+ 15°-Karten												
− 15°-Karten	●	●	●	●	●				●	●	●	●
− 45°-Karten	●	●	●	●	●	●	●	●	●	●	●	●
− 75°-Karten	●	●	●	●	●	●	●	●	●	●	●	●

Grabstichel
Caelum
(Cae)

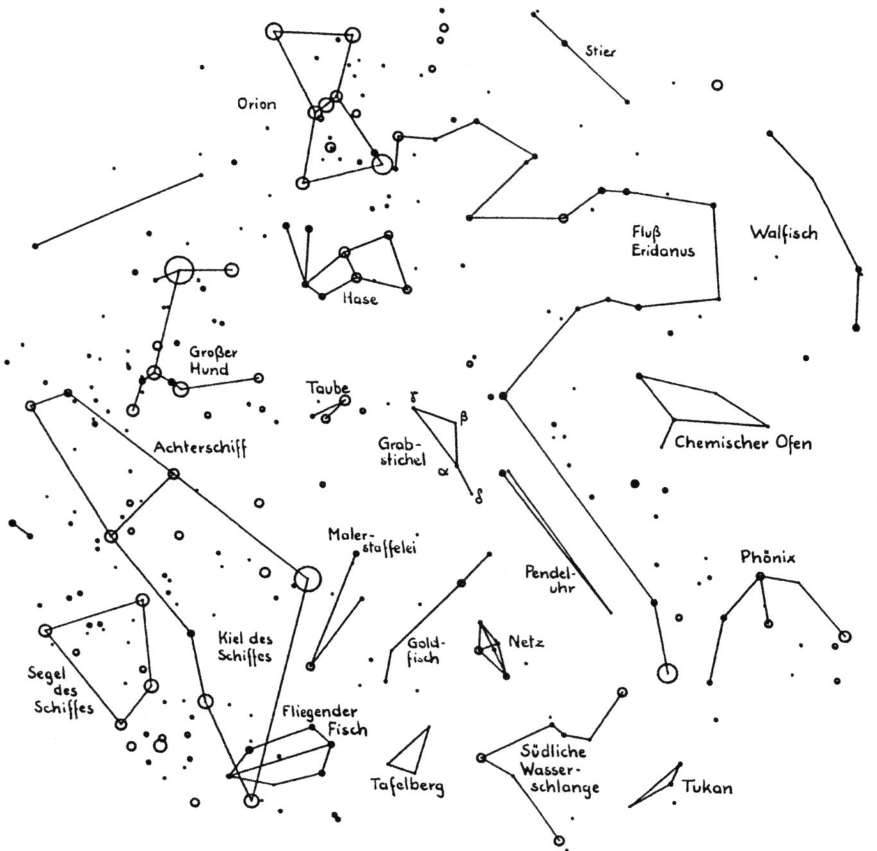

Mythologie und Geschichte

Der französische Astronom Abbé Nicolas Louis de Lacaille hat in den Jahren 1751 bis 1754 am Kap der Guten Hoffnung astronomische Beobachtungen durchgeführt und einen Katalog des südlichen Sternenhimmels herausgegeben. Dieses Sternbild geht auf seine Arbeiten zurück.

Geographische Breite	Himmelskarten, auf denen das Sternbild zu finden ist											
	1	2	3	4	5	6	7	8	9	10	11	12
+ 75°-Karten												
+ 45°-Karten	●	●									●	●
+ 15°-Karten	●	●	●	●						●	●	●
– 15°-Karten	●	●	●	●	●					●	●	●
– 45°-Karten	●	●	●	●	●	●	●	●	●	●	●	●
– 75°-Karten	●	●	●	●	●	●	●	●	●	●	●	●

Großer Bär
Ursa Maior
(UMa)

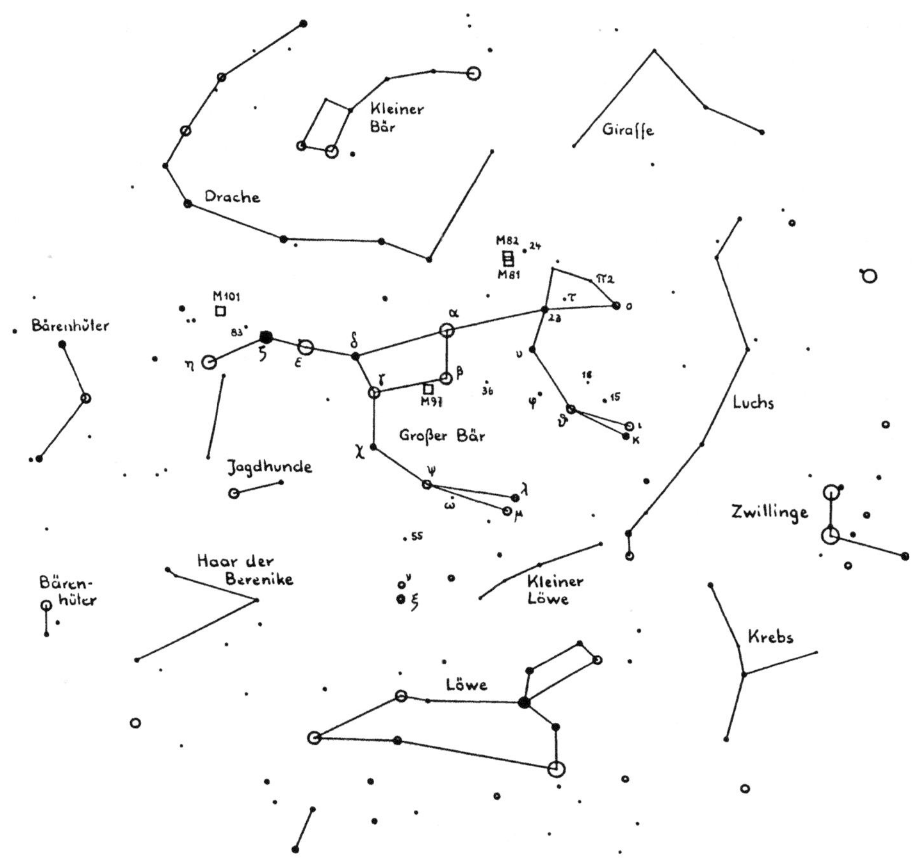

Mythologie und Geschichte

Der Große Bär oder der Große Wagen gehört sicher zu den bekanntesten Sternbildern; diese Sterngruppe hat daher auch viele Namen erhalten, und auch viele mythische Assoziationen schließen sich an. Für die Griechen war die große Bärin (Urs<u>a</u>) die Prinzessin Kallisto. Sie war die Geliebte von Zeus und sie wurde von Juno (Hera) aus Eifersucht in eine zottige Bärin verwandelt. Zeus versetzte sie jedoch als hell leuchtendes Sternbild an das nördliche Firmament. Jede Nacht erfreute er sich am Anblick seiner schönen Geliebten. Von Odysseus wird berichtet, daß er bei seiner Meeresfahrt Ausschau hält „nach den Pleiaden, dem spät versinkenden Bootes, der Bärin, die sie auch Wagen mit Namen benennen und die nicht teilnimmt am Bad im Welt-Strom". Als zirkumpolares Sternbild sinkt die Bärin nicht unter den Horizont – sie taucht nicht ins Meer. Die Römer haben offenbar nicht das ganze Sternbild gesehen, sondern nur jenen Teil, den wir heute Großen Wagen nennen. Diese sieben Sterne waren die „sieben Dreschochsen", die ununterbrochen um den Himmelspol laufen. Die Nordländer haben dieses Sternbild als Karlswagen oder Wodanswagen gedeutet. Die Araber haben den Großen Wagen als Sarg gesehen, hinter dem drei Klageweiber (die drei Sterne der Wagendeichsel) gehen. Interessanterweise haben auch die nordamerikanischen Indianer, noch bevor sie mit der weißen Rasse in Kontakt kamen, dieses Sternbild „Okuari" (= Bär) genannt. Die Amerikaner nennen die Konstellation des Großen Bären manchmal auch den großen Schöpflöffel.

Bemerkenswerte Objekte

α *UMa* ist ein weiß leuchtender Stern und trägt den Namen Dubhe (= Bär oder Rücken des Bären).

β *UMa = Merak* (= Lende des Bären).
γ *UMa = Phachd* (= Schenkel des Bären).
δ *UMa = Megrez* (= Steiß)
ϵ *UMa = Alioth*

ζ *UMa* trägt den Namen Mizar. Mizar ist ein Doppelstern. Die Helligkeiten der Komponenten sind $2{,}1^m$ und $4{,}2^m$. Der Doppelsternabstand beträgt $14''$.

η *UMa* ist ein weiß leuchtender Stern und heißt Alkaid oder Benetnasch.

ξ *UMa* ist ein Doppelstern. Die Helligkeiten der Komponenten sind $4{,}3^m$ und $4{,}8^m$. Der Doppelsternabstand beträgt 3″. Die beiden Sterne haben jeder die 1,1fache Sonnenmasse und brauchen 60 Jahre für einen Umlauf. Sie sind 26 Lichtjahre von uns entfernt.

M 81 = NGC 3031 ist ein Spiralnebel.
Scheinbarer Durchmesser: 20′
Wirklicher Durchmesser: 52 000 Lichtjahre
Helligkeit: $6{,}9^m$
Entfernung von der Erde: 9,8 Millionen Lichtjahre

M 82 = NGC 3034 ist ein unregelmäßiger Spiralnebel.
Scheinbarer Durchmesser: 8′
Wirklicher Durchmesser: 23 000 Lichtjahre
Helligkeit: $8{,}2^m$
Entfernung von der Erde: 9,8 Millionen Lichtjahre

M 97 = NGC 3587 = Owl-Nebel = Eulennebel ist ein äußerst schwacher ovaler planetarischer Nebel.
Helligkeit: $12{,}0^m$
Scheinbarer Durchmesser: 203″ × 199″
Der Nebel wird durch einen kaum sichtbaren Zentralstern, der eine Temperatur von 55 000° hat, zum Leuchten angeregt.

M 101 = NGC 5457 Galaxie.
Scheinbarer Durchmesser: 20′
Visuelle Helligkeit: $8{,}1^m$
Entfernung von der Erde: 10 Millionen Lichtjahre

Geographische Breite	Himmelskarten, auf denen das Sternbild zu finden ist											
	1	2	3	4	5	6	7	8	9	10	11	12
+ 75°-Karten	●	●	●	●	●	●	●	●	●	●	●	●
+ 45°-Karten	●	●	●	●	●	●	●	●	●	●	●	●
+ 15°-Karten		●	●	●	●	●	●					
– 15°-Karten			●	●	●	●						
– 45°-Karten												
– 75°-Karten												

Großer Hund
Canis Maior
(CMa)

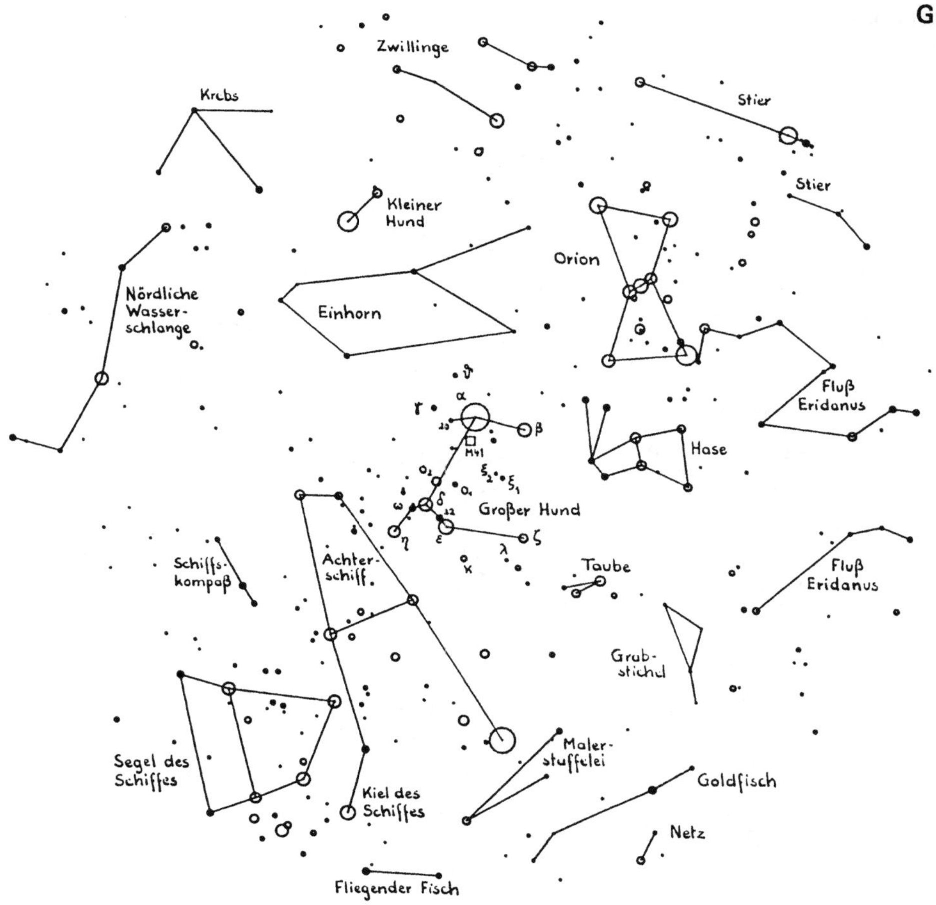

Mythologie und Geschichte

Seit frühester Zeit sieht man in diesem Sternbild den Hund des Jägers Orion. Der besonders helle Hauptstern (Sirius) ist der Kopf des Hundes. Für die Ägypter war die Verehrung des Sirius ein wichtiges Anliegen. Sobald der Sirius mit der Sonne gleichzeitig aufgeht, ist die Zeit der Nil-Überschwemmung gekommen. Auch in unserem Sprachgebrauch finden wir eine Parallele: wenn der Sirius mit der Sonne gleichzeitig aufgeht (24. Juli bis 24. August) sind die Hundstage gekommen, für Europa die heißeste Jahreszeit. Der griechische Dichterastronom Aratos (270 v. Chr.) schreibt, daß das gewaltige Sternbild dann dörrende Glut aushaucht und saftlos hängende Blätter bringt. Sternbilder und Sterne haben dem Landwirt seit jeher den Zeitpunkt der Ernte und der Aussaat angezeigt. So lesen wir beispielsweise beim griechischen Dichter Hesiod (700 v. Chr.): „Wenn aber Orion und Sirius in die Mitte des Himmels gekommen sind und die rosenfingrige Morgenröte (Eos) den Arcturus erblickt, dann, o Perses, pflücke alle Trauben ab und bringe sie heim."

Bemerkenswerte Objekte

α CMa ist ein weiß leuchtender Stern, der den Namen Sirius trägt. Der Name ist vermutlich phönikischen Ursprungs. Sirius heißt soviel wie „der Bedeutende". Eine Bezeichnung, die man auch der Sonne gegeben hat. Sirius ist ein Doppelstern. Die Helligkeiten der Komponenten sind $-1{,}6^m$ und $8{,}7^m$. Hier liegt also ein ganz großer Helligkeitsunterschied vor. Der Doppelsternabstand beträgt 11″. Die beiden Sterne umlaufen einander einmal in 50 Jahren. Das Doppelsternsystem „Sirius" ist 9 Lichtjahre von uns entfernt.

β CMa = Mirzam. Die arabische Bezeichnung bedeutet, daß dieser Stern dem Sirus „vorangeht".

M 41 = NGC 2287 ist ein offener Sternhaufen mit einem Durchmesser von 30′. Seine Helligkeit beträgt $4{,}6^m$.

Geographische Breite	Himmelskarten, auf denen das Sternbild zu finden ist											
	1	2	3	4	5	6	7	8	9	10	11	12
+ 75°-Karten												
+ 45°-Karten	●	●	●	●								●
+ 15°-Karten	●	●	●	●	●							●
− 15°-Karten	●	●	●	●	●						●	●
− 45°-Karten	●	●	●	●	●	●				●	●	●
− 75°-Karten	●	●	●	●	●	●	●	●	●	●	●	●

Haar der Berenike
Coma Berenices
(Com)

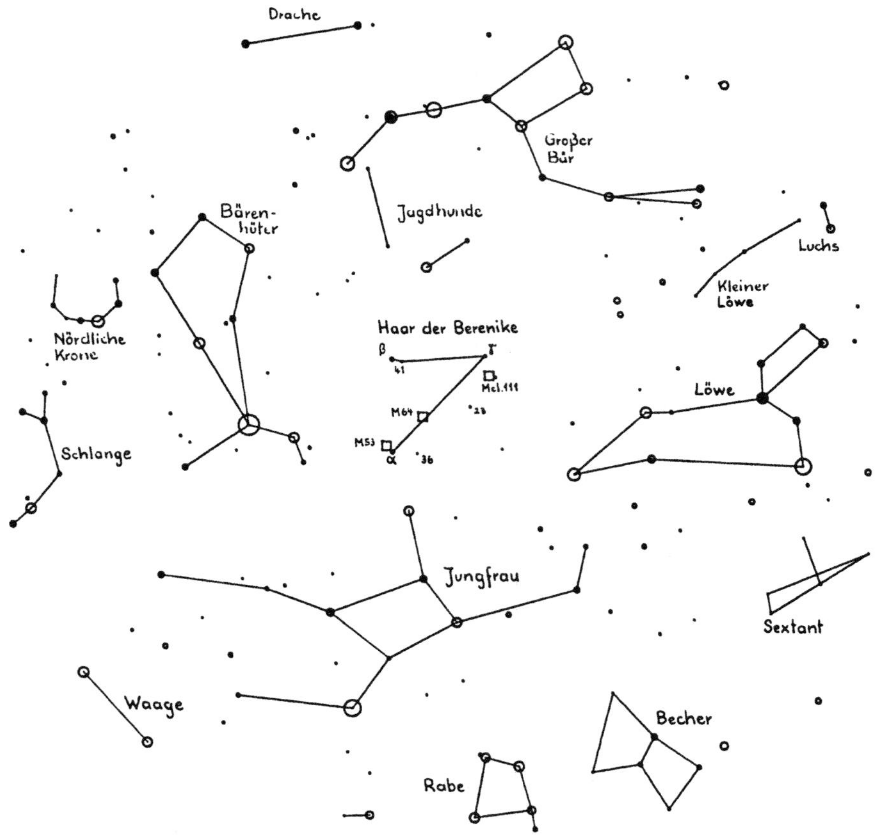

Mythologie und Geschichte

Berenike war die Gemahlin eines ägyptischen Königs. Sie hat ihr langes goldenes Haar der Venus geopfert, um die Götter günstig zu stimmen. Das geopferte Haar hat man später am Sternenhimmel entdeckt.

Bemerkenswerte Objekte

M 64 = NGC 4826 ist eine externe Galaxie mit einer visuellen Helligkeit von $8{,}4^m$. Der scheinbare Durchmesser der oval erscheinenden Galaxie beträgt 8′. Die Galaxie ist 20 Millionen Lichtjahre von der Erde entfernt.

M 53 = NGC 5024 ist ein Kugelsternhaufen mit einer visuellen Helligkeit von $7{,}6^m$. Der tatsächliche Durchmesser des Kugelsternhaufens beträgt 62 Lichtjahre; er erscheint uns von der Erde gesehen unter einem Winkel von etwa 3′, weil er 75 000 Lichtjahre von uns entfernt ist.

NGC Mel. 111 ist ein offener Sternhaufen.
Durchmesser: 275′
Helligkeit: $2{,}7^m$

Geographische Breite	Himmelskarten, auf denen das Sternbild zu finden ist											
	1	2	3	4	5	6	7	8	9	10	11	12
+ 75°-Karten	●	●	●	●	●	●	●	●	●	●	●	●
+ 45°-Karten	●	●	●	●	●	●	●	●	●			
+ 15°-Karten		●	●	●	●	●	●	●				
− 15°-Karten		●	●	●	●	●	●	●				
− 45°-Karten			●	●	●	●	●					
− 75°-Karten					●							

Hase
Lepus
(Lep)

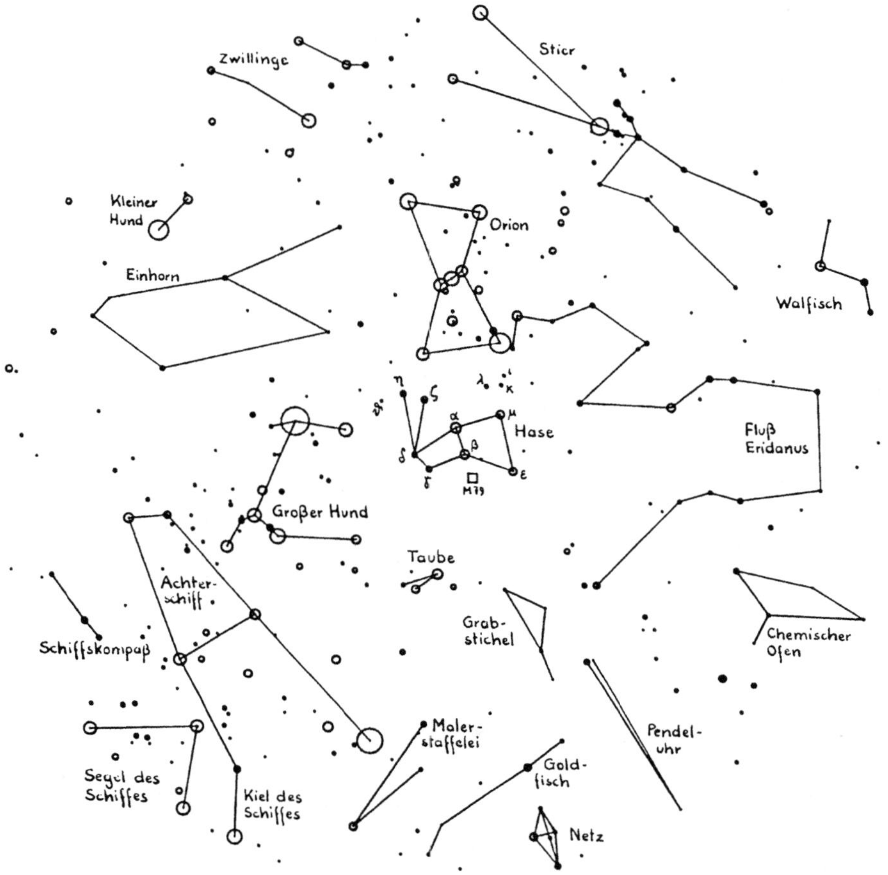

Mythologie und Geschichte

Der Hase befindet sich zu Füßen des Jägers Orion und rechts vom Großen Hund. Die Griechen und Römer fügten den Hasen vermutlich dem Orion als Sinnbild der Jagd bei. Man hat auch behauptet, daß die frühesten ägyptischen Astronomen dieses Sternbild als „Boot des Osiris" gesehen haben; Gott Osiris wurde im alten Ägypten mit unserem Sternbild Orion identifiziert.

Bemerkenswerte Objekte

M 79 = NGC 1904 ist ein Kugelsternhaufen mit einem Durchmesser von 3,2′. Seine visuelle Helligkeit ist $7{,}9^{m}$.

Geographische Breite	Himmelskarten, auf denen das Sternbild zu finden ist											
	1	2	3	4	5	6	7	8	9	10	11	12
+ 75°-Karten	●	●	●									●
+ 45°-Karten	●	●	●	●							●	●
+ 15°-Karten	●	●	●	●							●	●
− 15°-Karten	●	●	●	●	●					●	●	●
− 45°-Karten	●	●	●	●	●					●	●	●
− 75°-Karten	●	●	●	●	●	●	●	●	●	●	●	●

Herkules
Hercules
(Her)

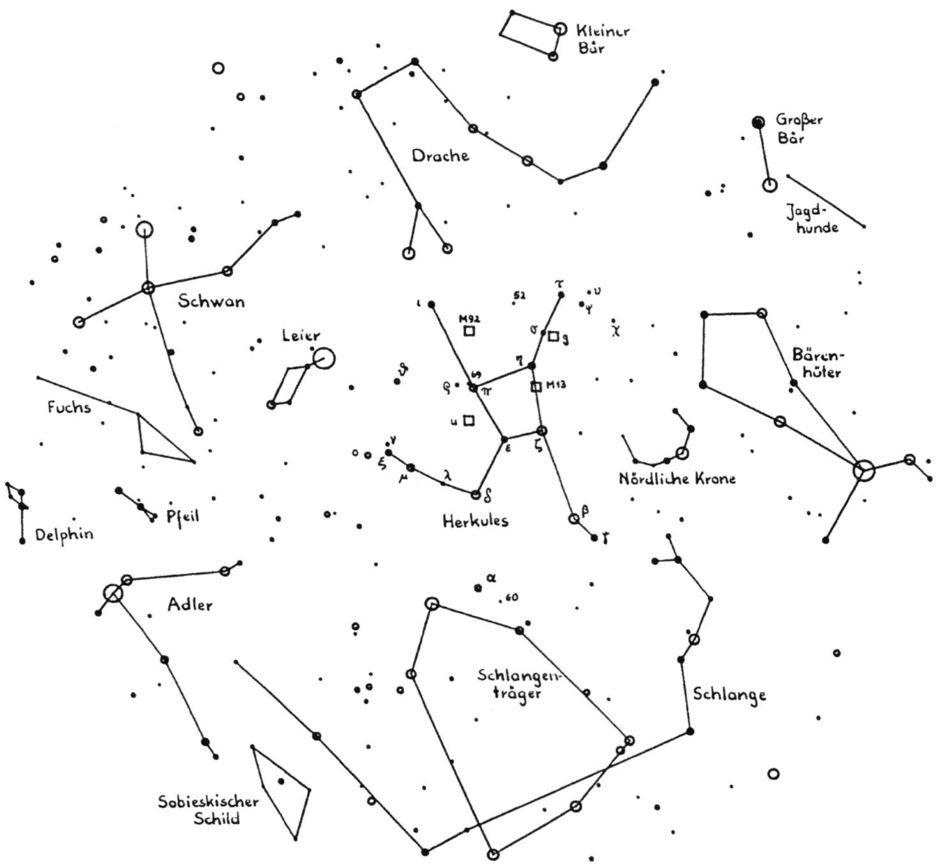

Mythologie und Geschichte

Dieses Sternbild dürfte zu den ältesten Figuren zählen. Man bringt die Sternkonfiguration des Herkules mit alten Mythen aus dem Euphratgebiet in Zusammenhang. Er wurde dort als Sonnen-Gott gesehen, der einen Drachen oder Lindwurm besiegt hat. Es ist eine Beschreibung und Darstellung des knienden Helden aus der Zeit um 3500 v. Chr. erhalten. Dieser jahrtausende alte Mythos dürfte von den Griechen übernommen worden sein. Das Sternbild war überall von großer Bedeutung, und es gibt für diese Sternkonfiguration daher auch viele unterschiedliche Namen. Die figurale Darstellung zeigt ihn oft kniend, mit einer Keule bewaffnet und einem Löwenfell als Umhang, wie er das Drachen-Sternbild (Draco) bedroht.

Herkules ist sicher der bedeutendste Held der griechischen Sage. Er besaß außergewöhnliche Kräfte und mußte im Dienst des Königs Eurystheus zwölf unmöglich scheinende Taten vollbringen. Schließlich wird er in den Olymp aufgenommen.

Bemerkenswerte Objekte

α Her ist ein orange-rot leuchtender Doppelstern; er trägt den Namen Ras Algethi. Die Helligkeit der Komponenten des Doppelsterns sind $3{,}0^m$ und $6{,}1^m$. Der Doppelsternabstand beträgt 4″. α Her ist auch als veränderlicher Stern bekannt.

ζ Her ist ein visueller Doppelstern. Die Sterne haben die 1,2fache bzw. 0,9fache Masse der Sonne. Sie erscheinen uns mit einer Helligkeit von $2{,}9^m$ und $5{,}5^m$. Ein Umlauf des Paares dauert 34 Jahre. Die Entfernung von uns beträgt 32 Lichtjahre.

g Her ist ein veränderlicher Stern. Seine Helligkeit schwankt zwischen $4{,}4^m$ und $5{,}6^m$. Die Periodendauer ist 80 Tage.

u Her ist ein Doppelstern und gleichzeitig auch ein veränderlicher Stern. Seine Helligkeit schwankt zwischen $4{,}6^m$ und $5{,}3^m$. Die Periodendauer ist 2,05 Tage. u Her ist eine Bedeckungsveränderliche.

M 13 = NGC 6205 ist ein Kugelsternhaufen mit einem scheinbaren Durchmesser von 5′. Die visuelle Helligkeit ist 6^m. Um den Kugelsternhaufen längs des größten Durchmessers zu durchlaufen, braucht ein Lichtstrahl 36 Jahre; um bis zu uns zu gelangen 27 000 Jahre.

M 92 = NGC 6341 Kugelsternhaufen
Scheinbarer Durchmesser: 3,3′
Wirklicher Durchmesser: 33 Lichtjahre
Visuelle Helligkeit: $6{,}5^m$
Entfernung von der Erde: 33 000 Lichtjahre

Geographische Breite	Himmelskarten, auf denen das Sternbild zu finden ist											
	1	2	3	4	5	6	7	8	9	10	11	12
+ 75°-Karten	●	●	●	●	●	●	●	●	●	●	●	●
+ 45°-Karten			●	●	●	●	●	●	●	●	●	
+ 15°-Karten				●	●	●	●	●	●	●		
– 15°-Karten					●	●	●	●	●	●		
– 45°-Karten						●	●	●				
– 75°-Karten												

Inder
Indus
(Ind)

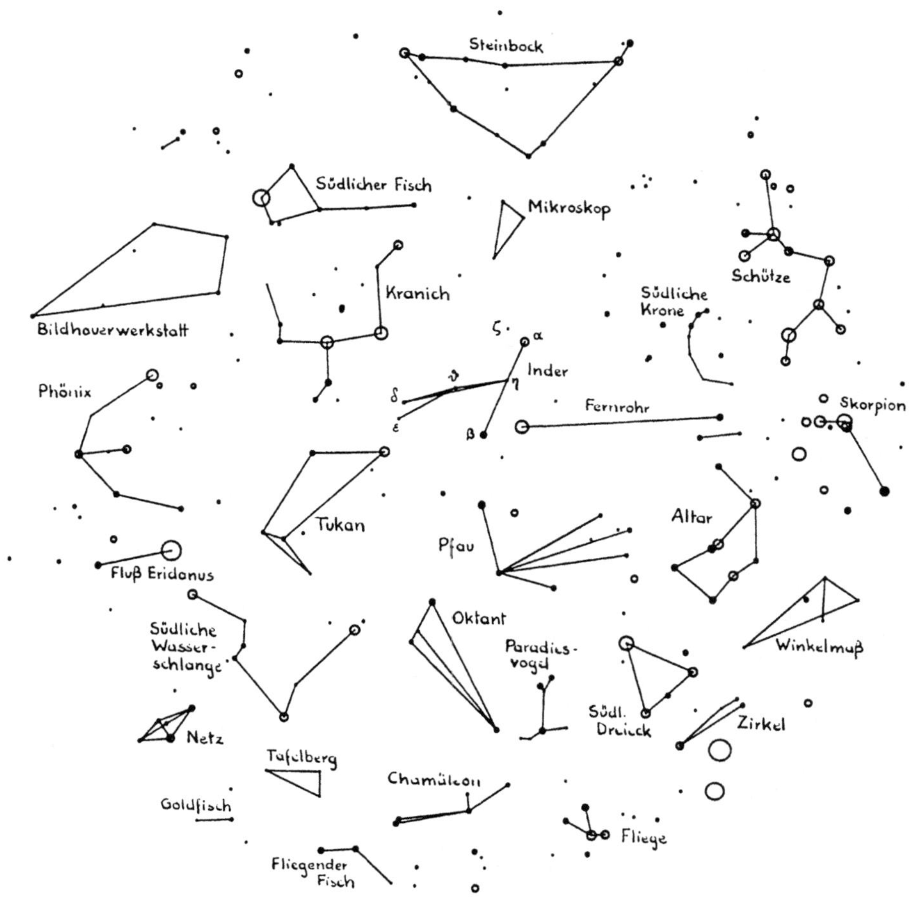

Mythologie und Geschichte

Der Inder wurde vielfach auch als Indianer mit Pfeil und Bogen gesehen und dargestellt. Angeblich wird er in China als Perser bezeichnet.

Geographische Breite	Himmelskarten, auf denen das Sternbild zu finden ist											
	1	2	3	4	5	6	7	8	9	10	11	12
+ 75°-Karten												
+ 45°-Karten									●			
+ 15°-Karten							●	●	●	●	●	●
− 15°-Karten	●				●	●	●	●	●	●	●	●
− 45°-Karten	●	●	●	●	●	●	●	●	●	●	●	●
− 75°-Karten	●	●	●	●	●	●	●	●	●	●	●	●

Jagdhunde

Canes Venatici

(CVn)

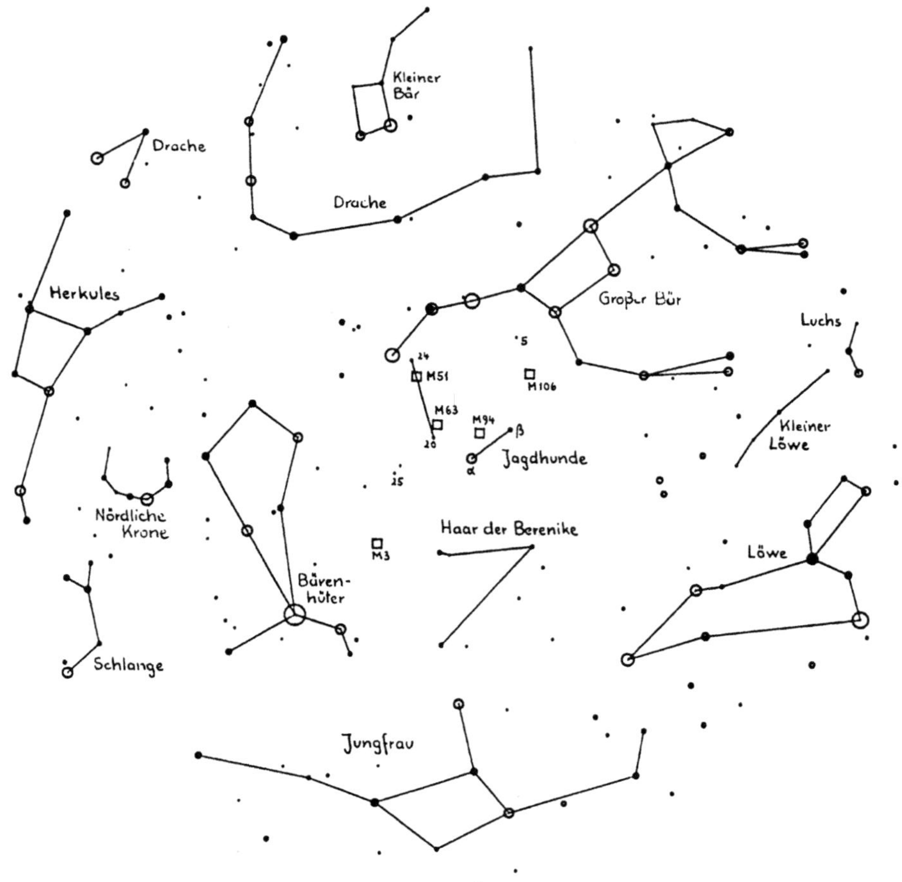

Bemerkenswerte Objekte

α CVn ist ein weiß leuchtender Doppelstern: er heißt Cor Caroli. (Karl II. war Gründer der Greenwicher Sternwarte.) Die Helligkeiten der Komponenten sind $3{,}2^m$ und $5{,}7^m$. Der Doppelsternabstand beträgt 20″.

M 106 = NGC 4258 ist ein extragalaktischer Spiralnebel.
Scheinbarer Durchmesser: 15′
Helligkeit: $8{,}4^m$
Entfernung von der Erde: 16 Millionen Lichtjahre

M 94 = NGC 4736 ist ein Spiralnebel in Draufsicht.
Scheinbarer Durchmesser: 7′
Helligkeit: $8{,}2^m$
Entfernung von der Erde: 20 Millionen Lichtjahre

M 63 = NGC 5055 externe Galaxie
Scheinbarer größter und kleinster Durchmesser: 10′ und 5′
Visuelle Helligkeit: $8{,}6^m$
Entfernung von der Erde: 13 Millionen Lichtjahre

M 51 = NGC 5194/95 Spiralnebel in Draufsicht
Scheinbarer Durchmesser: 9′
Helligkeit: $8{,}3^m$
Entfernung von der Erde: 6,5 Millionen Lichtjahre

M 3 = NGC 5272 Kugelsternhaufen
Scheinbarer Durchmesser: 3,5′
Wirklicher Durchmesser: 42 Lichtjahre
Visuelle Helligkeit: $6{,}4^m$
Entfernung von der Erde: 42 000 Lichtjahre

Geographische Breite	Himmelskarten, auf denen das Sternbild zu finden ist											
	1	2	3	4	5	6	7	8	9	10	11	12
+ 75°-Karten	●	●	●	●	●	●	●	●	●	●	●	●
+ 45°-Karten	●	●	●	●	●	●	●	●	●	●	●	●
+ 15°-Karten		●	●	●	●	●	●	●	●			
– 15°-Karten			●	●	●	●	●	●				
– 45°-Karten				●	●	●						
– 75°-Karten												

Jungfrau
Virgo
(Vir)

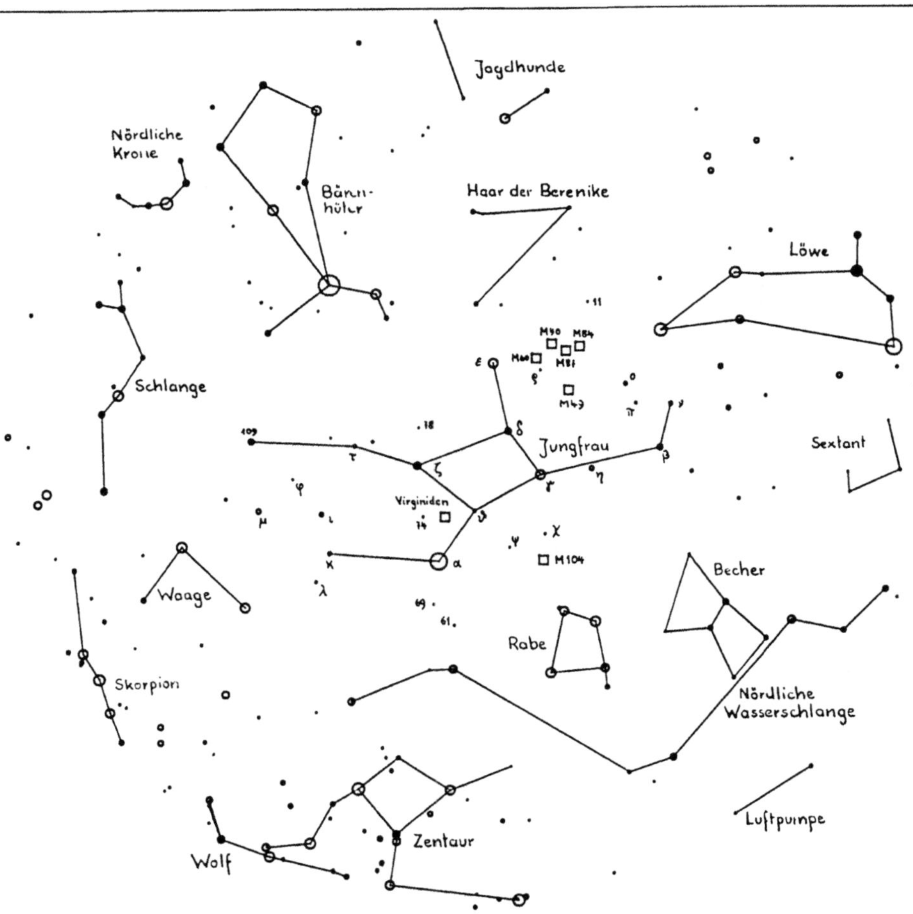

Mythologie und Geschichte

Dieses Sternbild wurde als Ceres (griechische Göttin der Ernte), als Isis (Königin und Göttin im alten Ägypten), aber auch als Göttin der Gerechtigkeit verehrt.

Im 7. Jahrhundert v. Chr. war dieses zum Tierkreis gehörige Sternbild in Babylonien noch als „Kornähre" – ein Erntesymbol – bekannt. Erst später dürfte sich ihm das Bild der Jungfrau überlagert haben, und daher wird die Jungfrau auf vielen Sterngloben mit einer Kornähre dargestellt.

Bemerkenswerte Objekte

α Vir ist ein weiß leuchtender Stern, er trägt den Namen Spica (= Kornähre).

γ Vir ist ein weiß leuchtender Doppelstern. Die Helligkeiten der Komponenten sind beide $3{,}5^m$. Der Doppelsternabstand beträgt 5″. Die beiden Sterne haben die 1,6fache bzw. 1,5fache Sonnenmasse. Sie sind von uns 40 Lichtjahre entfernt. Ein Umlauf ist in 172 Jahren vollzogen.

ε Vir ist ein gelb leuchtender Stern und heißt Vindemiatrix. Das ist der lateinische Name für Winzerin, denn dieser Stern geht mit der Sonne kurz vor der Weinlese auf.

M 84 = NGC 4374 ist eine elliptische Galaxie.
Visuelle Helligkeit: $9{,}3^m$
Scheinbare Durchmesser: 1,6′ und 1,4′

M 49 = NGC 4472 ist eine externe elliptische Galaxie.
Visuelle Helligkeit: $8{,}6^m$
Größter und kleinster scheinbarer Durchmesser: 2,8′ und 1,8′

M 87 = NGC 4486 Galaxie
Scheinbarer Durchmesser: 4′
Wirklicher Durchmesser: 42 000 Lichtjahre
Visuelle Helligkeit: $8{,}9^m$
Entfernung von der Erde: 36 Millionen Lichtjahre

M 90 = NGC 4569 ist eine externe Galaxie.
Scheinbarer Durchmesser: 7,5′ und 2,2′
Visuelle Helligkeit: $10{,}0^m$

M 104 = NGC 4594 Spiralnebel von der Kante gesehen.
Scheinbarer Durchmesser: 6,5′
Wirklicher Durchmesser: 26 000 Lichtjahre
Helligkeit: $8{,}1^m$
Entfernung von der Erde: 14 Millionen Lichtjahre

M 60 = NGC 4649 ist eine externe Galaxie mit ovalem Umriß.
Visuelle Helligkeit: $8{,}9^m$
Scheinbare Durchmesser: 2,0′ und 1,8′

Virginiden. Meteorstrom
Dauer: 1. März bis 10. Mai
Maximum: 3. April

Geographische Breite	Himmelskarten, auf denen das Sternbild zu finden ist											
	1	2	3	4	5	6	7	8	9	10	11	12
+ 75°-Karten			●	●	●	●	●	●				
+ 45°-Karten			●	●	●	●	●	●				
+ 15°-Karten				●	●	●	●	●				
− 15°-Karten			●	●	●	●	●	●				
− 45°-Karten			●	●	●	●	●	●				
− 75°-Karten		●	●	●	●	●	●	●				

Kassiopeia
Cassiopeia
(Cas)

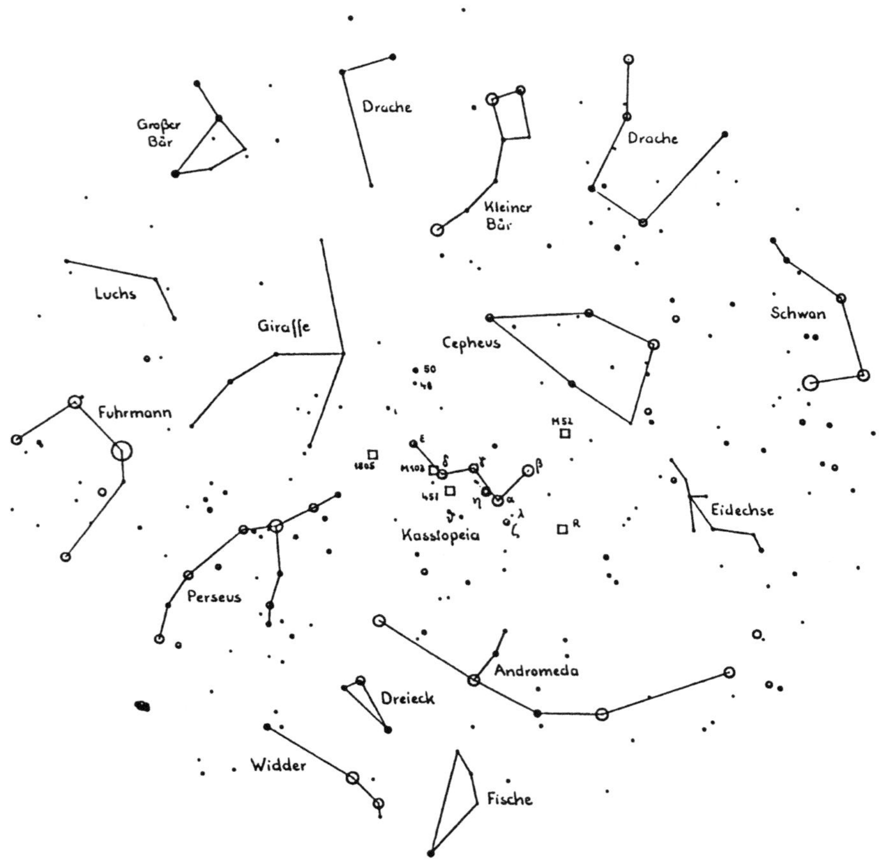

Mythologie und Geschichte

Die Kassiopeia gehört zu den ältesten und bekanntesten Sternbildern und wird als strahlender Thronsessel der Kassiopeia, der Mutter der Andromeda gesehen oder manchmal auch schlicht als Buchstabe W oder M am Himmel bezeichnet. Euripides und Sophocles haben die Kassiopeia beschrieben. Die alten Araber haben allerdings die Sterne des Kassiopeia- und Cepheus-Sternbildes zusammengefaßt und haben sie als „zwei Hunde" interpretiert. Frühe chinesische Astronomen haben in unserer Kassiopeia Wang Liang, einen gefeierten Streit- und Triumpfwagenlenker des Tsin-Königreiches (470 v. Chr.) gesehen.

Bemerkenswerte Objekte

α Cas leuchtet nellrosa. Dieser Stern ist als Doppelstern und als veränderlicher Stern bekannt. Seine Helligkeit schwankt zwischen $2{,}1^m$ und $2{,}6^m$.

β Cas = Kolurstern er gibt in erster Näherung den Nullmeridian der Sternzeitzählung an.

γ Cas leuchtet weiß. Der Stern ist als Doppelstern und als veränderlicher Stern bekannt. Seine Helligkeit schwankt zwischen $1{,}6^m$ und $3{,}0^m$. Die Periodendauer ist unregelmäßig.

η Cas ist ein visueller Doppelstern, den man mit einem einfachen Fernrohr schon trennen kann. Der eine Stern hat die Masse unserer Sonne, er scheint mit einer Helligkeit von $3{,}4^m$. Der andere hat nur die 0,6fache Masse der Sonne, und seine Helligkeit ist $7{,}2^m$. Diese beiden Sterne brauchen 480 Jahre für einen Umlauf. Sie sind 19 Lichtjahre von der Erde entfernt.

R Cas ist ein veränderlicher Stern. Seine Helligkeit schwankt zwischen $4{,}8^m$ und $13{,}6^m$. Die Periodendauer ist 430 Tage.

NGC 457 ist ein offener Sternhaufen.
Durchmesser: 10′
Helligkeit: $7{,}5^m$

M 103 = NGC 581 ist ein offener Sternhaufen und enthält etwa 30 Sterne.
Scheinbarer Durchmesser: 7′
Wirklicher Durchmesser: 13 Lichtjahre
Visuelle Helligkeit: $6{,}9^m$
Entfernung von der Erde: 6800 Lichtjahre

NGC 1805 ist ein diffuser Nebel.
Scheinbarer Durchmesser: 44′ × 50′
Helligkeit: $6{,}0^m$

M 52 = NGC 7654 ist ein offener Sternhaufen.
Scheinbarer Durchmesser: 12′
Helligkeit: $7{,}3^m$
Der offene Sternhaufen besteht aus etwa 120 Sternen.

Geographische Breite	Himmelskarten, auf denen das Sternbild zu finden ist											
	1	2	3	4	5	6	7	8	9	10	11	12
+ 75°-Karten	●	●	●	●	●	●	●	●	●	●	●	●
+ 45°-Karten	●	●	●	●	●	●	●	●	●	●	●	●
+ 15°-Karten	●	●	●	●		●	●	●	●	●	●	●
− 15°-Karten	●								●	●	●	●
− 45°-Karten												
− 75°-Karten												

Kiel des Schiffes
Carina
(Car)

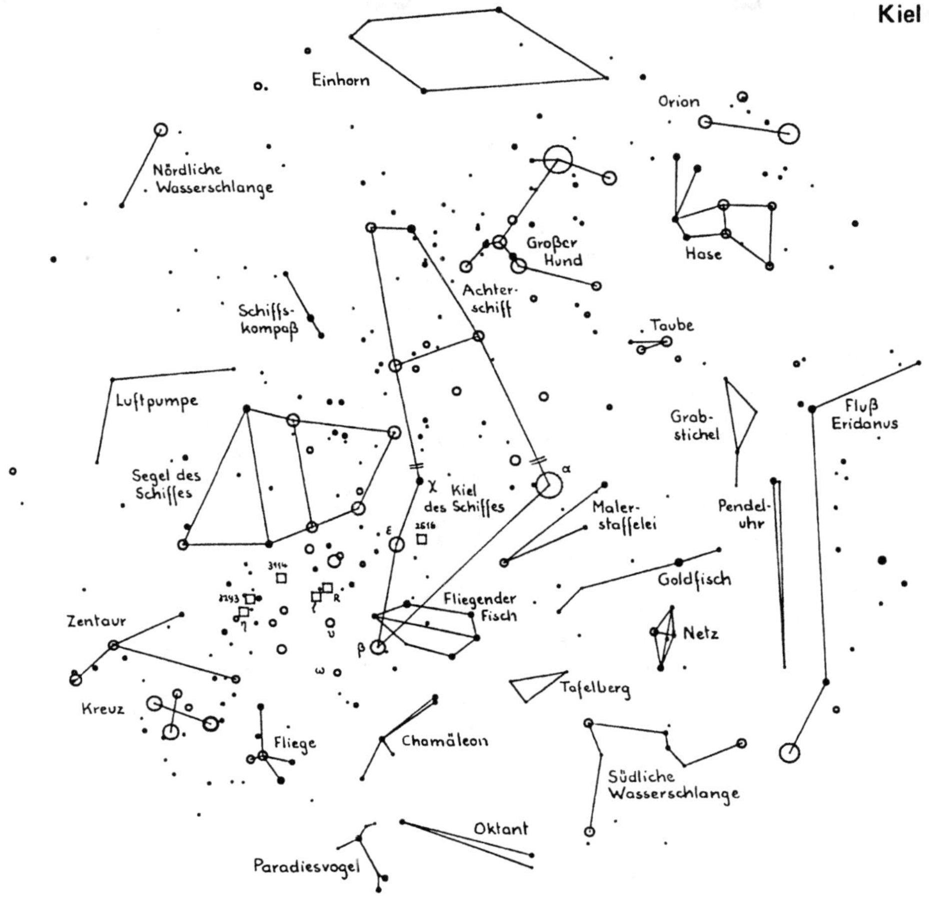

Mythologie und Geschichte

Hier bilden mehrere Sternkonfigurationen eine Einheit: der Kiel des Schiffes (Carina), das Achterschiff (Puppis), das Segel des Schiffes (Vela) und der Fliegende Fisch (Volans). Diese Sternbildgruppe stellt das berühmte Schiff der Argonauten dar. Es wurde von Argus in Thessalien gebaut, um das Goldene Vlies aus Kolchis zu holen. Das Goldene Vlies ist am Himmel zu sehen, es ist das goldene Fell des Widders (Aries).

Bemerkenswerte Objekte

α Car trägt den Namen Canopus, der auf den griechischen Gelehrten und Astronomen Eratosthenes von Kyrene (um 250 v. Chr.) zurückgeht.

η Car ist ein veränderlicher Stern. Seine Helligkeit schwankt zwischen $-0{,}6^m$ und $7{,}9^m$. η Car verhält sich ähnlich wie eine Nova.

l Car ist ein veränderlicher Stern. Seine Helligkeit schwankt zwischen $3{,}4^m$ und $4{,}2^m$. Die Periodendauer ist 35,5 Tage.

R Car ist ein veränderlicher Stern. Seine Helligkeit schwankt zwischen $4{,}0^m$ und $10{,}0^m$. Die Periodendauer ist 305 Tage.

NGC 2516 ist ein offener Sternhaufen mit einem scheinbaren Durchmesser von 60′. Seine visuelle Helligkeit beträgt $3{,}0^m$. Er ist bemerkenswert reich und konzentriert in seiner Bauart; er enthält etwa 80 Sterne.

NGC 3114 offener Sternhaufen
Scheinbarer Durchmesser: 30′
Helligkeit: $4{,}4^m$

NGC 3293 offener Sternhaufen
Scheinbarer Durchmesser: 8′
Helligkeit: $7{,}5^m$

Die Konturen der Sternbilder Achterschiff und Kiel des Schiffes gehen ineinander über. Die Grenze ist durch Doppelstriche // gekennzeichnet.

Geographische Breite	Himmelskarten, auf denen das Sternbild zu finden ist											
	1	2	3	4	5	6	7	8	9	10	11	12
+ 75°-Karten												
+ 45°-Karten												
+ 15°-Karten	●	●	●	●	●							
− 15°-Karten	●	●	●	●	●	●				●	●	●
− 45°-Karten	●	●	●	●	●	●	●	●	●	●	●	●
− 75°-Karten	●	●	●	●	●	●	●	●	●	●	●	●

Kleiner Bär
Ursa Minor
(UMi)

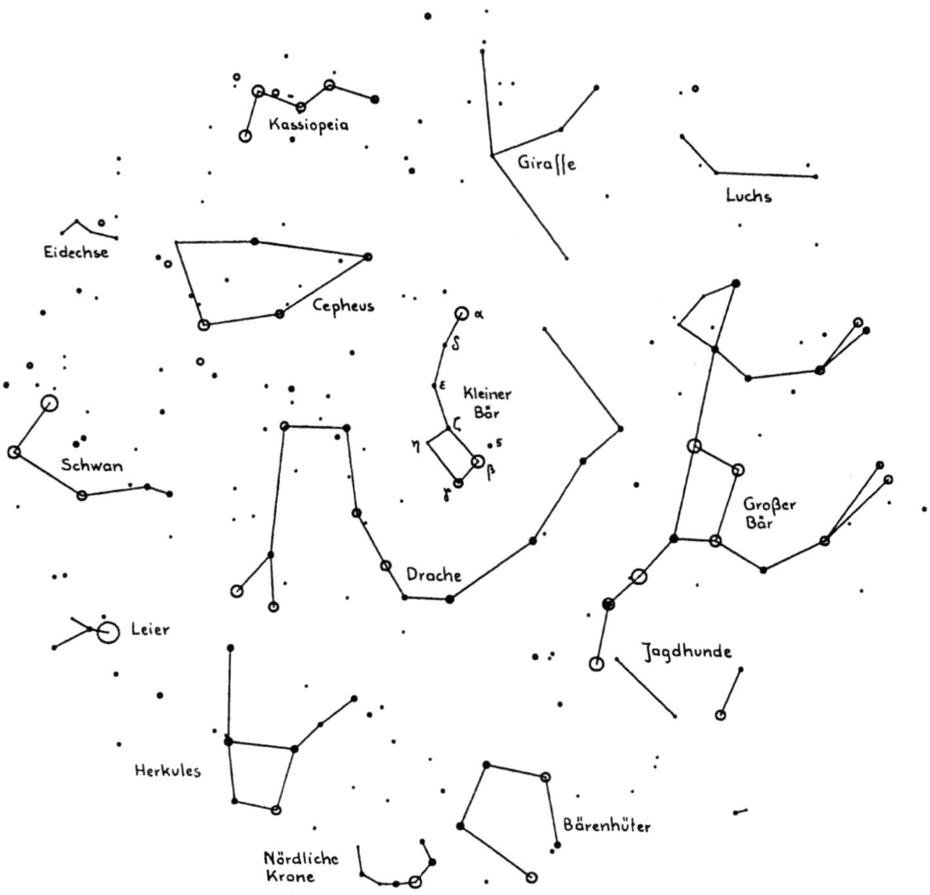

Mythologie und Geschichte

Das Sternbild des Kleinen Bären dürfte ursprünglich in Phönizien entstanden sein. Bis etwa 600 v. Chr. scheint es unter den griechischen Sternbildern nicht auf. Man sagt, daß es Thales von Milet (640 ? bis 546 v. Chr.) eingeführt habe; Thales hat den Kleinen Bären gebildet auf Kosten des benachbarten Drachen (Draco), den man früher mit Flügeln dargestellt hat. Der Kleine Bär war bisher auch als Ursa Phoenicia bekannt. Wegen der Ähnlichkeit zum Großen Bären (= Großer Wagen) wird dieses Sternbild auch Kleiner Wagen genannt. Die Nordländer haben in dieser Sterkonfiguration Thors Thron gesehen.

Bemerkenswerte Objekte

α *UMi* ist ein topasgelb leuchtender Doppelstern. Die Helligkeiten der Komponenten betragen $2{,}0^m$ und $9{,}0^m$. Der Doppelsternabstand beträgt 18″. α UMi ist der Polarstern, er heißt auch Polaris. Die verlängerte Drehachse der Erdkugel durchstößt das Himmelsgewölbe fast genau im Polarstern; daher nimmt dieser Stern an der scheinbaren Drehbewegung nicht teil.

β *UMi* ist ein etwas rötlicher Stern und trägt den arabischen Namen Kochab. Man vermutet, daß dieser Stern von den griechischen Astronomen auch den Namen Polos erhalten hat, weil β UMi etwa 1000 v. Chr. dem Himmelspol am nächsten benachbart war. Die Lage der Erdachse ist nicht starr, sondern sie verlagert sich im Lauf der Zeit.

Geographische Breite	Himmelskarten, auf denen das Sternbild zu finden ist											
	1	2	3	4	5	6	7	8	9	10	11	12
+ 75°-Karten	●	●	●	●	●	●	●	●	●	●	●	●
+ 45°-Karten	●	●	●	●	●	●	●	●	●	●	●	●
+ 15°-Karten	●	●	●	●	●	●	●	●	●	●	●	●
– 15°-Karten					●	●	●	●	●			
– 45°-Karten												
– 75°-Karten												

Kleiner Hund
Canis Minor
(CMi)

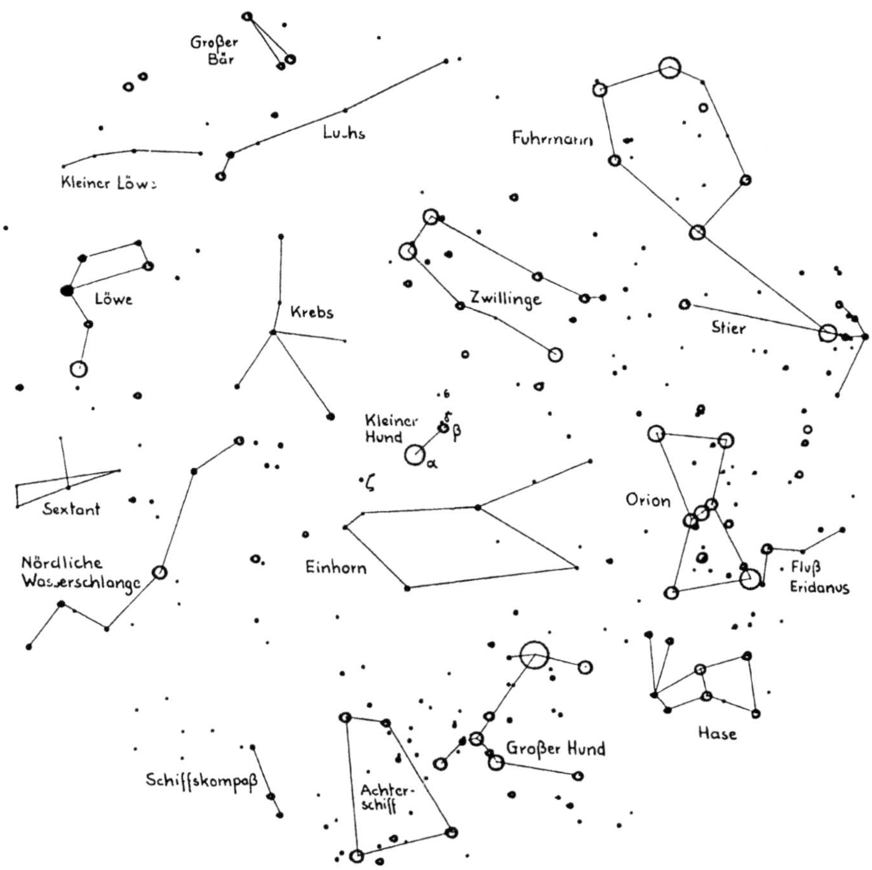

Mythologie und Geschichte

Für die Griechen war dieses Sternbild Procyon, oder, wie es Cicero übersetzt hat, „Antecanis", weil er zeitlich gesehen, vor dem Großen Hund im Osten aufgeht. In der Mythologie war er Dianas Hund oder auch der zweite Hund Orions und wurde Canis Orionis genannt. Im babylonischen Himmelsbild war unser Sternbild ein Hund, der das Wasser – gemeint war die Milchstraße – durchquert hat.

Bemerkenswerte Objekte

α CMi ist ein gelblichweiß leuchtender Stern. Er war schon den ältesten Griechen unter dem Namen Procyon bekannt. (Es kommt öfters vor, daß der Hauptstern eines Sternbildes und das Sternbild selbst den gleichen Namen tragen.)

Er ist ein Doppelstern, dessen beide Komponenten eine sehr unterschiedliche Leuchtkraft zeigen ($0{,}3^m$ und $10{,}8^m$). Der eine Stern hat die 1,8fache Sonnemasse, der andere nur die 0,7fache. Nach 41 Jahren ist ein Umlauf des Doppelsternsystems abgeschlossen. Die Sterne sind 11 Lichtjahre von uns entfernt.

Geographische Breite	Himmelskarten, auf denen das Sternbild zu finden ist											
	1	2	3	4	5	6	7	8	9	10	11	12
+ 75°-Karten	●	●	●	●	●	●	●	●	●	●	●	●
+ 45°-Karten	●	●	●	●	●	●					●	●
+ 15°-Karten	●	●	●	●	●	●					●	●
– 15°-Karten	●	●	●	●	●						●	●
– 45°-Karten	●	●	●	●	●							●
– 75°-Karten	●	●	●	●	●							

Kleiner Löwe
Leo Minor
(LMi)

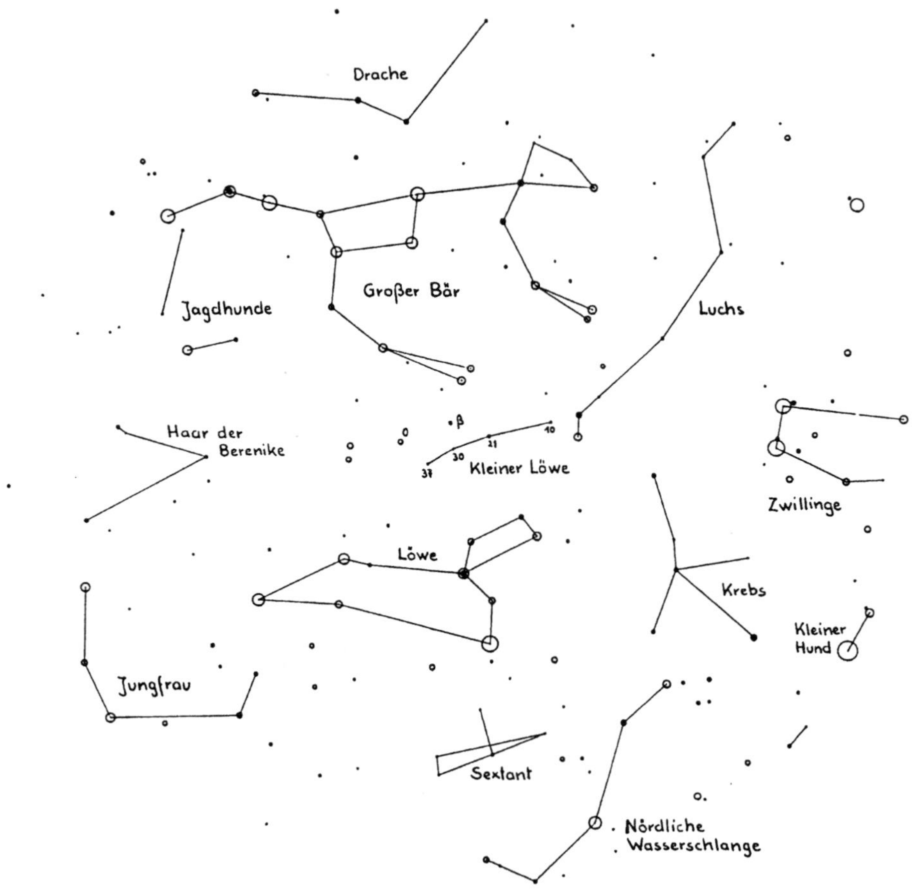

Geographische Breite	Himmelskarten, auf denen das Sternbild zu finden ist											
	1	2	3	4	5	6	7	8	9	10	11	12
+ 75°-Karten	●	●	●	●	●	●	●	●	●	●	●	●
+ 45°-Karten	●	●	●	●	●	●	●	●			●	●
+ 15°-Karten	●	●	●	●	●	●	●					
– 15°-Karten	●	●	●	●	●	●						
– 45°-Karten		●	●	●	●							
– 75°-Karten												

Kranich
Grus
(Gru)

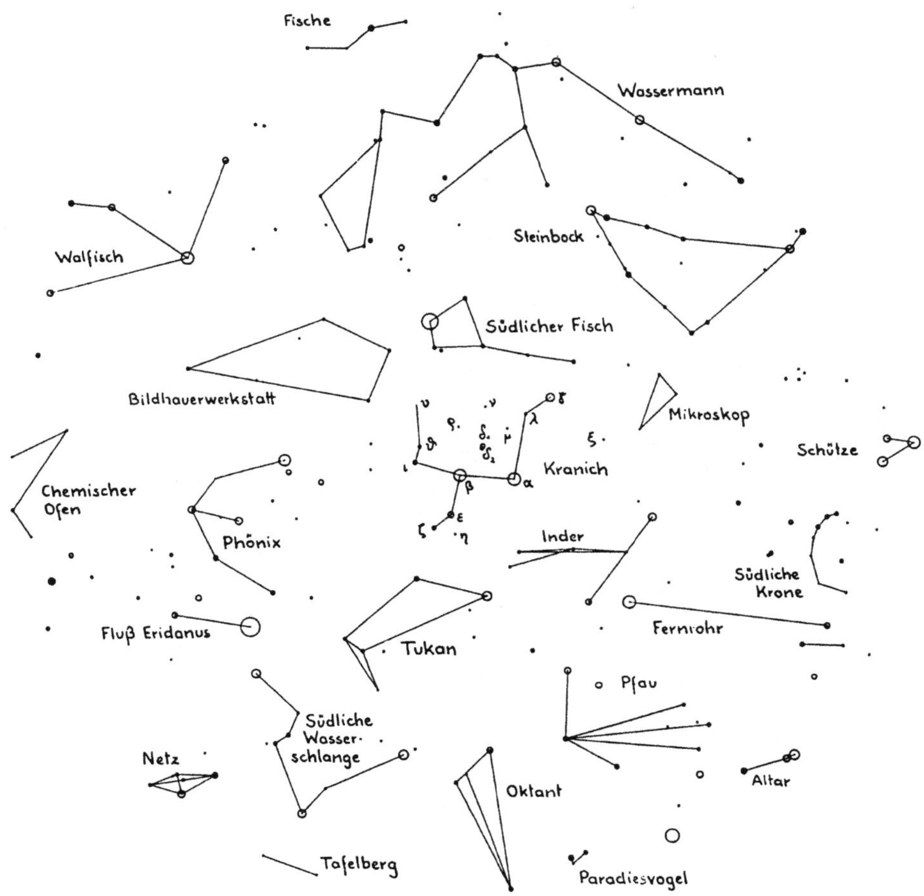

Mythologie und Geschichte

Der niederländische Seefahrer und Navigator Frederic Houtmann hat Ende des 16. Jahrhunderts eine Flotte nach Indonesien geführt und von dort eine Menge astronomischer Daten mitgebracht. Der deutsche Astronom Johann Bayer hat eine Reihe dieser Angaben in seinem Himmelskartenwerk Uranometria (1603) eingearbeitet. Auch dieses Sternbild hat dort seinen Ursprung.

Geographische Breite	Himmelskarten, auf denen das Sternbild zu finden ist											
	1	2	3	4	5	6	7	8	9	10	11	12
+ 75°-Karten												
+ 45°-Karten									●	●	●	
+ 15°-Karten								●	●	●	●	●
– 15°-Karten	●						●	●	●	●	●	●
– 45°-Karten	●	●	●	●	●	●	●	●	●	●	●	●
– 75°-Karten	●	●	●	●	●	●	●	●	●	●	●	●

Krebs
Cancer
(Cnc)

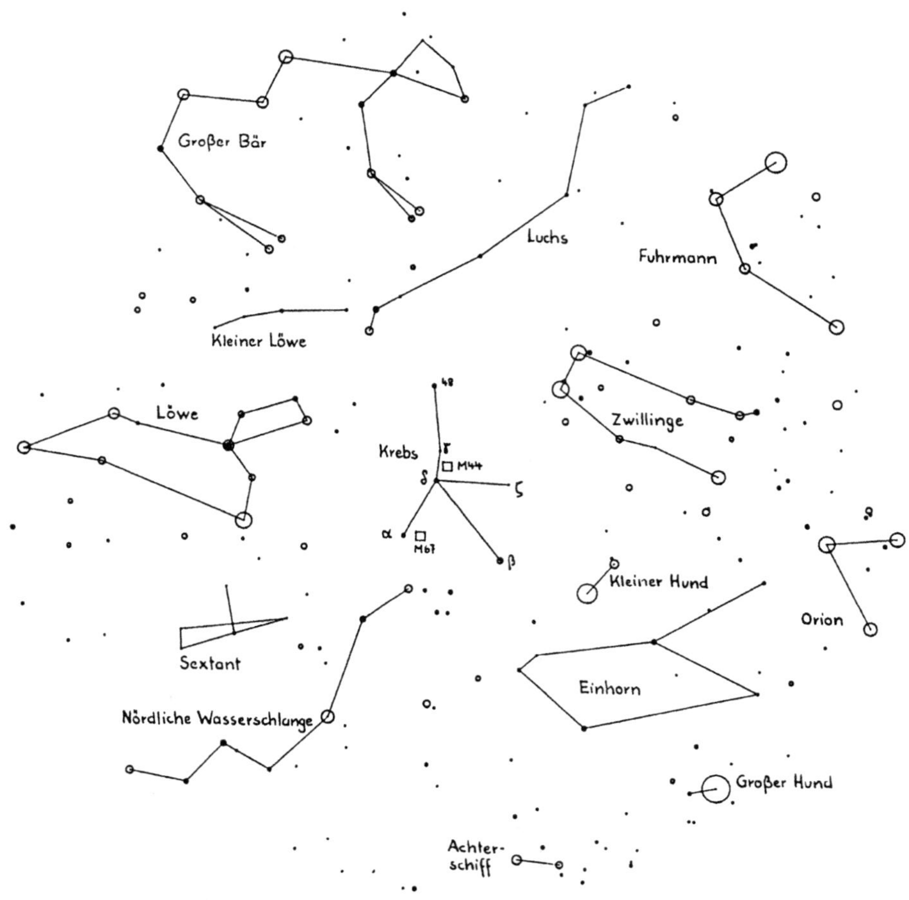

Mythologie und Geschichte

Der Krebs ist ein sehr unscheinbares Sternbild. Eine mythologische Erzählung berichtet, daß der Krebs von Juno in den Himmel gehoben wurde, weil er die Wasserschlange im Kampf gegen den Herkules unterstützt hat. Dieser Streit fand im See Lerna statt, weshalb das Sternbild auch Lernaeus genannt wurde. Ein deutscher Orientalist sieht eine Verbindung zu einer babylonischen Darstellung einer Schildkröte – eine Darstellung die 4000 v. Chr. entstanden sein soll. In ägyptischen Dokumenten aus der Zeit um 2000 v. Chr. soll das Sternbild als Skarabäus beschrieben sein. Der deutsche Astronom Bayer (1572–1625) hat das Sternbild als Krippe gesehen.

Bemerkenswerte Objekte

δ und γ Cnc = Asellus, das sind die zu beiden Seiten der Krippe (Praesepe) stehenden Esel.

ζ Cnc, ein gelblich leuchtender Stern, besteht in Wirklichkeit aus vier Sternen, die umeinander kreisen. Bei diesem Vierfachsystem sind die Helligkeiten der Paare etwa $5{,}0^m$ und $5{,}7^m$. Ihre Umlaufzeit beträgt 1150 Jahre. Dieses Sternsystem ist 78 Lichtjahre von der Erde entfernt.

M 44 = NGC 2632 = Praesepe = Krippe ist ein offener Sternhaufen, der etwa 100 Sterne enthält.
Scheinbarer Durchmesser: 95′
Helligkeit: $3{,}7^m$
Entfernung von der Erde: 500 Lichtjahre

M 67 = NGC 2682 ist ein ziemlich reicher offener Sternhaufen. Er besteht aus etwa 80 Sternen.
Durchmesser: 15′
Helligkeit: $6{,}5^m$
Entfernung von der Erde: 2700 Lichtjahre

Geographische Breite	Himmelskarten, auf denen das Sternbild zu finden ist											
	1	2	3	4	5	6	7	8	9	10	11	12
+ 75°-Karten	●	●	●	●	●	●	●	●	●	●	●	●
+ 45°-Karten	●	●	●	●	●	●					●	●
+ 15°-Karten	●	●	●	●	●	●						●
– 15°-Karten	●	●	●	●	●	●						●
– 45°-Karten	●	●	●	●	●							
– 75°-Karten			●									

Kreuz
Crux
(Cru)

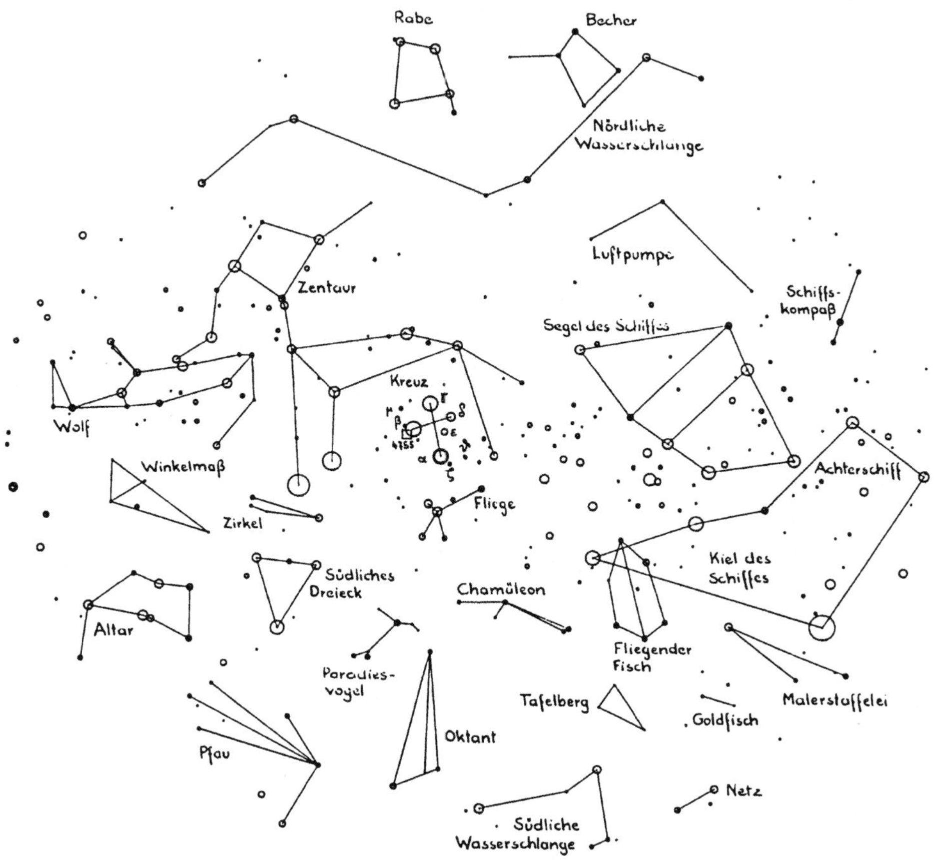

Mythologie und Geschichte

Das Sternbild des Kreuzes war im Altertum unbekannt, da man die Sterne dem Zentaur zugezählt hat. Verselbständigt scheint es auf einem englischen Himmelsglobus aus dem Jahr 1592 auf. Auch auf der astronomischen Uhr (1574) am Straßburger Münster soll es verzeichnet sein, sowie auf einem arabischen Sternglobus aus dem Jahr 1225. Das Sternfeld um das Kreuz ist sehr reichhaltig und daher besonders eindrucksvoll; dem Kreuz selbst fehlt aber der Kreuzungspunkt der Balken, so daß man es abschätzig auch mit einem nicht ganz gelungenen Papierdrachen verglichen hat.

Geographische Breite	Himmelskarten, auf denen das Sternbild zu finden ist											
	1	2	3	4	5	6	7	8	9	10	11	12
+ 75°-Karten												
+ 45°-Karten												
+ 15°-Karten		●	●	●	●	●	●					
− 15°-Karten	●	●	●	●	●	●	●	●	●	●		●
− 45°-Karten	●	●	●	●	●	●	●	●	●	●	●	●
− 75°-Karten	●	●	●	●	●	●	●	●	●	●	●	●

Bemerkenswerte Objekte

α Cru ist ein Doppelstern. Die Helligkeiten der Komponenten sind $1{,}4^m$ und $1{,}9^m$. Der Doppelsternabstand beträgt $5''$.

NGC 4755 = Schmuckkästchen ist ein offener Sternhaufen mit einem Durchmesser von $10'$. Seine Helligkeit ist $5{,}2^m$.

Leier
Lyra
(Lyr)

Mythologie und Geschichte

Der Schelm unter den Göttern, Hermes, Sohn des Zeus und einer Nymphe, soll der Erfinder der Leier gewesen sein. Der griechische Lyriker Anakreon berichtet im 6. Jahrhundert v. Chr., daß der junge Hermes über den Resonanzboden einer Schildkrötenschale Saiten gespannt habe und so dieses Instrument erfunden hat. Auf dem Umweg über Apollo soll sie in die Hände des Sängers Orpheus gekommen sein. Das Sternbild wurde auch Schildkröte, Schildkrötenschale oder gewölbtes Saiteninstrument genannt. Beim griechischen Gelehrten Eratosthenes von Kyrene (290–215 v. Chr.) kann man lesen, daß die Musen nicht wußten, wem sie die Leier nach dem Tod des Orpheus geben sollten und daher Zeus baten, sie unter die Sterne zu versetzen, damit er ein Denkmal für Orpheus und für die Musen bei den Sternen errichte.

Bemerkenswerte Objekte

α Lyr leuchtet hell saphirfarben. α Lyr trägt den Namen Vega.

β Lyr ist ein weiß leuchtender veränderlicher Stern. Seine Helligkeit schwankt zwischen $3{,}4^m$ und $4{,}3^m$. Die Periodendauer ist 12,9 Tage. Es handelt sich um eine Bedeckungsveränderliche.

ε Lyr ist ein gelblich leuchtendes Vierfach-Sternsystem. Es liegen zwei benachbarte Doppelsterne vor, deren Einzelsterne zum Teil die 6fache Sonnenmasse haben. Die Helligkeiten der Komponenten liegen zwischen 5^m und 6^m. Die Umlaufzeiten sind 600 Jahre und 1200 Jahre. Das Vierfach-Sternsystem ist 181 Lichtjahre von der Erde entfernt.

R Lyr ist ein veränderlicher Stern. Seine Helligkeit schwankt zwischen $4{,}0^m$ und $5{,}0^m$. Die Periodendauer ist 50 Tage.

M 57 = NGC 6720 = Ringnebel der Leier ist ein planetarischer Nebel.
Helligkeit: $9{,}3^m$
Durchmesser: 1,4′ × 1,0′

Lyriden, Meteorstrom.
Dauer: 12. bis 24. April
Maximum: 22. April

Geographische Breite	Himmelskarten, auf denen das Sternbild zu finden ist											
	1	2	3	4	5	6	7	8	9	10	11	12
+ 75°-Karten	●	●	●	●	●	●	●	●	●	●	●	●
+ 45°-Karten	●	●	●	●	●	●	●	●	●	●	●	●
+ 15°-Karten					●	●	●	●	●	●	●	●
– 15°-Karten					●	●	●	●	●	●		
– 45°-Karten						●	●	●	●	●		
– 75°-Karten												

Löwe
Leo
(Leo)

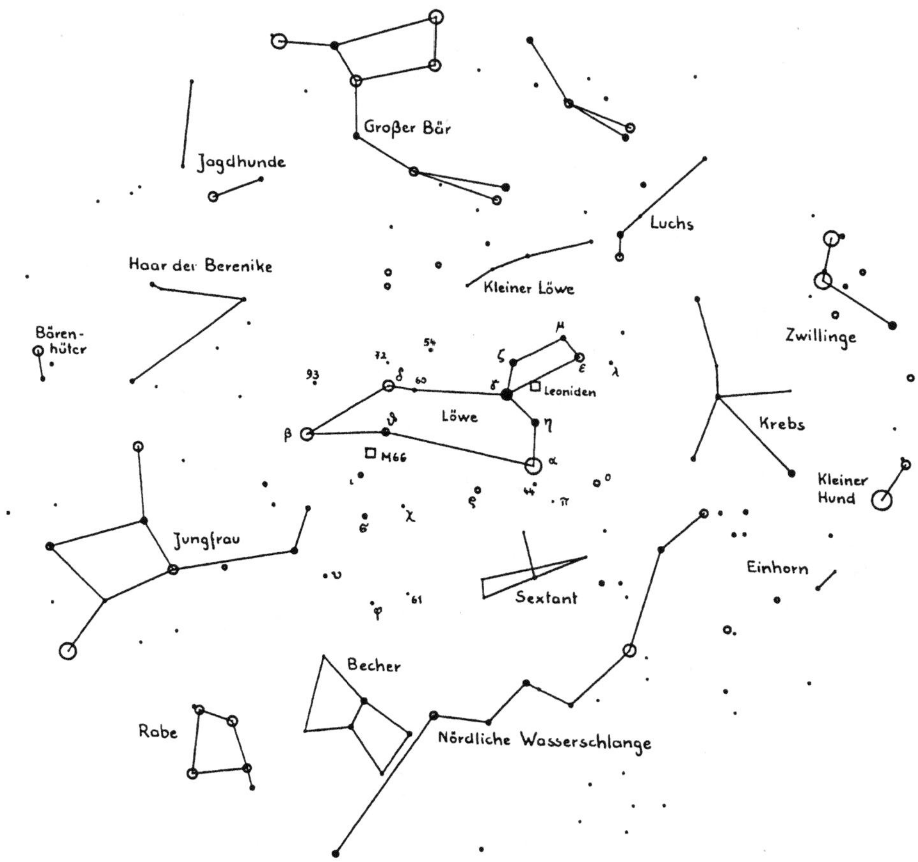

Mythologie und Geschichte

Nach römischen und griechischen Mythen soll es sich um jenen Löwen handeln, mit dem Herkules in der Nähe der Stadt Nemea im Wald gekämpft hat. Bei Ovid wird er auch Herculeus Leo genannt. Ältere assyrische Darstellungen zeigen den Löwen mit einer Sonnenstrahlenmähne: wenn die Sonne im Sternbild des Löwen steht, sind die heißesten Tage. Steintafeln mit neubabylonischen Ritzzeichnungen zeigen den Mond zwischen dem Widder und den Plejaden und den Jupiter in der Nähe des Löwen und der Nördlichen Wasserschlange. Diese Darstellungen sind mehr als 2000 Jahre alt.

Bemerkenswerte Objekte

α Leo ist ein weiß leuchtender Stern, er trägt den Namen Regulus. Eine arabische Bezeichnung für den gleichen Stern ist Kalbeleced (= Löwenherz).

β Leo hat ein bläuliches Licht. Er wird auch Denebola genannt; der vom Arabischen abgeleitete Name heißt soviel wie Löwen-Schwanz.

γ Leo ist ein Doppelstern. Die Helligkeit der Komponenten ist einerseits $2{,}6^m$ und anderseits $3{,}8^m$. Die beiden Sterne haben die 1,3fache bzw. 1,1fache Sonnenmasse. Ein Umlauf ist in 701 Jahren beendet. Der scheinbare Doppelsternabstand beträgt 4″. Die Doppelsterne sind 125 Lichtjahre von der Erde entfernt.

M 66 = NGC 3627 ist eine externe Galaxie mit einer visuellen Helligkeit von $8{,}4^m$. Der größte und kleinste scheinbare Durchmesser ist 8,0′ bzw. 2,5′.

Leoniden: Instabiler Meteorstrom
Maximum: 16. November (wenig ausgeprägt)

Geographische Breite	Himmelskarten, auf denen das Sternbild zu finden ist											
	1	2	3	4	5	6	7	8	9	10	11	12
+ 75°-Karten	●	●	●	●	●	●	●	●	●	●	●	●
+ 45°-Karten	●	●	●	●	●	●	●					
+ 15°-Karten	●	●	●	●	●	●	●					
− 15°-Karten	●	●	●	●	●	●						
− 45°-Karten		●	●	●	●	●						
− 75°-Karten			●	●	●							

Luchs
Lynx
(Lyn)

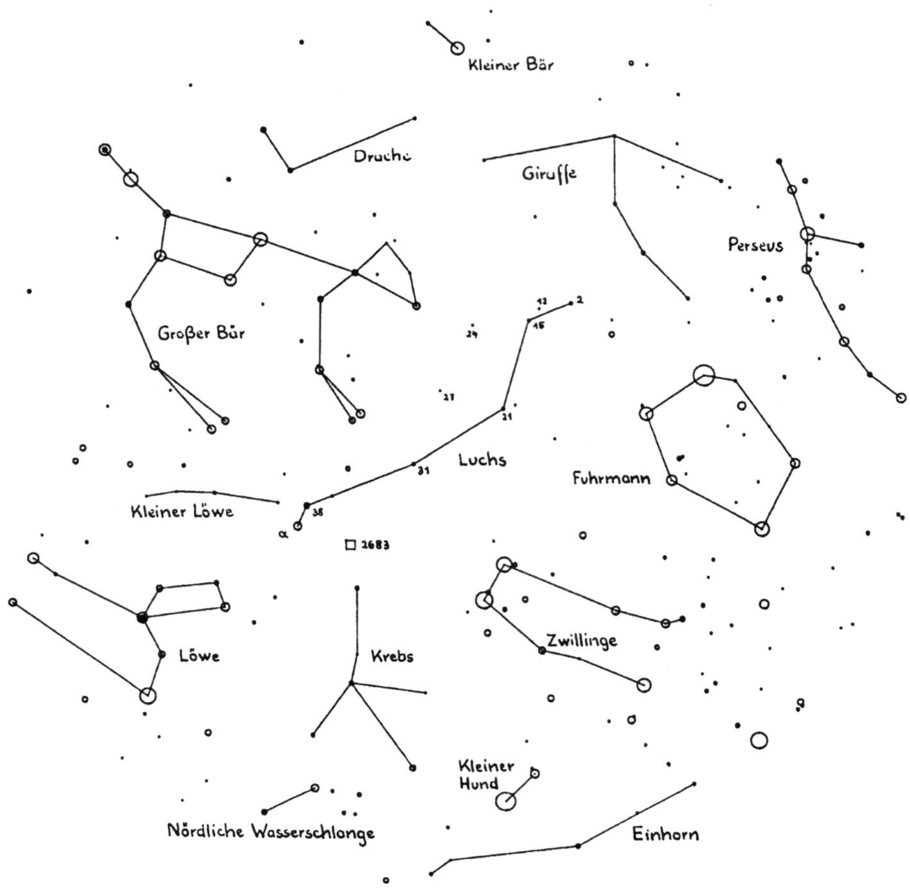

Bemerkenswerte Objekte

NGC 2683 ist ein extragalaktisches System.
Visuelle Helligkeit: $9{,}6^m$
Scheinbarer Durchmesser: $8{,}0' \times 1{,}3'$

Geographische Breite	Himmelskarten, auf denen das Sternbild zu finden ist											
	1	2	3	4	5	6	7	8	9	10	11	12
+ 75°-Karten	●	●	●	●	●	●	●	●	●	●	●	●
+ 45°-Karten	●	●	●	●	●	●	●	●	●	●	●	●
+ 15°-Karten	●	●	●	●	●	●						●
– 15°-Karten	●	●	●	●								
– 45°-Karten		●										
– 75°-Karten												

Luftpumpe
Antlia
(Ant)

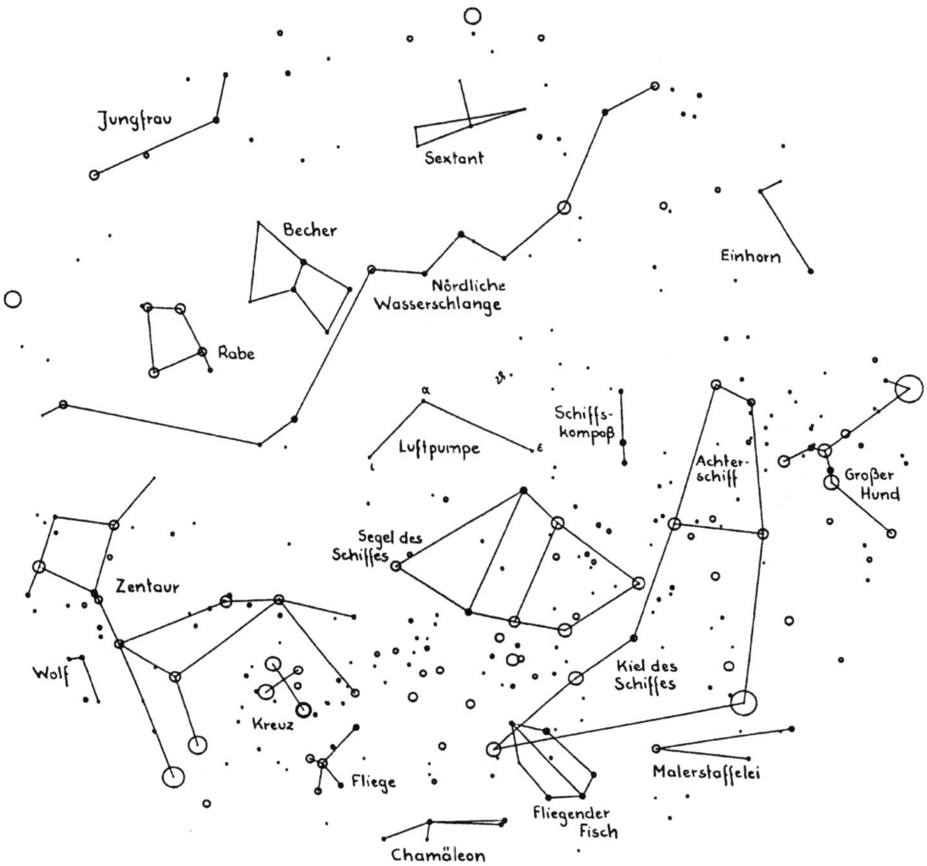

Mythologie und Geschichte

Der französische Astronom Abbé Nicolas Louis de Lacaille hat in den Jahren 1751 bis 1754 am Kap der Guten Hoffnung astronomische Beobachtungen durchgeführt und einen Katalog des südlichen Sternenhimmels herausgegeben. Die Luftpumpe geht auf seine Arbeiten zurück.

Geographische Breite	Himmelskarten, auf denen das Sternbild zu finden ist											
	1	2	3	4	5	6	7	8	9	10	11	12
+ 75°-Karten												
+ 45°-Karten		●	●	●	●							
+ 15°-Karten	●	●	●	●	●	●						
– 15°-Karten	●	●	●	●	●	●	●					
– 45°-Karten	●	●	●	●	●	●	●	●			●	●
– 75°-Karten	●	●	●	●	●	●	●	●	●	●	●	●

Malerstaffelei
Pictor
(Pic)

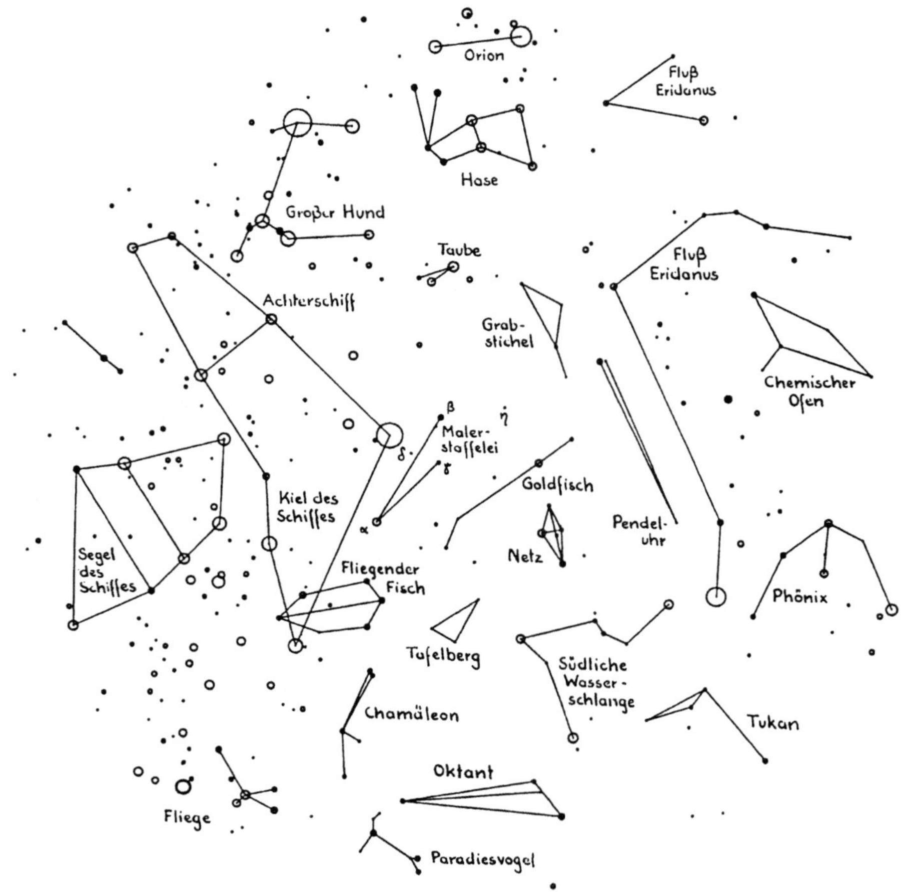

Mythologie und Geschichte

Der französische Astronom Abbé Nicolas Louis de Lacaille hat in den Jahren 1751 bis 1754 am Kap der Guten Hoffnung astronomische Beobachtungen durchgeführt und einen Katalog des südlichen Sternenhimmels herausgegeben. Die Malerstaffelei geht auf seine Arbeiten zurück.

Geographische Breite	Himmelskarten, auf denen das Sternbild zu finden ist											
	1	2	3	4	5	6	7	8	9	10	11	12
+ 75°-Karten												
+ 45°-Karten												
+ 15°-Karten	●	●	●	●							●	●
– 15°-Karten	●	●	●	●	●	●			●	●	●	●
– 45°-Karten	●	●	●	●	●	●	●	●	●	●	●	●
– 75°-Karten	●	●	●	●	●	●	●	●	●	●	●	●

Mikroskop
Microscopium
(Mic)

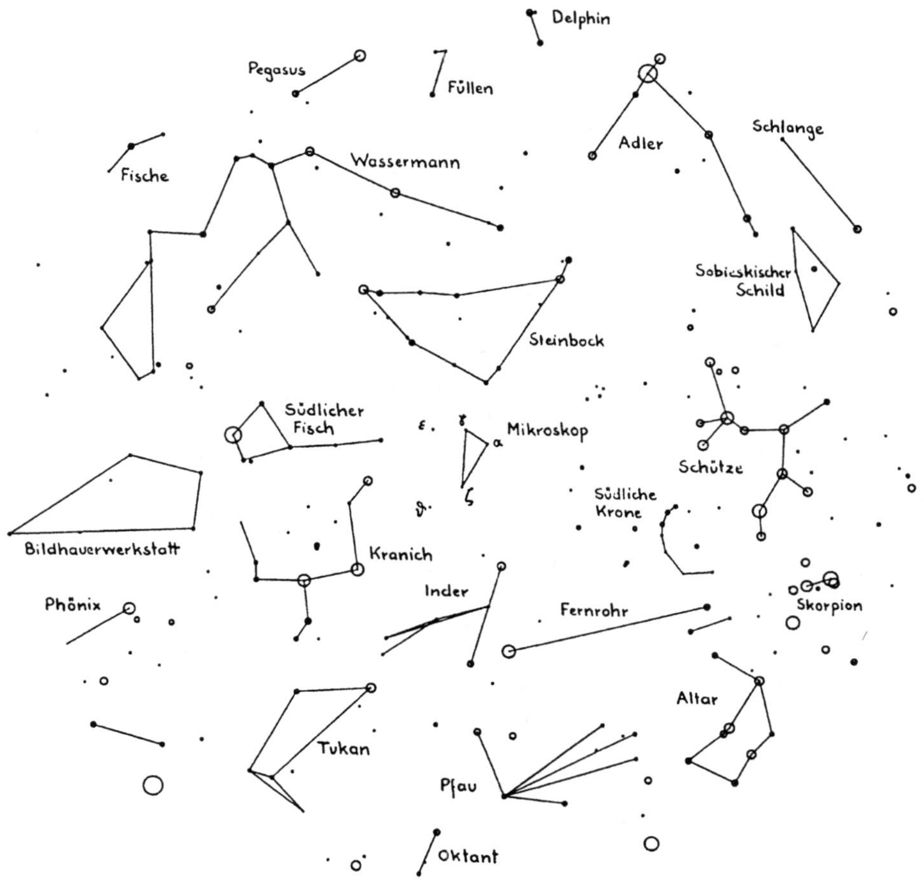

Mythologie und Geschichte

Der französische Astronom Abbé Nicolas Louis de Lacaille hat in den Jahren 1751 bis 1754 am Kap der Guten Hoffnung astronomische Beobachtungen durchgeführt und einen Katalog des südlichen Sternenhimmels herausgegeben. Das Sternbild Mikroskop geht auf seine Arbeiten zurück.

Geographische Breite	Himmelskarten, auf denen das Sternbild zu finden ist											
	1	2	3	4	5	6	7	8	9	10	11	12
+ 75°-Karten												
+ 45°-Karten							●	●	●	●	●	
+ 15°-Karten						●	●	●	●	●	●	●
− 15°-Karten						●	●	●	●	●	●	●
− 45°-Karten	●				●	●	●	●	●	●	●	●
− 75°-Karten	●	●	●	●	●	●	●	●	●	●	●	●

Netz
Reticulum
(Ret)

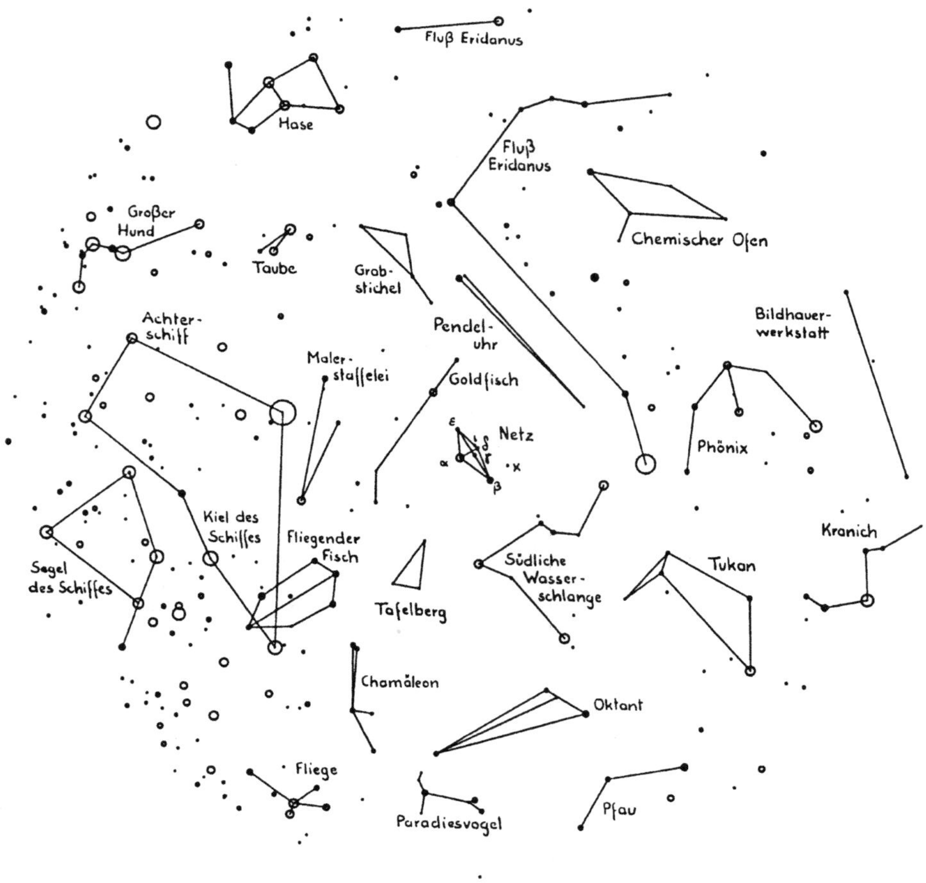

Mythologie und Geschichte

Der französische Astronom Abbé Nicolas Louis de Lacaille hat in den Jahren 1751 bis 1754 am Kap der Guten Hoffnung astronomische Beobachtungen durchgeführt und einen Katalog des südlichen Sternenhimmels herausgegeben. Das Sternbild Netz geht auf seine Arbeiten zurück. Hierbei soll es sich um das Netz handeln, das im astronomischen Fernrohr eingebaut ist, um Sternabstände zu messen – also ein modifiziertes Fadenkreuz.

Geographische Breite	Himmelskarten, auf denen das Sternbild zu finden ist											
	1	2	3	4	5	6	7	8	9	10	11	12
+ 75°-Karten												
+ 45°-Karten												
+ 15°-Karten	●	●	●							●	●	●
– 15°-Karten	●	●	●	●	●	●		●	●	●	●	●
– 45°-Karten	●	●	●	●	●	●	●	●	●	●	●	●
– 75°-Karten	●	●	●	●	●	●	●	●	●	●	●	●

Nördliche Krone

Corona Borealis

(CrB)

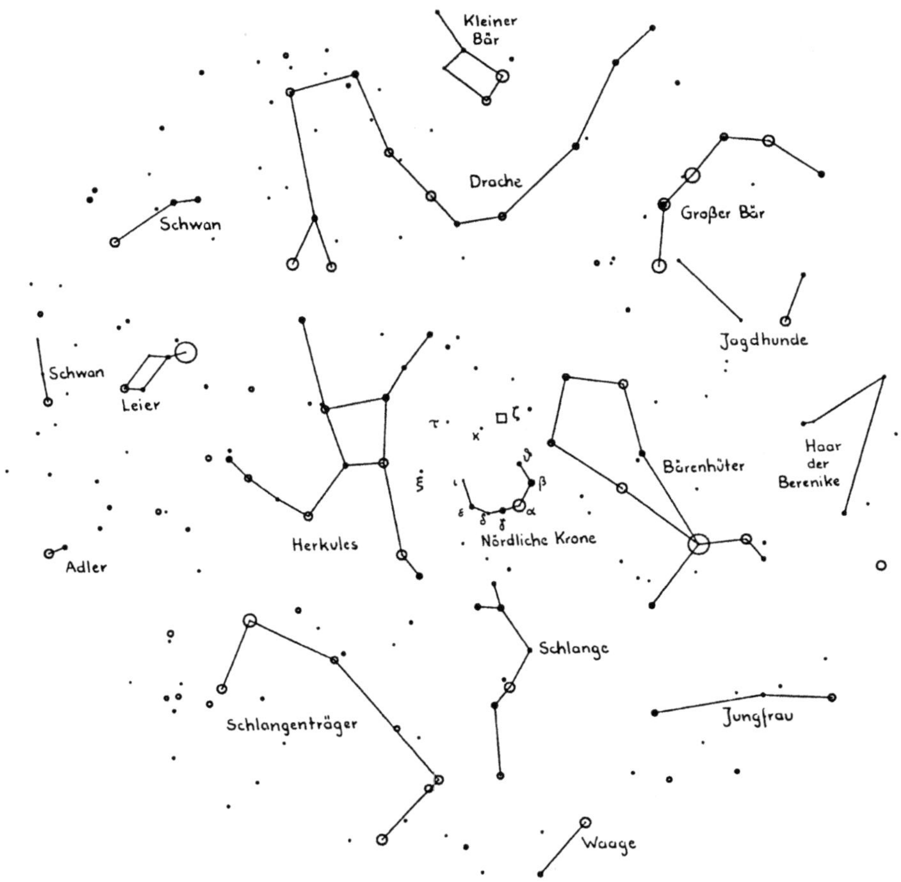

Mythologie und Geschichte

Den frühen Griechen war dieses Sternbild als Blumenkranz und Krone bekannt. Eine Legende von Ariadne und ihrer Krone reicht in das 5. Jahrhundert v. Chr. zurück: Ariadne hilft Theseus bei der Flucht aus dem Labyrinth; Ariadne flüchtet mit ihm, Theseus verläßt sie jedoch. Bacchus findet Ariadne und verbindet sich mit ihr. Das Diadem, welches sie von Theseus als Brautgeschenk erhalten hatte, wurde an den Himmel versetzt.

Bemerkenswerte Objekte

α *CrB* ist ein weiß leuchtender Stern. Er trägt den Namen Gemma, der höchstens bis auf Ovid zurückreichen dürfte.

ζ *CrB* ist ein Doppelstern.
Helligkeit der Komponenten: $4{,}0^m$ und $4{,}9^m$
Doppelsternabstand: 6″

Geographische Breite	Himmelskarten, auf denen das Sternbild zu finden ist											
	1	2	3	4	5	6	7	8	9	10	11	12
+ 75°-Karten	●	●	●	●	●	●	●	●	●	●	●	●
+ 45°-Karten		●	●	●	●	●	●	●	●	●	●	
+ 15°-Karten			●	●	●	●	●	●	●	●		
– 15°-Karten				●	●	●	●	●	●			
– 45°-Karten					●	●	●	●				
– 75°-Karten												

Nördliche Wasserschlange
Hydra
(Hya)

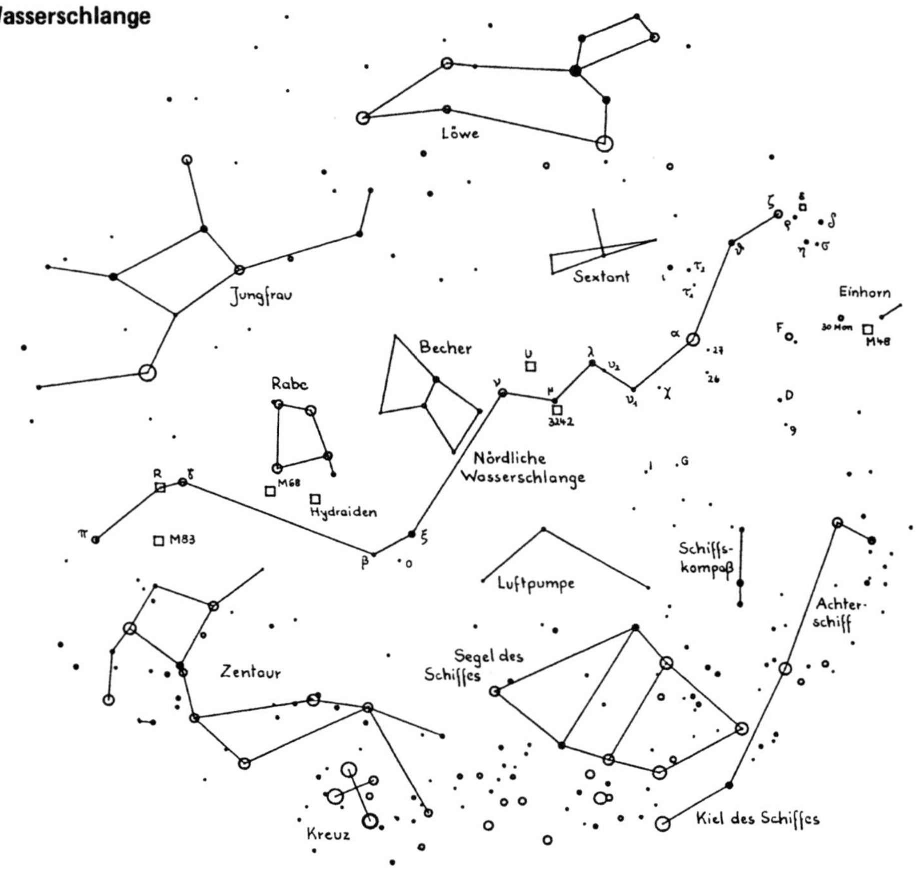

Mythologie und Geschichte

Eine Erzählung von Ovid verbindet die drei Sternbilder Nördliche Wasserschlange, Rabe und Becher. Apollo soll einen Raben mit einem goldenen Becher ausgeschickt haben, damit er ihm von einer weit entfernten Quelle frisches Wasser bringt. Der Rabe aber labt sich auf seinem Weg an einem Feigenbaum und verspätet sich. Bei seiner Rückkehr belügt er Apollo – es hätte ihn eine riesengroße Wasserschlange gehindert, den göttlichen Auftrag zu erfüllen. Eine andere Deutung ordnet die Hydra den Heldenerzählungen des Herkules zu.

Steintafeln mit neubabylonischen Ritzzeichnungen zeigen den Mond zwischen dem Widder und den Plejaden und den Jupiter in der Nähe des Löwen und der Nördlichen Wasserschlange. Diese Darstellungen sind mehr als 2000 Jahre alt.

Bemerkenswerte Objekte

α Hya ist ein orange leuchtender Stern. Er trägt den Namen Alphard. Diese Bezeichnung wird aus dem arabischen abgeleitet und bedeutet „der alleine stehende in der Schlange". α Hya wurde auch Cor Hydrae (Schlangenherz) genannt.

ε Hya ist ein visueller Doppelstern, wobei zwei Sterne mit 2,3facher und 2,0facher Sonnemasse umeinander kreisen. Für einen Umlauf werden 15 Jahre benötigt. Der eine Stern erscheint uns mit einer Helligkeit von $3{,}8^m$, der andere mit $5{,}0^m$. Das System ist 142 Lichtjahre von uns entfernt.

R Hya ist ein veränderlicher Stern. Seine Helligkeit schwankt zwischen $3{,}5^m$ und $10{,}1^m$. Die Periodendauer beträgt 415 Tage.

U Hya ist ein veränderlicher Stern. Seine Helligkeit schwankt zwischen $4{,}8^m$ und $5{,}9^m$. Die Periodendauer ist unregelmäßig.

M 48 = NGC 2548 ist ein ziemlich reicher offener Sternhaufen, der aus etwa 80 Sternen besteht und eine visuelle Helligkeit von $5{,}3^m$ hat.

NGC 3242 ist ein schwach leuchtender ($9{,}0^m$) planetarer Nebel mit einem scheinbaren Durchmesser von 40″ und 35″. Ein von uns nur schwach sichtbarer ($11{,}4^m$) Zentralstern mit einer Temperatur von 58 000° bringt den Nebel zum leuchten.

M 68 = NGC 4590 ist ein Kugelsternhaufen mit einer visuellen Helligkeit von $8{,}2^m$ und einem scheinbaren Durchmesser von 2,2′. Dieser Kugelsternhaufen ist 39 000 Lichtjahre von uns entfernt. Sein Durchmesser ist so groß, daß das Licht 26 Jahre braucht, um ihn zu durchlaufen.

M 83 = NGC 5236 Galaxie
Scheinbarer Durchmesser: 10′
Wirklicher Durchmesser: 39 000 Lichtjahre
Visuelle Helligkeit: $7{,}6^m$
Entfernung von der Erde: 13 Millionen Lichtjahre

Hydraiden Meteorstrom.
Dauer: 12. März bis 5. April
Maximum: 25. März

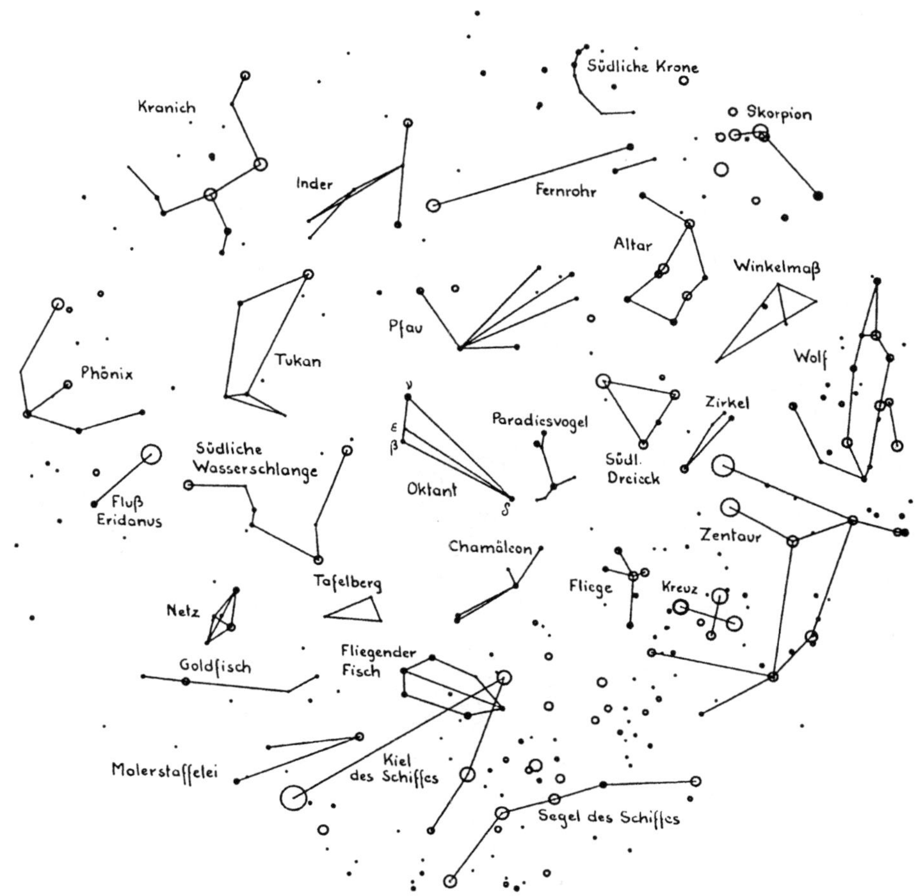

Mythologie und Geschichte

Der französische Astronom Abbé Nicolas Louis de Lacaille hat in den Jahren 1751 bis 1754 am Kap der Guten Hoffnung astronomische Beobachtungen durchgeführt und einen Katalog des südlichen Sternenhimmels herausgegeben. Der Oktant geht auf seine Arbeiten zurück.

Geographische Breite	Himmelskarten, auf denen das Sternbild zu finden ist											
	1	2	3	4	5	6	7	8	9	10	11	12
+ 75°-Karten												
+ 45°-Karten												
+ 15°-Karten								●				
− 15°-Karten	●	●	●	●	●	●	●	●	●	●	●	●
− 45°-Karten	●	●	●	●	●	●	●	●	●	●	●	●
− 75°-Karten	●	●	●	●	●	●	●	●	●	●	●	●

Nördliche Wasserschlange (Fortsetzung)

Geographische Breite	Himmelskarten, auf denen das Sternbild zu finden ist											
	1	2	3	4	5	6	7	8	9	10	11	12
+ 75°-Karten												
+ 45°-Karten			●	●	●	●						
+ 15°-Karten			●	●	●	●						
− 15°-Karten		●	●	●	●	●						
− 45°-Karten	●	●	●	●	●	●						
− 75°-Karten	●	●	●	●	●	●	●				●	●

Orion
Orion
(Ori)

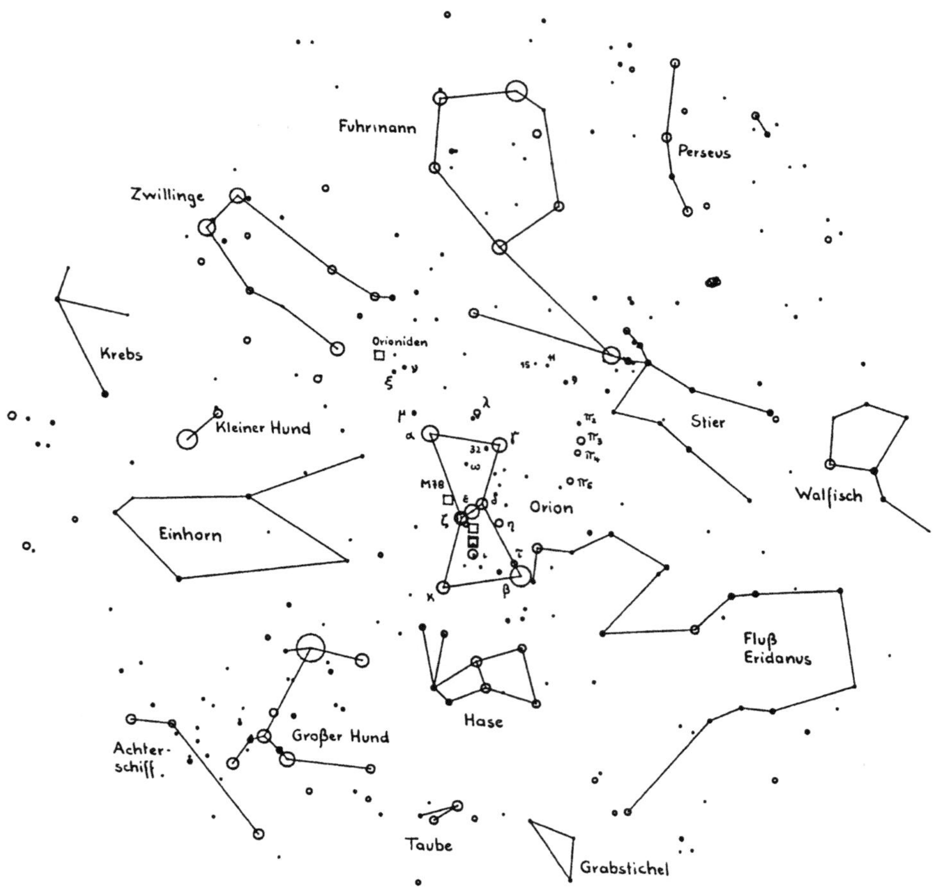

Mythologie und Geschichte

Der Orion ist eines der schönsten Sternbilder. Orion war ein berühmter, stolzer Held des Altertums und der große Jäger in der Plejadensage. Die Plejaden waren die sieben Töchter des Atlas und der Plejone. Orion, der gewaltige und schöne Held, liebte diese Mädchen. Jedoch flohen sie vor ihm. Er hat sie jahrelang verfolgt, bis sie von Zeus unter die Sterne versetzt wurden. Orion wollte in seinem maßlosen Jagdeifer alle wilden Tiere und Ungeheuer der Erde töten und hat sich dadurch den Zorn der Göttin Diana zugezogen. Auf den Befehl der Göttin tötete ihn ein giftiger Skorpion durch einen Stich in die Ferse. Orion ist auch heute noch auf der Flucht vor diesem Skorpion, denn wenn der Skorpion am Osthimmel aufgeht, geht der Orion im Westen unter. Sternbilder und Sterne haben dem Landwirt seit jeher den Zeitpunkt der Ernte und der Aussaat angezeigt. So lesen wir beispielsweise beim griechischen Dichter Hesiod (700 v. Chr.): „Wenn aber Orion und Sirius in die Mitte des Himmels gekommen sind und die rosenfingrige Morgenröte (Eos) den Arcturus erblickt, dann, o Perses, pflücke alle Trauben ab und bringe sie heim.

Bemerkenswerte Objekte

α Ori ist ein orange leuchtender veränderlicher Stern, der auch den Namen Betelgeuze trägt. Seine Helligkeit schwankt zwischen $0{,}1^m$ und $1{,}2^m$. Die Periodendauer ist 2070 Tage.

β Ori ist ein blauweiß leuchtender Doppelstern; er trägt den Namen Rigel. Die Helligkeiten der Komponenten sind $0{,}3^m$ und $6{,}7^m$. Der Doppelsternabstand beträgt 9″.

γ Ori heißt Bellatrix; er leuchtet hellgelb.

ζ Ori ist ein topasgelb strahlender Doppelstern. Die Helligkeiten der Komponenten sind $2{,}0^m$ und $5{,}0^m$. Der Doppelsternabstand beträgt 3″.

ϑ Ori ist ein Mehrfachsystem. Die Helligkeiten der Komponenten sind $6{,}0^m$, $7{,}0^m$, $7{,}5^m$ und $8{,}0^m$.

M 42 = NGC 1976 = Orionnebel ist ein diffuser Nebel.
Scheinbarer Durchmesser: 30′
Helligkeit: $5{,}0^m$
Seine Masse ist etwa 700mal so groß wie die Sonnenmasse. Der Abstand zur Erde beträgt 1500 Lichtjahre.

NGC 1977 = Orionnebel ist ein diffuser Nebel.
Scheinbarer Durchmesser: 18′
Helligkeit: $4{,}6^m$
Gesamtmasse des Nebels: 1,5fache Sonnenmasse
Entfernung von der Erde: 1500 Lichtjahre

M 43 = NGC 1982 ist ein diffuser Nebel.
Helligkeit: $9{,}1^m$

M 78 = NGC 2068 ist ein diffuser Nebel.
Scheinbarer Durchmesser: 4′
Helligkeit: $10{,}3^m$
Entfernung von der Erde: 1600 Lichtjahre

Orioniden, Meteorstrom.
Dauer: 11. bis 30. Oktober
Maximum: 19. Oktober

Orion
(vergrößert)

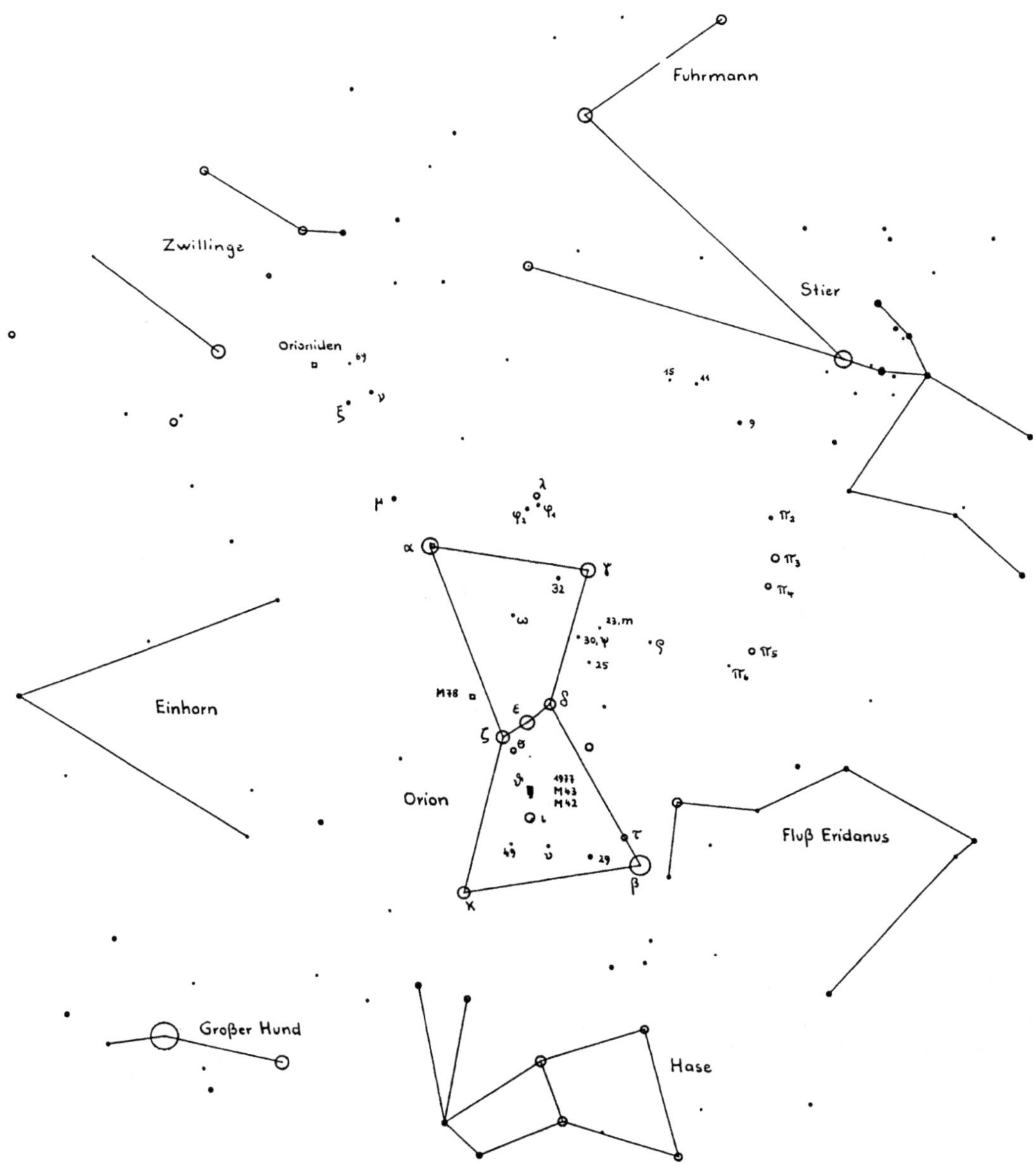

Geographische Breite	Himmelskarten, auf denen das Sternbild zu finden ist											
	1	2	3	4	5	6	7	8	9	10	11	12
+ 75°-Karten	●	●	●	●	●					●	●	●
+ 45°-Karten	●	●	●	●							●	●
+ 15°-Karten	●	●	●	●							●	●
– 15°-Karten	●	●	●	●							●	●
– 45°-Karten	●	●	●	●							●	●
– 75°-Karten	●	●	●	●	●					●	●	●

Paradiesvogel
Apus
(Aps)

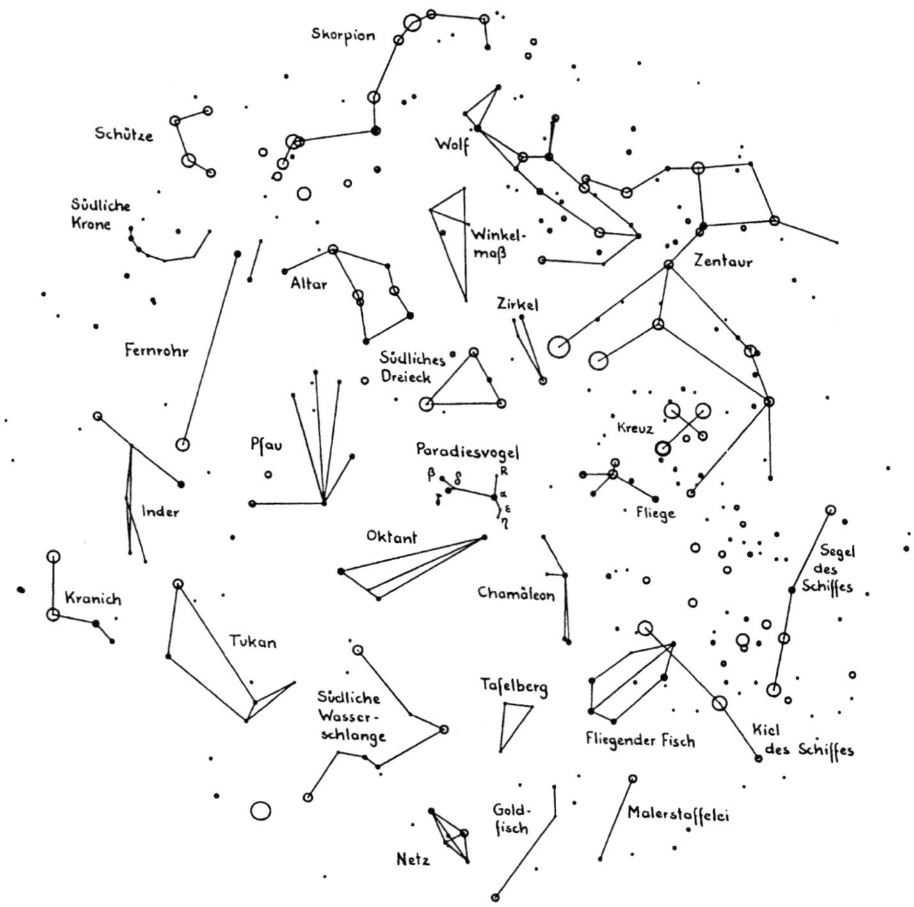

Mythologie und Geschichte

Der niederländische Seefahrer und Navigator Frederic Houtmann hat Ende des 16. Jahrhunderts eine Flotte nach Indonesien geführt und hat von dort eine Menge astronomischer Daten mitgebracht. Der deutsche Astronom Johann Bayer hat eine Reihe dieser Angaben in seinem Himmelskartenwerk Uranometria (1603) eingearbeitet. Auch das Sternbild Paradiesvogel hat dort seinen Ursprung.

Geographische Breite	Himmelskarten, auf denen das Sternbild zu finden ist											
	1	2	3	4	5	6	7	8	9	10	11	12
+ 75°-Karten												
+ 45°-Karten												
+ 15°-Karten				●	●	●	●	●				
– 15°-Karten	●	●	●	●	●	●	●	●	●	●	●	●
– 45°-Karten	●	●	●	●	●	●	●	●	●	●	●	●
– 75°-Karten	●	●	●	●	●	●	●	●	●	●	●	●

Pegasus
Pegasus
(Peg)

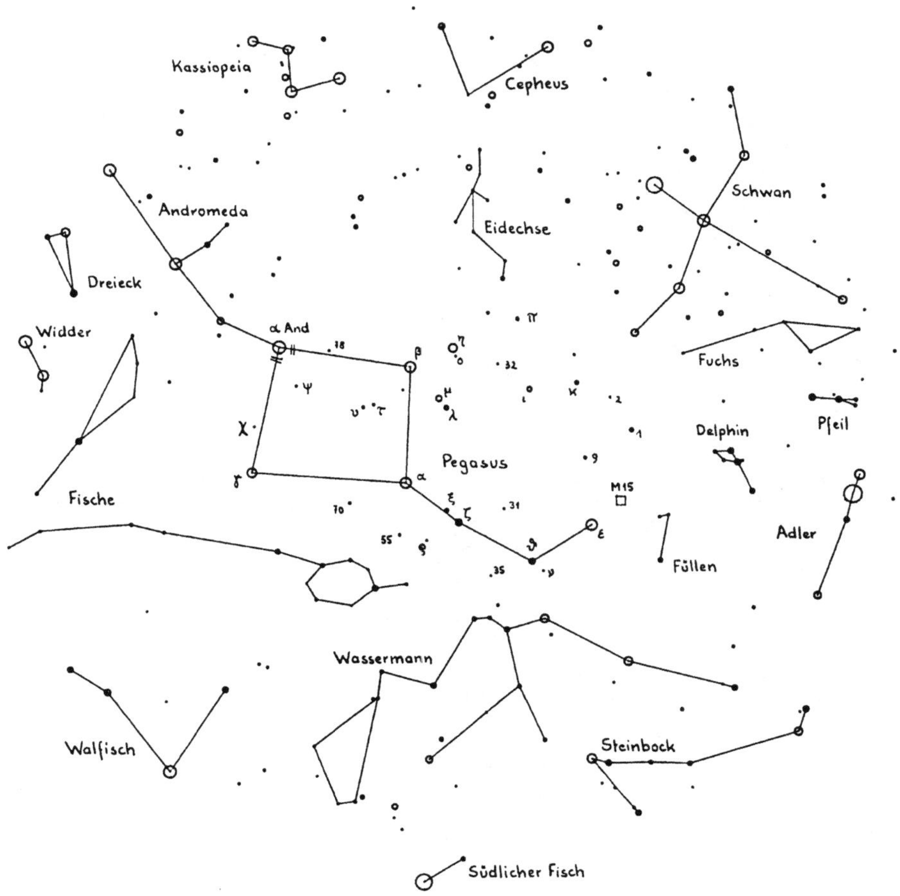

Mythologie und Geschichte

Medusa ist ein Ungeheuer der griechischen Mythologie, das oft mit Schlangenhaaren und Flügeln dargestellt wird. Perseus besiegt Medusa und enthauptet sie. Aus dem Rumpf der Medusa entspringt Pegasus, das geflügelte Roß (Dichterroß). Für die Griechen war Pegasus ein göttlich dämonisches Wesen, das bei den Göttern wohnt, den Blitz und auch den Donner trägt. Bellerophon zähmt Pegasus und besteht mehrere Abenteuer. Hier ist auch sein Kampf mit der Chimaira zu nennen; die feuerspeiende Chimaira besaß ein Löwenhaupt und einen Ziegen- bzw. Drachenkörper. Nach dem Sturz Bellerophons wird Pegasus zum Sternbild.

Bemerkenswerte Objekte

α *Peg* heißt auch Markab (= Sattel). Er leuchtet weiß.

β *Peg* heißt auch Scheat (= Oberarm). Er leuchtet tiefgelb.

γ *Peg* heißt auch Algenib (= Flügel oder Schwinge bzw. Flanke). Er leuchtet weiß.

ε *Peg* heißt auch Enif (= Nase). Er leuchtet gelb.

M 15 = NGC 7078 Kugelsternhaufen
Scheinbarer Durchmesser: 2,8′
Wirklicher Durchmesser: 36 Lichtjahre
Visuelle Helligkeit: $6{,}4^m$
Entfernung von der Erde: 42 000 Lichtjahre

Geographische Breite	Himmelskarten, auf denen das Sternbild zu finden ist											
	1	2	3	4	5	6	7	8	9	10	11	12
+ 75°-Karten	●	●	●	●	●	●	●	●	●	●	●	●
+ 45°-Karten	●						●	●	●	●	●	●
+ 15°-Karten	●							●	●	●	●	●
− 15°-Karten								●	●	●	●	●
− 45°-Karten									●	●	●	●
− 75°-Karten										●	●	

Die Konturen der Sternbilder Pegasus und Andromeda gehen ineinander über. An der durch einen Doppelstrich // gekennzeichneten Stelle liegt die Grenze.

Pendeluhr

Horologium

(Hor)

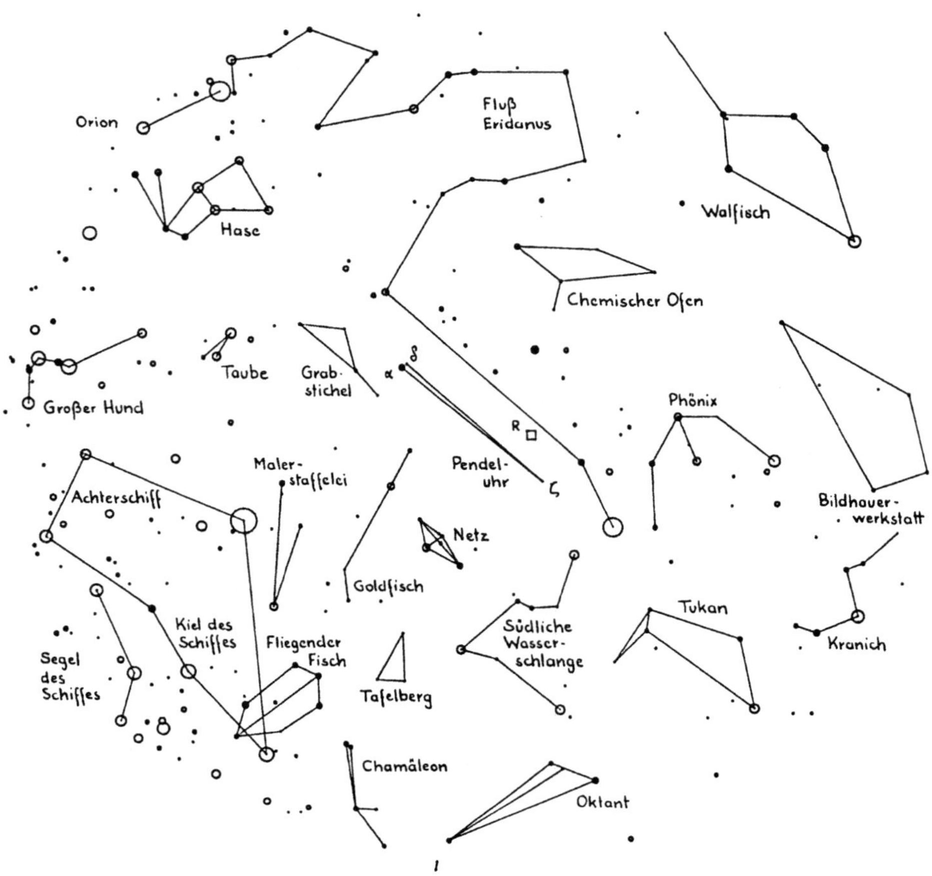

Mythologie und Geschichte

Der französische Astronom Abbé Nicolas Louis de Lacaille hat in den Jahren 1751 bis 1754 am Kap der Guten Hoffnung astronomische Beobachtungen durchgeführt und einen Katalog des südlichen Sternenhimmels herausgegeben. Die Pendeluhr geht auf seine Arbeiten zurück.

Bemerkenswerte Objekte

R Hor ist ein veränderlicher Stern. Seine Helligkeit schwankt zwischen $4{,}0^m$ und $13{,}4^m$. Die Periodendauer beträgt 400 Tage.

Geographische Breite	Himmelskarten, auf denen das Sternbild zu finden ist											
	1	2	3	4	5	6	7	8	9	10	11	12
+ 75°-Karten												
+ 45°-Karten	●										●	●
+ 15°-Karten	●	●	●							●	●	●
– 15°-Karten	●	●	●	●					●	●	●	●
– 45°-Karten	●	●	●	●	●	●	●	●	●	●	●	●
– 75°-Karten	●	●	●	●	●	●	●	●	●	●	●	●

Perseus
Perseus
(Per)

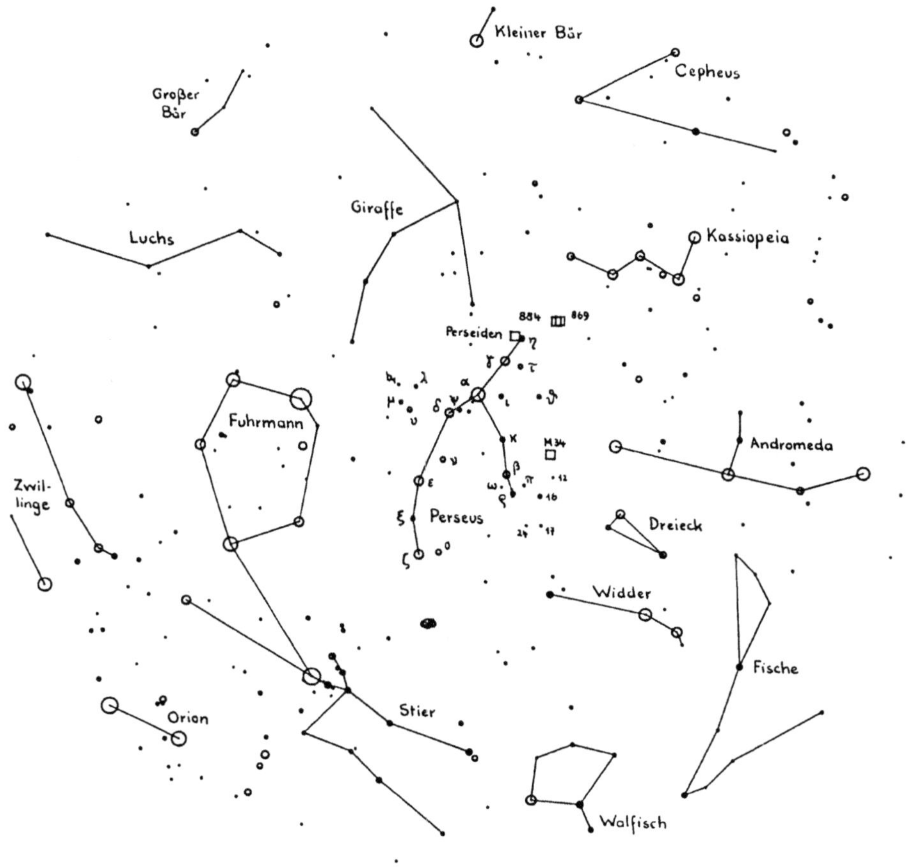

Mythologie und Geschichte

Medusa ist ein Ungeheuer der griechischen Mythologie, welches oft mit Schlangenhaaren und Flügeln dargestellt wird. Perseus besiegt Medusa und enthauptet sie. Das Haupt der Medusa gilt als abwehrendes Schildzeichen, denn jeder, der es anblickt, wird zu Stein. Aus dem Rumpf der enthaupteten Medusa entspringt Pegasus, das geflügelte Roß. Perseus rettet Andromeda aus den Klauen eines Seeungeheuers (= Walfisch, Cetus), er nimmt Andromeda zur Gemahlin und wird zum Gründer von Mykene.

Bemerkenswerte Objekte

α Per = Algenib

β Per ist ein weiß leuchtender veränderlicher Stern; er trägt den Namen Algol (= Dämonenhaupt). Seine Helligkeit schwankt zwischen $2{,}2^m$ und $3{,}5^m$. Die Periodendauer ist 2,9 Tage. Den Stern Algol zählt man zu den Bedeckungsveränderlichen.

ρ Per ist ein Doppelstern und ein veränderlicher Stern. Die Helligkeitsschwankungen liegen zwischen den Größenklassen $3{,}2^m$ und $4{,}1^m$. Die Periodendauer beträgt 910 Tage.

NGC 869 = h Per ist ein offener Sternhaufen, der etwa 300 Sterne enthält.
Scheinbarer Druchmesser: 30′
Helligkeit: $4{,}1^m$
Entfernung von der Erde: 7000 Lichtjahre

NGC 884 = χ Per ist ein offener Sternhaufen mit etwa 240 Sternen.
Scheinbarer Durchmesser: 30′
Helligkeit: $4{,}3^m$
Entfernung von der Erde: 7500 Lichtjahre

M 34 = NGC 1039 ist ein offener Sternhaufen; er enthält etwa 60 Sterne.
Scheinbarer Durchmesser: 30′
Helligkeit: $5{,}5^m$
Entfernung von der Erde: 1600 Lichtjahre

Perseiden Meteorstrom
Dauer: 20. Juli bis 19. August
Maximum: 11. August

Geographische Breite	Himmelskarten, auf denen das Sternbild zu finden ist											
	1	2	3	4	5	6	7	8	9	10	11	12
+ 75°-Karten	●	●	●	●	●	●	●	●	●	●	●	●
+ 45°-Karten	●	●	●	●	●	●	●	●	●	●	●	●
+ 15°-Karten	●	●	●	●					●	●	●	●
− 15°-Karten	●	●	●							●	●	●
− 45°-Karten	●										●	●
− 75°-Karten												

Pfau
Pavo
(Pav)

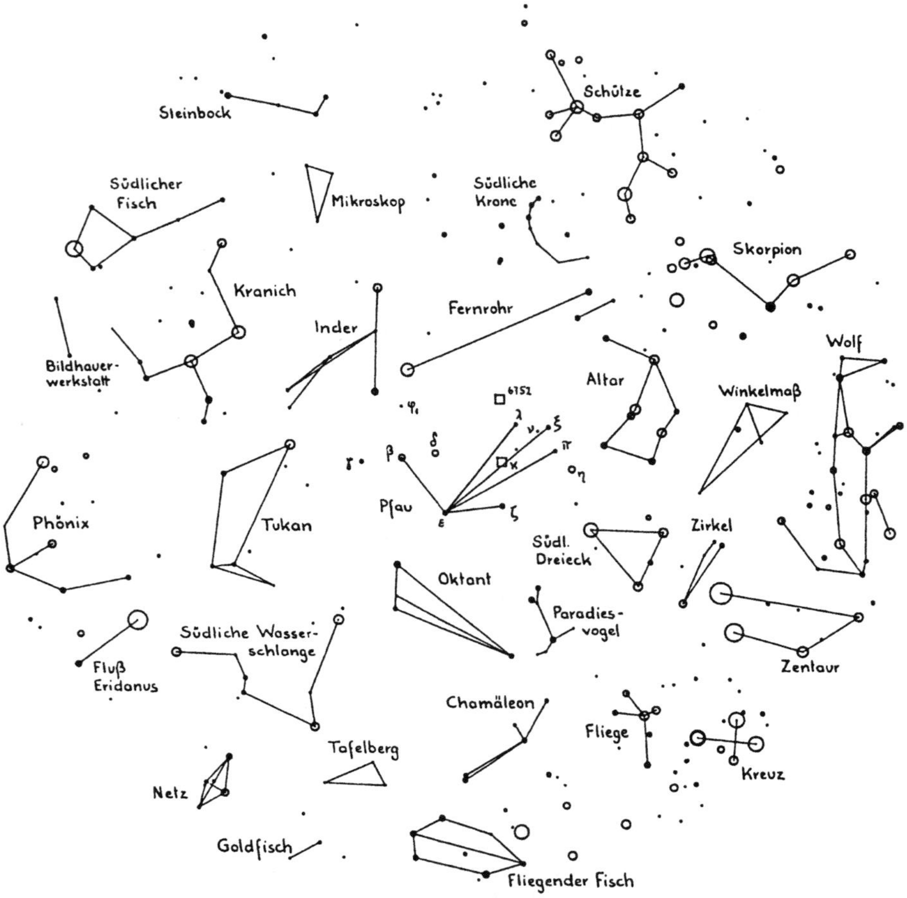

Mythologie und Geschichte

Der niederländische Seefahrer und Navigator Frederic Houtmann hat Ende des 16. Jahrhunderts eine Flotte nach Indonesien geführt und hat von dort eine Menge astronomischer Daten mitgebracht. Der deutsche Astronom Johann Bayer hat eine Reihe dieser Angaben in seinem Himmelskartenwerk Uranometria (1603) eingearbeitet. Auch der Pfau hat dort seinen Ursprung.

Bemerkenswerte Objekte

κ Pav ist ein veränderlicher Stern. Seine Helligkeit schwankt zwischen $4{,}2^m$ und $5{,}1^m$. Die Periodendauer beträgt 9,11 Tage.

NGC 6752 Kugelsternhaufen
Scheinbarer Durchmesser: 13,3′
Photographische Helligkeit: $4{,}5^m$

Geographische Breite	Himmelskarten, auf denen das Sternbild zu finden ist											
	1	2	3	4	5	6	7	8	9	10	11	12
+ 75°-Karten												
+ 45°-Karten												
+ 15°-Karten						●	●	●	●	●		
− 15°-Karten	●	●	●	●	●	●	●	●	●	●	●	●
− 45°-Karten	●	●	●	●	●	●	●	●	●	●	●	●
− 75°-Karten	●	●	●	●	●	●	●	●	●	●	●	●

Pfeil
Sagitta
(Sge)

Mythologie und Geschichte

Prometheus, ein freundlich gesinnter Titan, hat den Menschen das ihnen vorenthaltene Feuer gebracht und wurde von den Göttern zur Strafe für diese Tat an einen Felsen geschmiedet. Auch ein Adler bedrängt Prometheus. Herkules trifft den Adler mit einem Pfeil. Herkules, Adler und Pfeil sind auf der Sternbildkarte zu sehen.

Geographische Breite	Himmelskarten, auf denen das Sternbild zu finden ist											
	1	2	3	4	5	6	7	8	9	10	11	12
+ 75°-Karten	●	●	●	●	●	●	●	●	●	●	●	●
+ 45°-Karten					●	●	●	●	●	●	●	●
+ 15°-Karten					●	●	●	●	●	●	●	●
– 15°-Karten						●	●	●	●	●	●	
– 45°-Karten						●	●	●	●	●	●	
– 75°-Karten							●	●	●	●	●	

Phönix
Phoenix
(Phe)

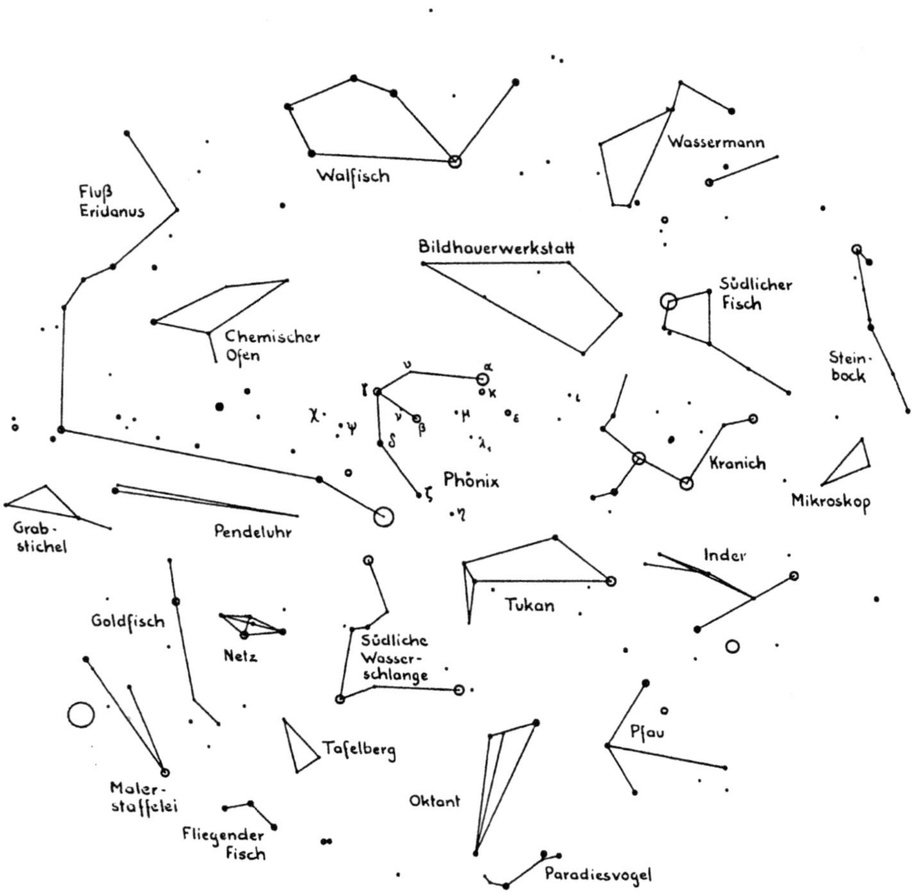

Mythologie und Geschichte

Phönix ist ein Sternbild neueren Datums. Es wurde vom deutschen Astronomen Bayer etwa um 1600 entworfen und eingeführt. Der Phönix ist ein altes Symbol der Erneuerung und Auferstehung und so auch ein Christussymbol der alten Kirche. Sobald der Phönix sein Ende nahen fühlt, gibt er sich freiwillig dem Flammentod preis, um aus der Asche neu zu erstehen.

Geographische Breite	Himmelskarten, auf denen das Sternbild zu finden ist											
	1	2	3	4	5	6	7	8	9	10	11	12
+ 75°-Karten												
+ 45°-Karten											●	●
+ 15°-Karten	●	●							●	●	●	●
– 15°-Karten	●	●	●					●	●	●	●	●
– 45°-Karten	●	●	●	●	●	●	●	●	●	●	●	●
– 75°-Karten	●	●	●	●	●	●	●	●	●	●	●	●

Rabe
Corvus
(Crv)

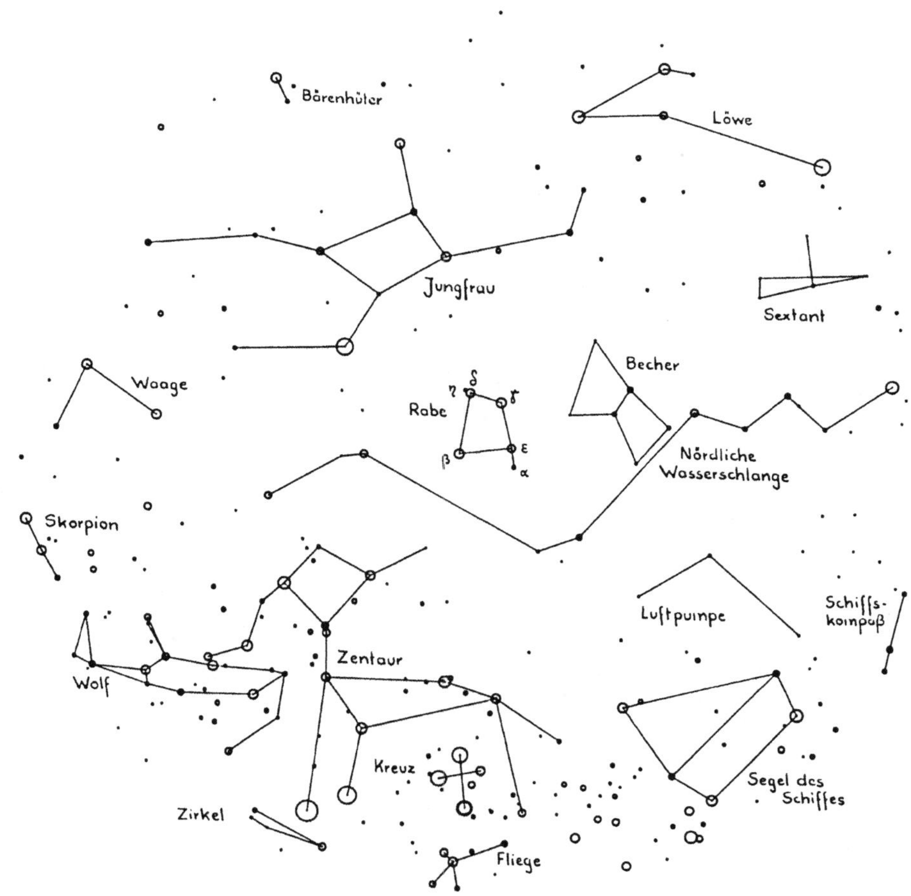

Mythologie und Geschichte

Eine Erzählung von Ovid verbindet die drei Sternbilder Nördliche Wasserschlange, Rabe und Becher. Apollo soll einen Raben mit einem goldenen Becher ausgeschickt haben, damit er ihm von einer weit entfernten Quelle frisches Wasser bringt. Der Rabe aber labt sich auf seinem Weg an einem Feigenbaum und verspätet sich. Bei seiner Rückkehr belügt er Apollo – es hätte ihn eine riesengroße Wasserschlange gehindert, den göttlichen Auftrag zu erfüllen.

Bemerkenswerte Objekte

δ *Crv* ist ein hellgelber Stern und heißt Algorab.

Geographische Breite	Himmelskarten, auf denen das Sternbild zu finden ist											
	1	2	3	4	5	6	7	8	9	10	11	12
+ 75°-Karten			●	●	●	●						
+ 45°-Karten			●	●	●	●	●					
+ 15°-Karten		●	●	●	●	●	●	●				
– 15°-Karten		●	●	●	●	●	●	●				
– 45°-Karten	●	●	●	●	●	●	●	●				
– 75°-Karten	●	●	●	●	●	●	●	●	●	●	●	●

Schiffskompaß
Pyxis
(Pyx)

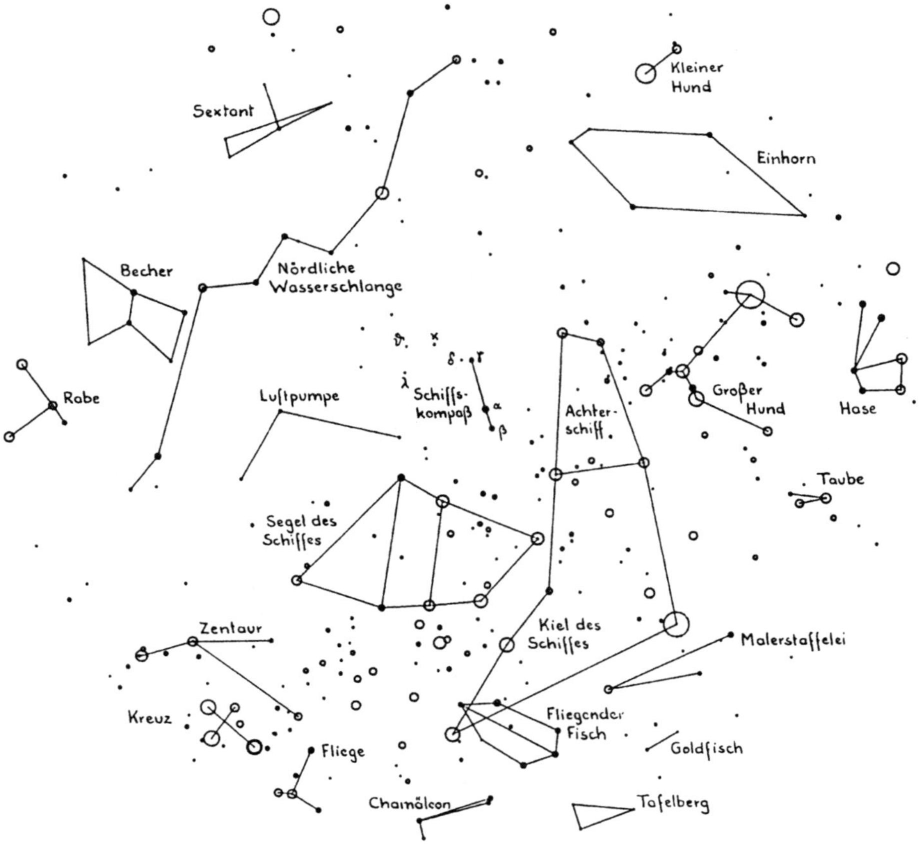

Mythologie und Geschichte

Der französische Astronom Abbé Nicolas Louis de Lacaille hat in den Jahren 1751 bis 1754 am Kap der Guten Hoffnung astronomische Beobachtungen durchgeführt und einen Katalog des südlichen Sternenhimmels herausgegeben. Das Sternbild Schiffskompaß geht auf seine Arbeiten zurück.

Geographische Breite	Himmelskarten, auf denen das Sternbild zu finden ist											
	1	2	3	4	5	6	7	8	9	10	11	12
+ 75°-Karten												
+ 45°-Karten	●	●	●	●	●							
+ 15°-Karten	●	●	●	●	●	●						●
− 15°-Karten	●	●	●	●	●	●	●				●	●
− 45°-Karten	●	●	●	●	●	●	●	●		●	●	●
− 75°-Karten	●	●	●	●	●	●	●	●	●	●	●	●

Schlange
Serpens
(Ser)

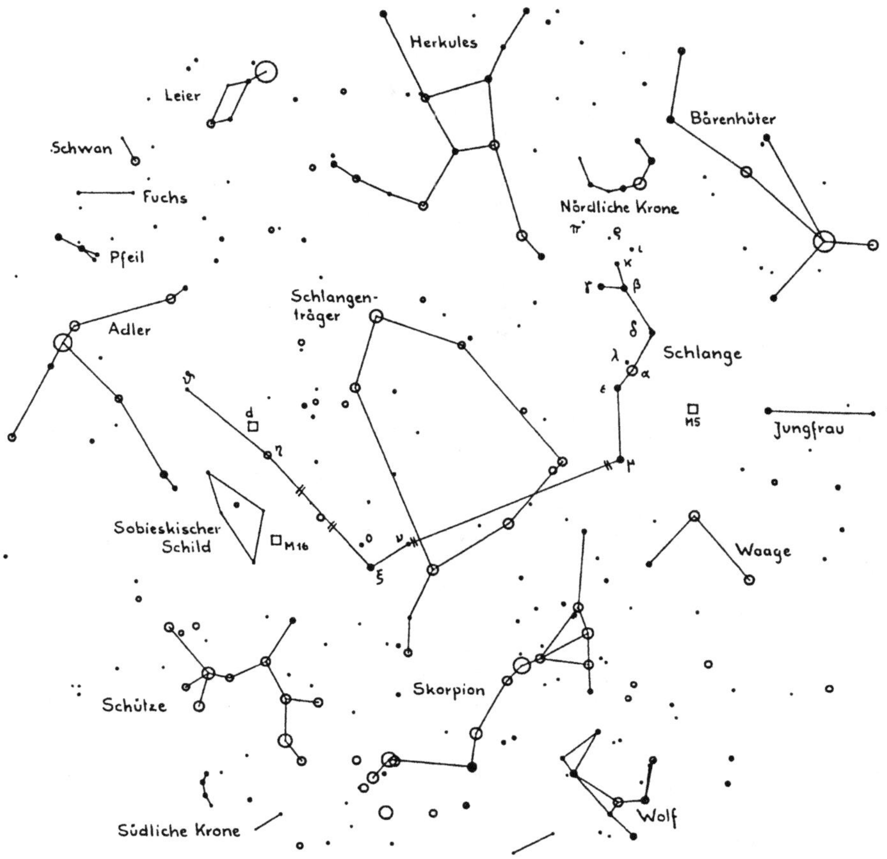

Mythologie und Geschichte

Das Sternbild der Schlange und das des Schlangenträgers sind als Konfiguration eng miteinander verbunden. Der Schlangenträger war schon den Römern und auch den frühen Griechen bekannt. Die griechische Fabel bringt ihn nämlich mit dem Gott der Heilkunst (Asklepios, Äskulap) in Zusammenhang. Er trägt in seinen Händen die Schlange als Symbol der Wachsamkeit und Klugheit.

Bemerkenswerte Objekte

α Ser ist ein hellgelb leuchtender Stern. Er trägt den Namen Unuk.

δ Ser ist ein Doppelstern. Die Helligkeiten der Komponenten sind $3{,}0^m$ und $4{,}0^m$. Der Doppelsternabstand beträgt 4″.

ϑ Ser ist ein Doppelstern. Die Helligkeiten der Komponenten sind $4{,}0^m$ und $4{,}2^m$. Der Doppelsternabstand beträgt 22″.

d Ser ist ein veränderlicher Stern. Seine Helligkeit schwankt zwischen $4{,}9^m$ und $5{,}6^m$. Die Periodendauer ist unregelmäßig.

M 5 = NGC 5904 ist ein Kugelsternhaufen
Scheinbarer Durchmesser: 5′
Visuelle Helligkeit: 6^m
Entfernung von der Erde: 30 000 Lichtjahre

M 16 = NGC 6611 ist ein offener Sternhaufen und ein Gasnebel. Der Gasnebel hat eine Gesamtmasse, die der 300fachen Sonnenmasse entspricht.
Scheinbarer Durchmesser: 12′
Helligkeit: $6{,}1^m$
Entfernung von der Erde: 6000 Lichtjahre

Geographische Breite	Himmelskarten, auf denen das Sternbild zu finden ist											
	1	2	3	4	5	6	7	8	9	10	11	12
+ 75°-Karten					●	●	●	●	●	●		
+ 45°-Karten					●	●	●	●	●	●		
+ 15°-Karten					●	●	●	●	●	●		
− 15°-Karten					●	●	●	●	●			
− 45°-Karten					●	●	●	●	●			
− 75°-Karten				●	●	●	●	●	●			

Die Konturen der Sternbilder Schlange und Schlangenträger durchdringen in unserer Kartendarstellung einander. Genaugenommen gehört jedoch der durch Doppelstriche // abgegrenzte Teil der Schlange zum Sternbild des Schlangenträgers.

Schlangenträger
Ophiuchus
(Oph)

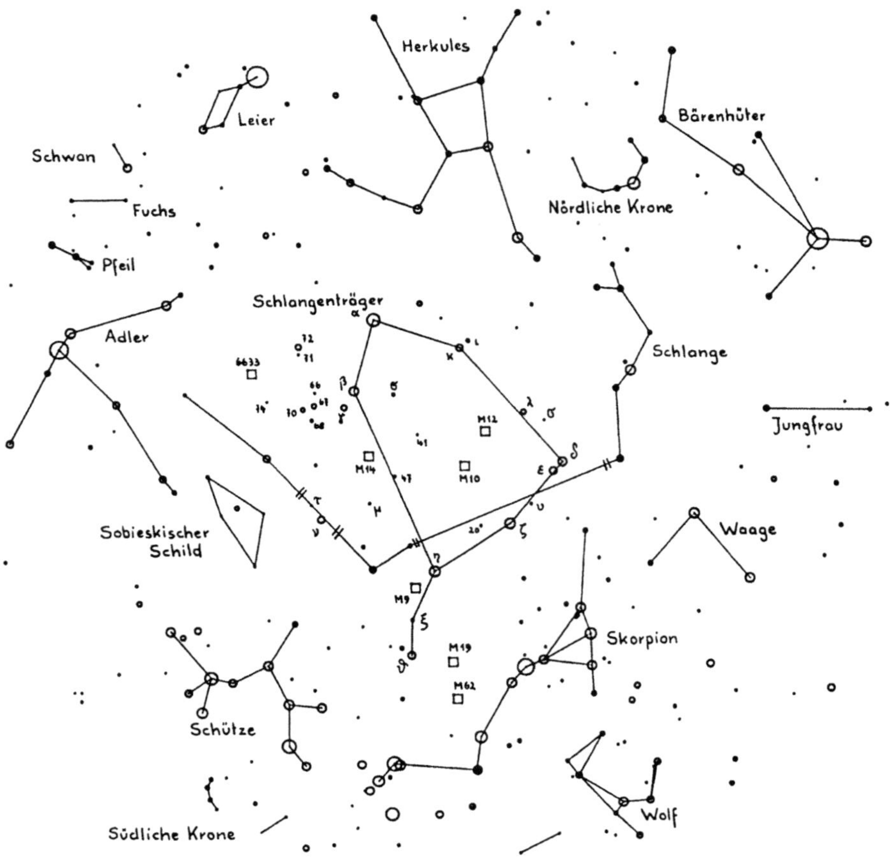

Mythologie und Geschichte

Das Sternbild der Schlange und das des Schlangenträgers sind als Konfiguration eng miteinander verbunden. Der Schlangenträger war schon den Römern und auch den frühen Griechen bekannt. Die griechische Fabel bringt ihn mit dem Gott der Heilkunst (Asklepios, Äskulap) in Zusammenhang. Er trägt in seinen Händen die Schlange als Symbol der Wachsamkeit und Klugheit. Er setzt seinen Fuß auf den unter ihm befindlichen Skorpion. Die Bezeichnung dieses Sternbildes als Schlangenträger dürfte auf den griechischen Astronomen und Philosophen Eudoxos von Knidos zurückgehen. Eudoxos, ein Schüler Platons, hat um 350 v. Chr. eine viel beachtete Theorie der Planetenbewegung aufgestellt, er war ein Begründer der wissenschaftlichen Stereometrie und hat die Krümmung der Erdoberfläche erkannt. In der babylonischen Astronomie war der Schlangenträger der „Fürst der Schlangen".

Bemerkenswerte Objekte

α Oph leuchtet saphirfarben. Er heißt Ras Alhague, was soviel wie „Haupt des Schlangenbändigers" bedeutet.

λ *Oph* ist ein gelblichweiß leuchtender Doppelstern. Die beiden Sterne, die hier umeinander kreisen, haben die 9fache (!) und die 7fache (!) Sonnenmasse. In 130 Jahren ist ein Umlauf beendet. Dieses System ist 217 Lichtjahre von uns entfernt.

70 Oph ist ein visueller Doppelstern, dessen Sterne mit der 1fachen bzw. der 0,7fachen Sonnenmasse in 88 Jahren einander umlaufen. Von uns aus erscheinen sie mit einer Helligkeit von $4{,}3^m$ bzw. $6{,}0^m$. Sie sind 17 Lichtjahre von der Erde entfernt.

M 12 = NGC 6218 Kugelsternhaufen
Scheinbarer Durchmesser: 7′
Wirklicher Durchmesser: 46 Lichtjahre
Visuelle Helligkeit: $6{,}7^m$
Entfernung von der Erde: 22 000 Lichtjahre

M 10 = NGC 6254 Kugelsternhaufen
Scheinbarer Durchmesser: 8,2′
Visuelle Helligkeit: $6{,}7^m$
M 62 = NGC 6266 Kugelsternhaufen
Scheinbarer Durchmesser: 3,3′
Wirklicher Durchmesser: 26 Lichtjahre
Visuelle Helligkeit: $6{,}7^m$
Entfernung von der Erde: 28 000 Lichtjahre
M 19 = NGC 6273 Kugelsternhaufen
Scheinbarer Durchmesser: 3,5′
Wirklicher Durchmesser: 23 Lichtjahre
Visuelle Helligkeit: $6{,}9^m$
Entfernung von der Erde: 24 000 Lichtjahre
M 9 = NGC 6333 Kugelsternhaufen
Scheinbarer Durchmesser: 2,4′
Visuelle Helligkeit: $7{,}3^m$
M 14 = NGC 6402 Kugelsternhaufen
Scheinbarer Durchmesser: 3,0′
Visuelle Helligkeit: $7{,}7^m$
NGC 6633 offener Sternhaufen
Scheinbarer Durchmesser: 20′
Helligkeit: $4{,}9^m$

Geographische Breite	Himmelskarten, auf denen das Sternbild zu finden ist											
	1	2	3	4	5	6	7	8	9	10	11	12
+ 75°-Karten						●	●	●	●			
+ 45°-Karten					●	●	●	●	●	●		
+ 15°-Karten					●	●	●	●	●	●		
− 15°-Karten					●	●	●	●	●	●		
− 45°-Karten					●	●	●	●	●	●		
− 75°-Karten					●	●	●	●	●	●		

Die Konturen der Sternbilder Schlange und Schlangenträger durchdringen in unserer Kartendarstellung einander. Genaugenommen gehört jedoch der durch Doppelstriche // abgegrenzte Teil der Schlange zum Sternbild des Schlangenträgers.

Schütze
Sagittarius
(Sgr)

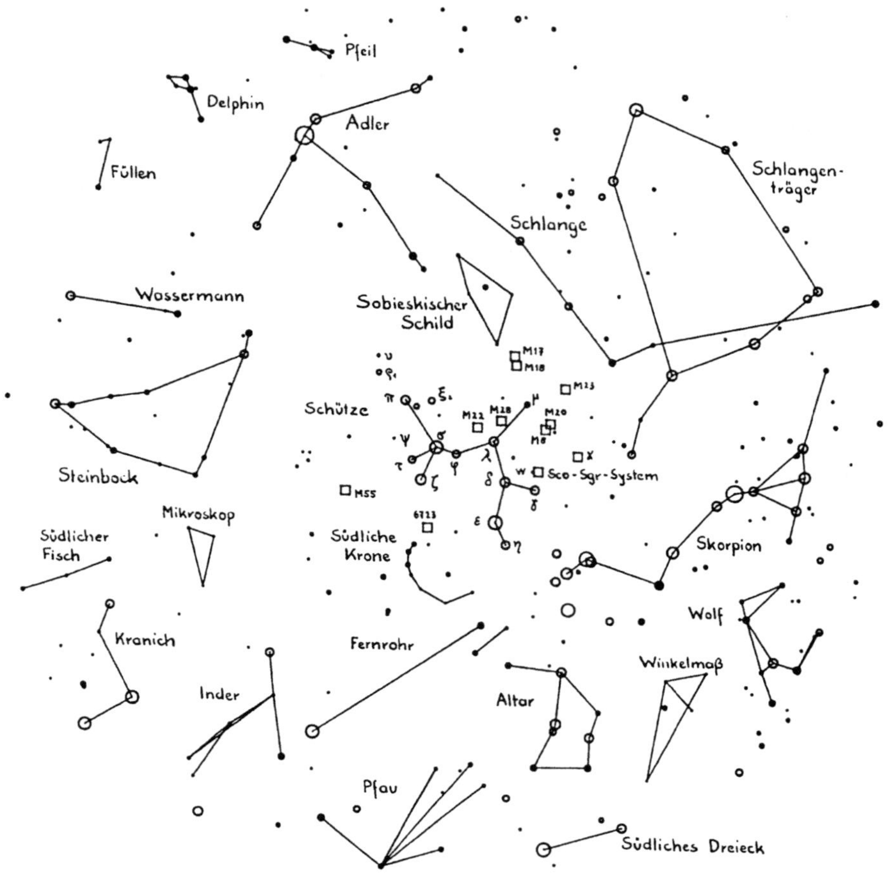

Mythologie und Geschichte

Dieses Sternbild hat eine alte Geschichte. Vor 3000 Jahren deutete man es in Indien als Pferd. Ein Zeugnis eines griechischen Astronomen aus der Zeit um 500 v. Chr. stützt die Vermutung, daß der Schütze im Kulturkreis des Euphrat entstanden ist. Die Römer nannten ihn Sagittarius oder Sagittifer. Cicero bezeichnete ihn auch mit Sagittipotens oder Arcus. Die Ägypter deuteten das Sternbild als Pfeil in einer menschlichen Hand. Eine Legende berichtet, daß der Schütze ein Zentaur und der Begründer der Reitkunst gewesen sein soll; nach einer anderen Geschichte soll er die Bogenwaffe erfunden haben.

Im Kaukasusgebiet wurde eine Felszeichnung aus dem 3. Jahrtausend v. Chr. entdeckt, die das Sternbild des Skorpions und des Schützen in ihrer typischen Sternanordnung zeigt. Die Sterne sind je nach ihrer Helligkeit als unterschiedlich große Kreise dargestellt.

Bemerkenswerte Objekte

W Sgr ist ein veränderlicher Stern. Seine Helligkeit schwankt zwischen $4{,}7^m$ und $6{,}1^m$. Die Periodendauer ist 7,59 Tage.

X Sgr ist ein veränderlicher Stern. Seine Helligkeit schwankt zwischen $4{,}8^m$ und $5{,}9^m$. Die Periodendauer ist 7,01 Tage.

M 23 = NGC 6494 offener Sternhaufen mit 120 Sternen.
Scheinbarer Durchmesser: 25′
Visuelle Helligkeit: $6{,}9^m$

M 20 = NGC 6514 = Trifid-Nebel Diffuser Nebel
Scheinbarer Durchmesser: 15′
Helligkeit: $6{,}9^m$
Gesamtmasse des Nebels: 300fache Sonnenmasse
Entfernung von der Erde: 5000 Lichtjahre

M 8 = NGC 6523 = Lagoon-Nebel Diffuser Nebel
Scheinbarer Durchmesser: 25′
Helligkeit: $6{,}8^m$
Gesamtmasse des Nebels: 3000fache Sonnenmasse
Entfernung zur Erde: 5000 Lichtjahre

M 18 = NGC 6613 Offener Sternhaufen
Der Sternhaufen besteht etwa aus 12 Sternen.
Scheinbarer Durchmesser: 12′
Visuelle Helligkeit: $7{,}5^m$
M 17 = NGC 6618 = Omega-Nebel ist ein diffuser Nebel. Die Masse des Nebels entspricht der 1000fachen Sonnenmasse.
Scheinbarer Durchmesser: 20′
Helligkeit: $8{,}9^m$
Entfernung von der Erde: 6000 Lichtjahre
M 28 = NGC 6626 Kugelsternhaufen
Scheinbarer Durchmesser: 4,7′
Visuelle Helligkeit: $7{,}3^m$
M 22 = NGC 6656 Kugelsternhaufen
Scheinbarer Durchmesser: 10′
Wirklicher Durchmesser: 29 Lichtjahre
Visuelle Helligkeit: $5{,}1^m$
Entfernung von der Erde: 10 000 Lichtjahre
NGC 6723 Kugelsternhaufen
Scheinbarer Durchmesser: 5,8′
Photographische Helligkeit: $6{,}0^m$
M 55 = NGC 6809 Kugelsternhaufen
Scheinbarer Durchmesser: 8,2′
Wirklicher Durchmesser: 52 Lichtjahre
Visuelle Helligkeit: $6{,}3^m$
Entfernung von der Erde: 22 000 Lichtjahre
Sco-Sgr-System Meteorstrom
Dauer: 20. April bis 30. Juli
Maximum: 14. Juni

Geographische Breite	Himmelskarten, auf denen das Sternbild zu finden ist											
	1	2	3	4	5	6	7	8	9	10	11	12
+ 75°-Karten												
+ 45°-Karten						●	●	●	●	●		
+ 15°-Karten					●	●	●	●	●	●	●	
– 15°-Karten					●	●	●	●	●	●	●	
– 45°-Karten				●	●	●	●	●	●	●	●	●
– 75°-Karten	●	●	●	●	●	●	●	●	●	●	●	●

Schwan
Cygnus
(Cyg)

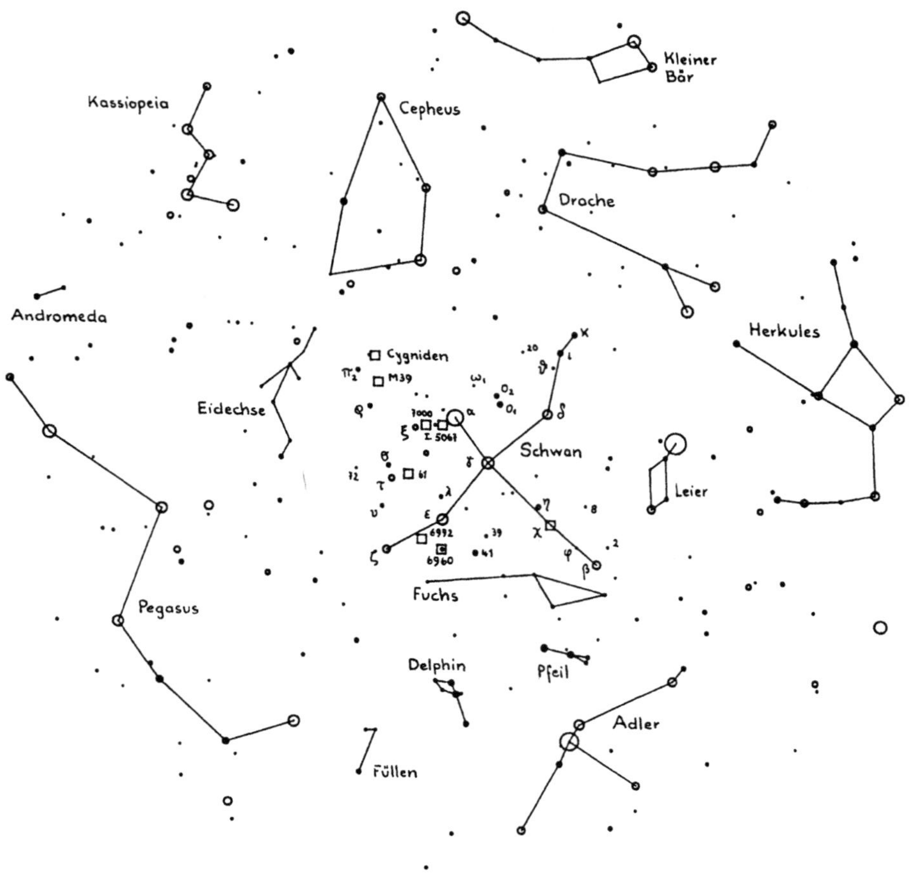

Mythologie und Geschichte

Das Sternbild des Schwans geht auf die Euphrat-Kultur zurück; Inschrifttafeln zeigen einen stellaren Vogel, der auch als Urbild des arabischen Riesenvogels „Rock" angesehen wurde. In Arabien ist das Sternbild auch als fliegender Adler gedeutet worden. In späterer Zeit wurde es zum Kreuz Christi christianisiert, und manchmal nannte man es auch zutreffenderweise nördliches Kreuz.

Das Sternbild ist in mythische Erzählungen eingebunden; man identifiziert den Schwan mit Kyknos, einem Freund Phaethons. Phaethon stürzt – von einem Blitz getroffen – vom Sonnenwagen in den Fluß Eridanus. Der trauernde Freund wird von den Göttern als Schwan ans Firmament versetzt. Seine Klagelieder soll man als Schwanengesang vernommen haben. Eine andere Sage sieht im Schwan die Gestalt von Zeus, in der er sich der schönen Leda genähert hat.

Bemerkenswerte Objekte

α Cyg ist ein weiß leuchtender Stern und trägt den Namen Deneb, eine arabische Bezeichnung für „Schwanz der Henne".

β Cyg ist ein topasgelb leuchtender Doppelstern. Er trägt den etymologisch nicht nachweisbaren Namen Albireo. Die Helligkeiten der Komponenten sind $3{,}0^m$ und $5{,}3^m$. Der Doppelsternabstand beträgt 35″.

δ Cyg ist ein visueller Doppelstern, dessen zwei Sterne mit 2,1facher und 1,3facher Sonnenmasse in 537 Jahren einander umkreisen. Die visuelle Helligkeit dieser Sterne ist $3{,}0^m$ und $6{,}6^m$. Von unserem Sonnensystem sind sie 155 Lichtjahre entfernt.

τ Cyg ist ein visueller Doppelstern. Es kreisen Sterne mit 1,5facher und 1,1facher Sonnenmasse umeinander. Die Umlaufzeit beträgt 50 Jahre, ihre Entfernung von uns 71 Lichtjahre. Die visuelle Helligkeit dieser Sterne ist $3{,}8^m$ und $6{,}4^m$.

χ Cyg ist ein veränderlicher Stern. Seine Helligkeit schwankt zwischen $4{,}2^m$ und $14{,}0^m$. Die Periodendauer beträgt 413 Tage.

61 Cyg ist ein Doppelstern. Die Helligkeitskomponenten sind $5{,}3^m$ und $5{,}9^m$. Der Doppelsternabstand beträgt 25″.

NGC 6960 = Cirrus-Nebel = Schleiernebel Diffuser Nebel
Durchmesser: 6′ × 70′

NGC 6992 = Cirrus-Nebel = Schleiernebel Diffuser Nebel
Durchmesser: 8′ × 78′

NGC 7000 = Nordamerika-Nebel ist ein diffuser Nebel, dessen Gesamtmasse gleich der 3000fachen Sonnenmasse ist. Der Nordamerikanebel ist 2600 Lichtjahre von der Erde entfernt.
Scheinbarer Durchmesser: 80′
Helligkeit: $1{,}33^m$

M 39 = NGC 7092 ist ein offener Sternhaufen mit etwa 20 Sternen.
Scheinbarer Durchmesser: 30′
Helligkeit: $5{,}2^m$
Entfernung von der Erde: 800 Lichtjahre

Segel des Schiffes
Vela
(Vel)

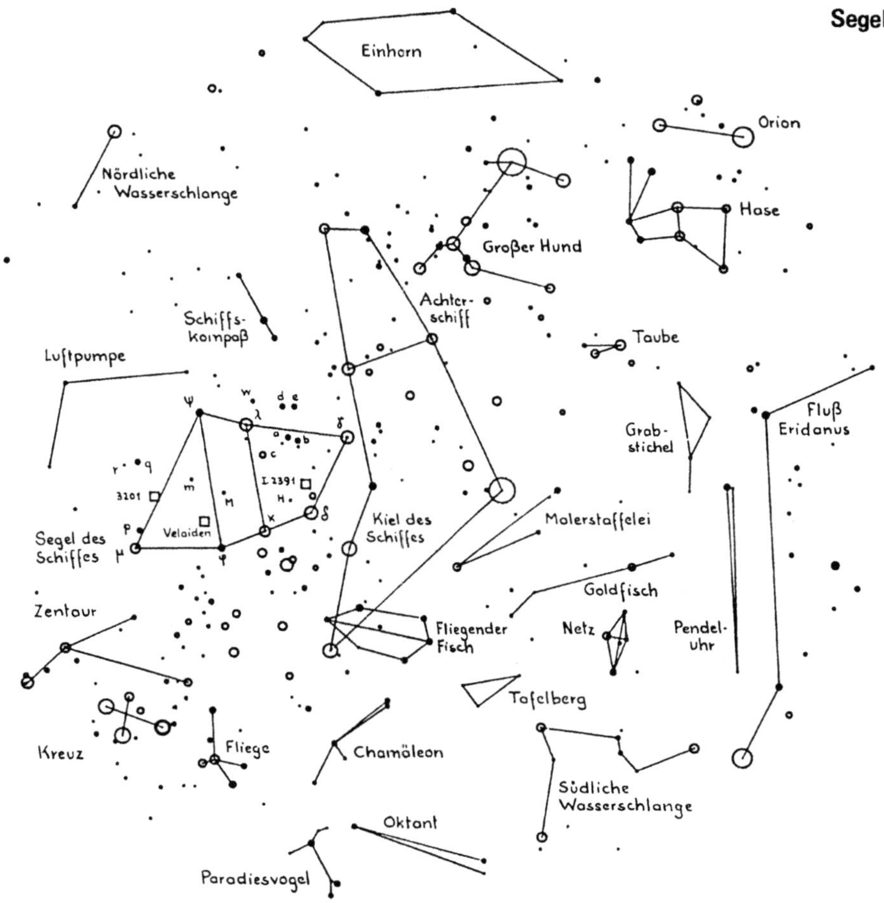

Mythologie und Geschichte

Hier bilden mehrere Sternkonfigurationen eine Einheit: der Kiel des Schiffes (Carina), das Achterschiff (Puppis), das Segel des Schiffes (Vela) und der Fliegende Fisch (Volans). Diese Sterngruppe stellt das berühmte Schiff der Argonauten dar. Es wurde von Argus in Thessalien gebaut, um das Goldene Vlies aus Kolchis zu holen. Das Goldene Vlies ist am Himmel zu sehen, es ist das goldene Fell des Widders (Aries).

Bemerkenswerte Objekte

NGC 3201 ist ein Kugelsternhaufen mit einem scheinbaren Durchmesser von 7,7′. Seine photographische Helligkeit ist $7{,}4^m$.

NGC I. 2391 ist ein offener Sternhaufen mit einem Durchmesser von 20′. Seine Helligkeit ist $2{,}6^m$.

Velaiden Meteorstrom
Dauer: 5. Dezember bis 7. Januar
Maximum: 29. Dezember

Geographische Breite	Himmelskarten, auf denen das Sternbild zu finden ist											
	1	2	3	4	5	6	7	8	9	10	11	12
+ 75°-Karten												
+ 45°-Karten			●	●								
+ 15°-Karten	●	●	●	●	●							
− 15°-Karten	●	●	●	●	●	●	●					●
− 45°-Karten	●	●	●	●	●	●	●	●	●	●	●	●
− 75°-Karten	●	●	●	●	●	●	●	●	●	●	●	●

Schwan (Fortsetzung)

NGC I.5067 = Pelikan-Nebel Diffuser Nebel
Scheinbarer Durchmesser: 75′ × 85′
Helligkeit: $1{,}33^m$
Cygniden Meteorstrom
Dauer: 25. Juli bis 8. September
Maximum: 16. August

Geographische Breite	Himmelskarten, auf denen das Sternbild zu finden ist											
	1	2	3	4	5	6	7	8	9	10	11	12
+ 75°-Karten	●	●	●	●	●	●	●	●	●	●	●	●
+ 45°-Karten	●	●	●	●	●	●	●	●	●	●	●	●
+ 15°-Karten						●	●	●	●	●	●	●
− 15°-Karten							●	●	●	●	●	
− 45°-Karten								●	●			
− 75°-Karten												

Sextant
Sextans
(Sex)

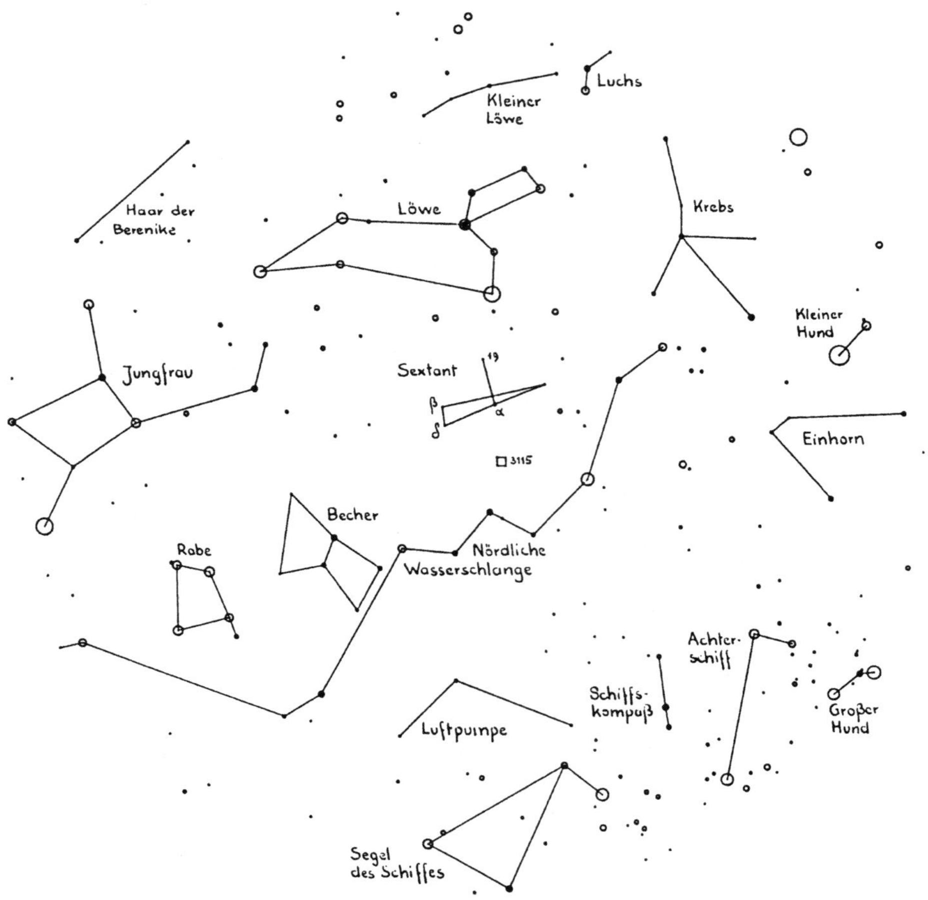

Bemerkenswerte Objekte

NGC 3115 ist eine externe Galaxie mit einer visuellen Helligkeit von $9{,}3^m$. Der größte und kleinste scheinbare Durchmesser dieses ovalen Wölkchens ist 4′ bzw. 1,2′. In Wirklichkeit ist die Galaxie so groß, daß ein Lichtstrahl 16 000 Jahre braucht, um sie zu durchqueren. Sie ist 13 Millionen Lichtjahre von der Erde entfernt.

Geographische Breite	Himmelskarten, auf denen das Sternbild zu finden ist											
	1	2	3	4	5	6	7	8	9	10	11	12
+ 75°-Karten	●	●	●	●	●	●	●	●				●
+ 45°-Karten	●	●	●	●	●	●	●					
+ 15°-Karten	●	●	●	●	●	●	●					
– 15°-Karten	●	●	●	●	●	●	●					
– 45°-Karten	●	●	●	●	●	●	●					
– 75°-Karten	●	●	●	●	●	●	●	●				

Skorpion
Scorpius
(Sco)

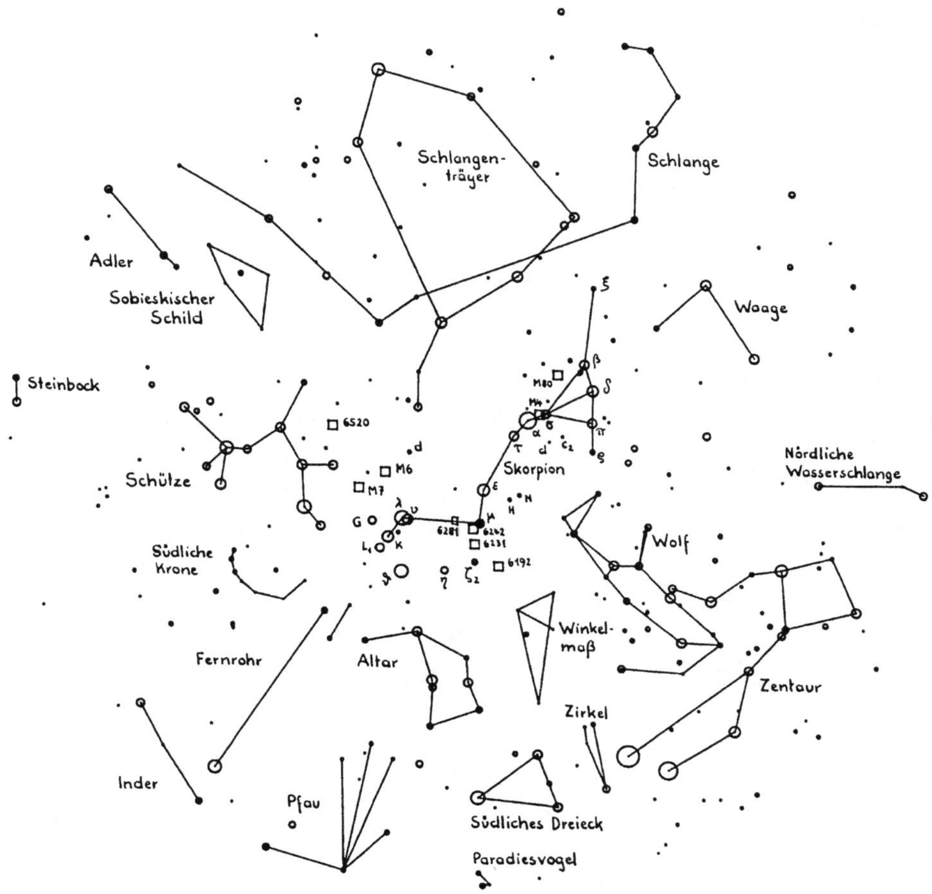

Mythologie und Geschichte

Der Skorpion ist mit der Orionsage verbunden. Orion war ein stolzer Held und Jäger. Er wollte alle wilden Tiere und Ungeheuer der Erde töten und hat sich dadurch den Zorn der Göttin Diana zugezogen. Auf den Befehl der Göttin hat ihn ein giftiger Skorpion durch einen Stich in die Ferse getötet. Orion ist auch heute noch auf der Flucht vor diesem Skorpion, denn wenn der Skorpion am Osthimmel aufgeht, geht der Orion im Westen unter. Im Kaukasusgebiet wurde eine Felszeichnung aus dem 3. Jahrtausend v. Chr. entdeckt, die das Sternbild des Skorpion und des Schützen in ihrer typischen Sternanordnung zeigt. Die Sterne sind je nach ihrer Helligkeit als unterschiedlich große Kreise dargestellt.

Bemerkenswerte Objekte

α Sco ist ein feurigroter Doppelstern mit dem Namen Antares. Antares heißt soviel wie „Gegenspieler des Ares" oder der Rivale des Mars. Die Helligkeiten der Komponenten sind $1{,}2^m$ und $6{,}8^m$. Der Doppelsternabstand beträgt 3″.

M 80 = NGC 6093 Kugelsternhaufen
Scheinbarer Durchmesser: 3,3′
Visuelle Helligkeit: $7{,}7^m$

M 4 = NGC 6121 ist ein Kugelsternhaufen mit einem tatsächlichen Durchmesser von 29 Lichtjahren. Er steht 10 000 Lichtjahre von uns entfernt, und sein scheinbarer Durchmesser ist daher unter einem Winkel von 10′ zu sehen. Seine visuelle Helligkeit ist etwa 6^m.

NGC 6192 Offener Sternhaufen
Scheinbarer Durchmesser: 7′
Helligkeit: $8{,}7^m$

NGC 6231 Offener Sternhaufen
Scheinbarer Durchmesser: 15′
Helligkeit: $8{,}5^m$

NGC 6242 Offener Sternhaufen
Scheinbarer Durchmesser: 10′
Helligkeit: $8{,}1^m$

NGC 6281 Offener Sternhaufen
Scheinbarer Durchmesser: 9′
Helligkeit: $8{,}6^m$

M 6 = NGC 6405 Offener Sternhaufen mit etwa 50 Sternen
Scheinbarer Durchmesser: 25′
Visuelle Helligkeit: $5{,}3^m$

M 7 = NGC 6475 Offener Sternhaufen
Scheinbarer Durchmesser: 60′
Helligkeit: $3{,}2^m$

NGC 6520 Offener Sternhaufen
Scheinbarer Durchmesser: 5′
Helligkeit: $8{,}1^m$

Sobieskischer Schild
Scutum
(Sct)

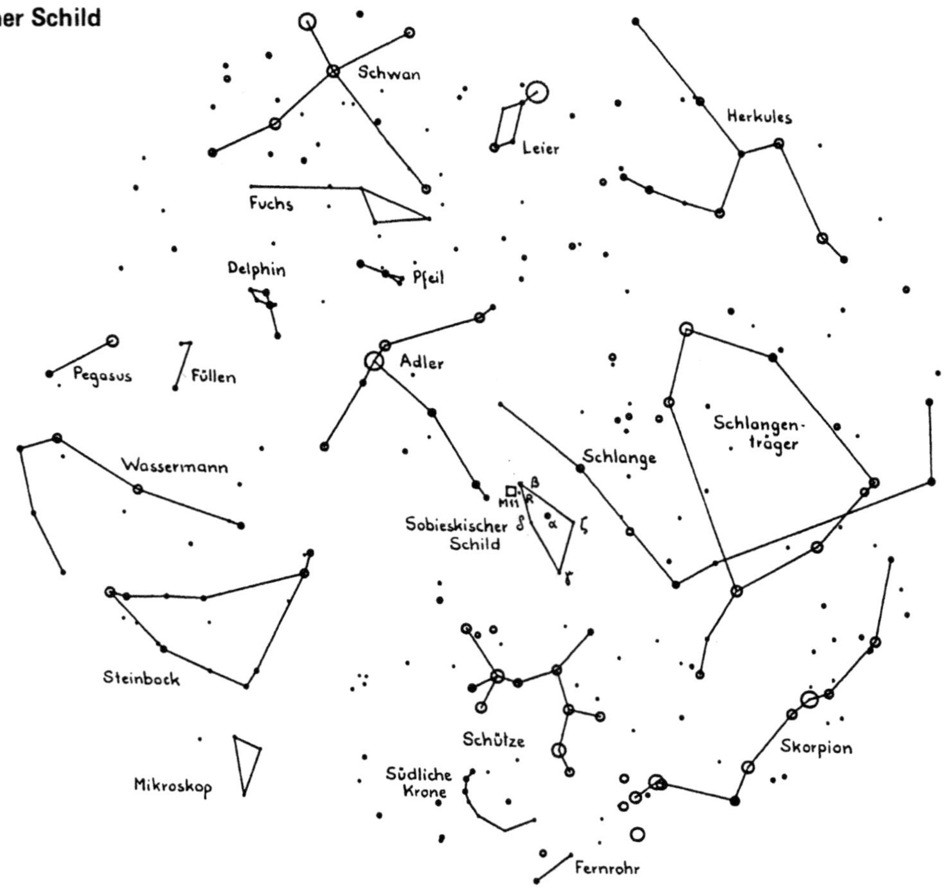

Mythologie und Geschichte

Dieses Sternbild stellt den Schild von Johann Sobieski, dem König von Polen dar, der am 12. September 1683 in der Schlacht am Kahlenberg die Türken vor Wien zurückschlug.

Bemerkenswerte Objekte

R Sct ist ein veränderlicher Stern. Seine Helligkeit schwankt zwischen $4{,}5^m$ und $9{,}0^m$. Die Periodendauer beträgt 146 Tage.

M 11 = NGC 6705 Offener Sternhaufen mit etwa 200 Sternen
Scheinbarer Durchmesser: 10′
Helligkeit: $6{,}3^m$

Geographische Breite	Himmelskarten, auf denen das Sternbild zu finden ist											
	1	2	3	4	5	6	7	8	9	10	11	12
+ 75°-Karten					●	●	●	●	●	●	●	
+ 45°-Karten					●	●	●	●	●	●	●	
+ 15°-Karten					●	●	●	●	●	●	●	
− 15°-Karten					●	●	●	●	●	●	●	
− 45°-Karten					●	●	●	●	●	●	●	
− 75°-Karten					●	●	●	●	●	●		

Skorpion (Fortsetzung)

Geographische Breite	Himmelskarten, auf denen das Sternbild zu finden ist											
	1	2	3	4	5	6	7	8	9	10	11	12
+ 75°-Karten												
+ 45°-Karten						●	●	●	●			
+ 15°-Karten					●	●	●	●	●			
− 15°-Karten				●	●	●	●	●	●	●		
− 45°-Karten			●	●	●	●	●	●	●	●		
− 75°-Karten	●	●	●	●	●	●	●	●	●	●	●	●

Steinbock
Capricornus
(Cap)

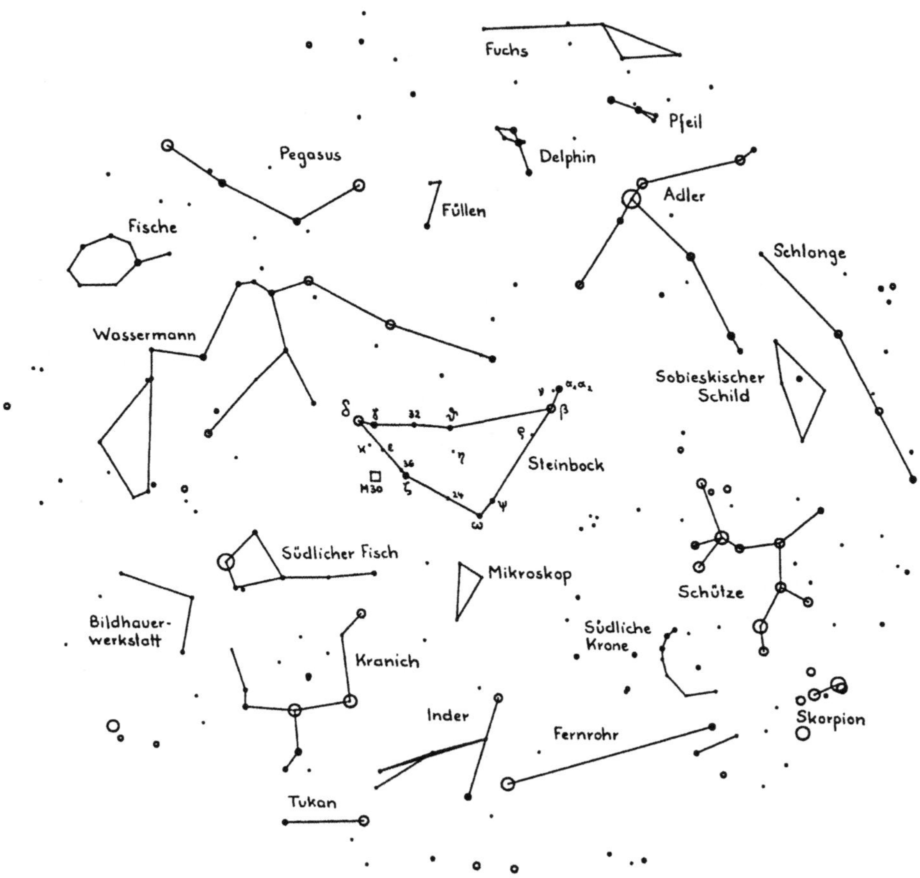

Mythologie und Geschichte

Die figurale Darstellung des Sternbildes zeigt stets das Haupt und den Körper eines Steinbocks (oder auch einer Ziege), der in einer Fischflosse endet. Diese seltsame Darstellung als Halbwassertier ist durch lange Epochen unverändert erhalten geblieben. Manuskripte vom zweiten bis zum fünfzehnten Jahrhundert, ein syrisches Siegel aus dem Jahr 187 v. Chr. und frühe babylonische Zeugnisse, die bis auf 1200 v. Chr. zurückgehen, zeigen die gleiche Figur.

Bemerkenswerte Objekte

α_1, α_2 *Cap* sind gelb leuchtende Doppelsterne.
Helligkeit: $3{,}2^m$ und $4{,}2^m$
Doppelsternabstand: 376″

γ *Cap = Deneb Algedi* ist eine arabische Bezeichnung für „Schwanz des Steinbocks".

M 30 = NGC 7099 Kugelsternhaufen
Scheinbarer Durchmesser: 5,7′
Visuelle Helligkeit: $8{,}4^m$

Geographische Breite	Himmelskarten, auf denen das Sternbild zu finden ist											
	1	2	3	4	5	6	7	8	9	10	11	12
+ 75°-Karten								●	●	●		
+ 45°-Karten							●	●	●	●	●	
+ 15°-Karten							●	●	●	●	●	●
− 15°-Karten						●	●	●	●	●	●	●
− 45°-Karten	●					●	●	●	●	●	●	●
− 75°-Karten	●	●	●	●	●	●	●	●	●	●	●	●

Stier
Taurus
(Tau)

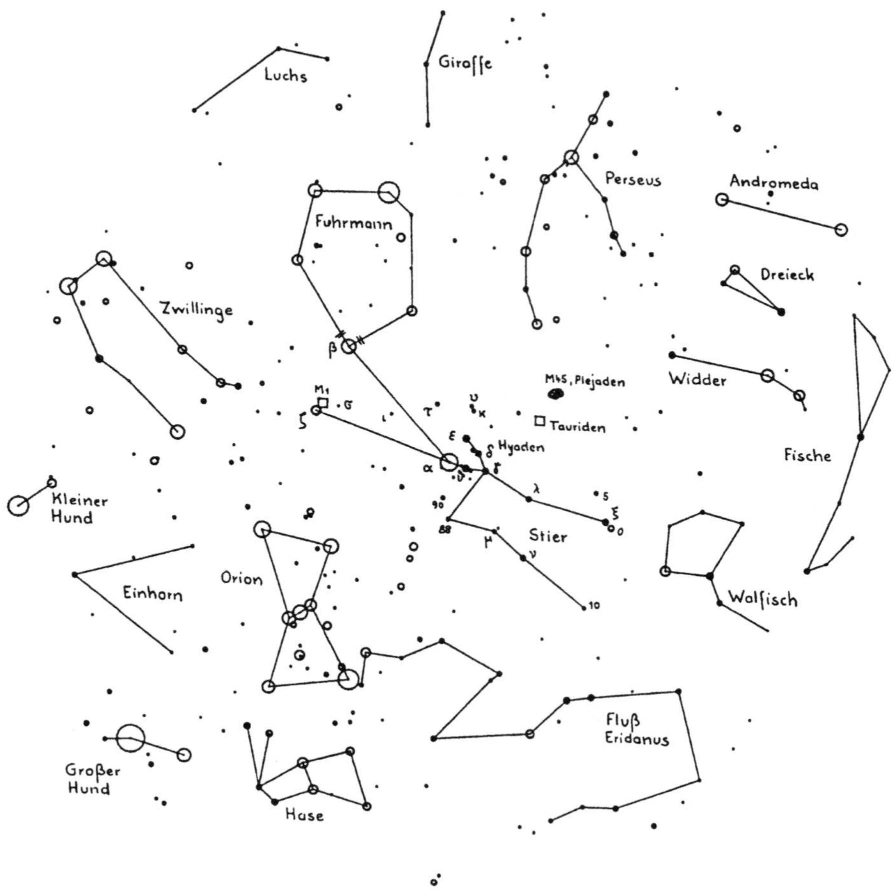

Mythologie und Geschichte

Vor 4000 Jahren lag der Frühlingspunkt nicht wie heute im Sternbild der Fische, sondern im Sternbild des Stieres. Sobald die Sonne im Frühlingspunkt steht, also vor dem Hintergrund dieses Sternbildes scheint, wird es Frühling und es erwacht die Natur. Für die naturverbundenen Menschen der damaligen Zeit war dieses Sternbild daher von großer Bedeutung. Es gibt Hinweise darauf, daß das Sternbild auch schon 5000 v. Chr. bekannt war.

Nach der griechischen Fabel soll es sich bei dem Sternbild um jenen Stier handeln, in den sich Jupiter verwandelt hat, als er die Tocher des phönikischen Königs entführt hat.

Bemerkenswerte Objekte

α *Tau* ist ein hellrosa leuchtender Stern und heißt Aldebaran.

M 1 = NGC 1952 = Crab-Nebel Planetarischer Nebel
Scheinbarer Durchmesser: 6′ x 4′
Helligkeit: $8{,}4^m$
Entfernung von der Erde: 3400 Lichtjahre

Dieser Nebel ist die Explosionswolke einer Supernova, die am 4. Juli 1054 von chinesischen Astronomen beobachtet wurde. Die Explosionswolke dehnt sich auch heute noch aus und legt z.T. Strecken von 1000 km in einer Sekunde zurück.

M 45 = Plejaden ist ein besonders schöner offener Sternhaufen, dem etwa 120 Sterne angehören.
Scheinbarer Durchmesser: 120′
Helligkeit: $1{,}4^m$
Entfernung von der Erde: 400 Lichtjahre

Die Plejaden werden auch Siebengestirn genannt; gemeint sind die sieben Töchter des Atlas. Es sind zwar mit freiem Auge nur sechs Sterne zu sehen; Die alten Griechen haben den siebenten Stern mit der siebenten Atlastocher – mit Elektra – identifiziert, die sich aus Trauer um Trojas Zerstörung verhüllt hat.

Die Plejaden haben seit jeher den Menschen geholfen, ihre Arbeit auf die Jahreszeiten abzustimmen. Der griechische Dichter Hesiod (700 v. Chr.) schrieb, daß der Aufgang der Plejaden die Ernte ankündigt und der Untergang im Herbst den Zeitpunkt für die neue Saat bestimmt; Aristoteles bemerkt, daß der Honig nie vor dem Aufgang der Plejaden gesammelt wird.

Steintafeln mit neubabylonischen Ritzzeichnungen zeigen den Mond zwischen dem Widder und den Plejaden und den Jupiter in der Nähe des Löwen und der Nördlichen Wasserschlange. Diese Darstellungen sind mehr als 2000 Jahre alt.

Hyaden = Regengestirn ist gleichfalls ein sehr schöner offener Sternhaufen mit etwa 100 Sternen.
Visuelle Helligkeit: $0{,}6^m$

Südliches Dreieck

Triangulum Australe

(TrA)

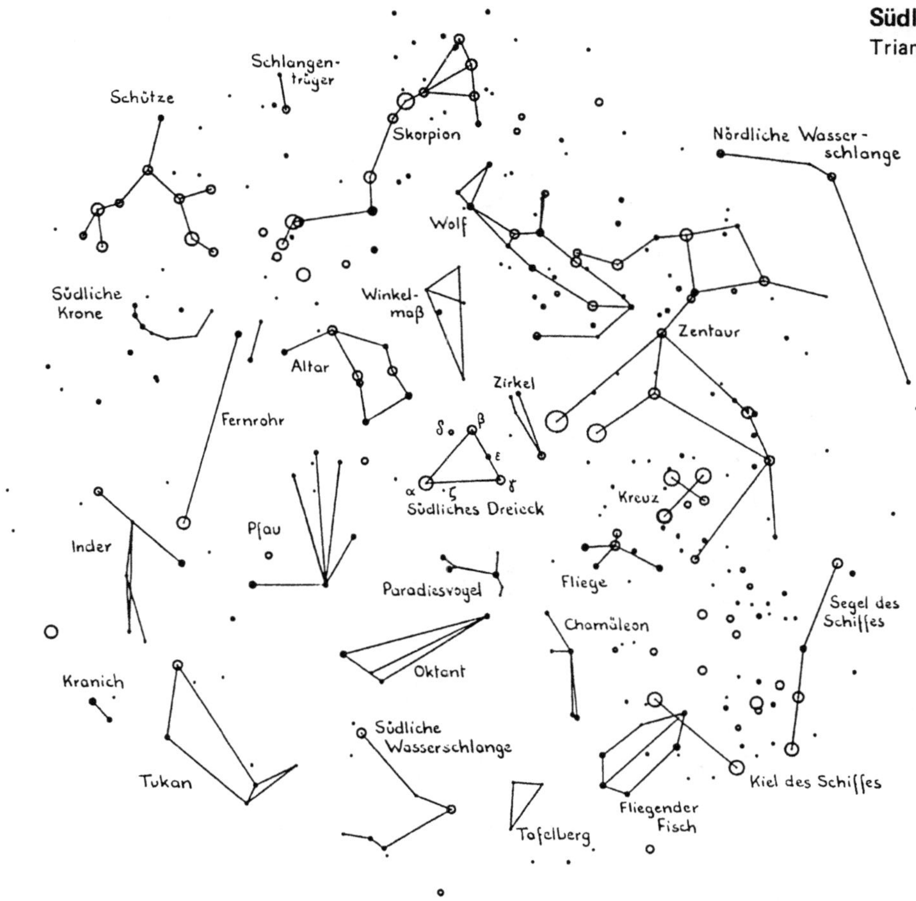

Geographische Breite	Himmelskarten, auf denen das Sternbild zu finden ist											
	1	2	3	4	5	6	7	8	9	10	11	12
+ 75°-Karten												
+ 45°-Karten												
+ 15°-Karten				●	●	●	●	●	●			
– 15°-Karten	●	●	●	●	●	●	●	●	●	●	●	●
– 45°-Karten	●	●	●	●	●	●	●	●	●	●	●	●
– 75°-Karten	●	●	●	●	●	●	●	●	●	●	●	●

Stier (Fortsetzung)

Scheinbarer Durchmesser: 400′
Wirklicher Durchmesser: 16 Lichtjahre
Entfernung von der Erde: 133 Lichtjahre

Tauriden Meteorstrom
Dauer: 24. September bis 10. Dezember
Maximum: 13. November

Die Konturen der Sternbilder Stier und Fuhrmann gehen ineinander über. An der durch einen Doppelstrich // gekennzeichneten Stelle liegt die Grenze.

Geographische Breite	Himmelskarten, auf denen das Sternbild zu finden ist											
	1	2	3	4	5	6	7	8	9	10	11	12
+ 75°-Karten	●	●	●	●	●	●	●	●	●	●	●	●
+ 45°-Karten	●	●	●	●					●	●	●	●
+ 15°-Karten	●	●	●	●						●	●	●
– 15°-Karten	●	●	●								●	●
– 45°-Karten	●	●	●								●	●
– 75°-Karten	●	●										

Südlicher Fisch
Piscis Austrinus
(PsA)

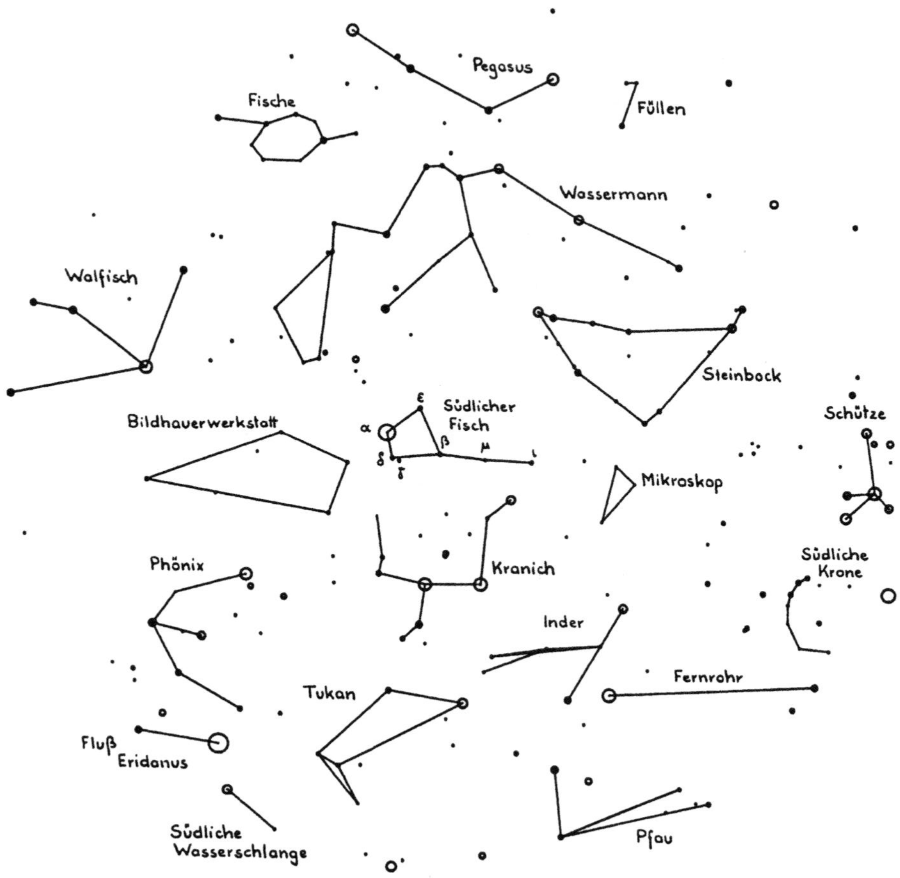

Bemerkenswerte Objekte

α PsA ist ein rötlich leuchtender Stern. Er trägt den Namen Fomalhaut, was soviel wie Fischmaul heißt.

Geographische Breite	Himmelskarten, auf denen das Sternbild zu finden ist											
	1	2	3	4	5	6	7	8	9	10	11	12
+ 75°-Karten												
+ 45°-Karten								●	●	●	●	●
+ 15°-Karten							●	●	●	●	●	●
– 15°-Karten	●						●	●	●	●	●	●
– 45°-Karten	●	●	●		●	●	●	●	●	●	●	●
– 75°-Karten	●	●	●	●	●	●	●	●	●	●	●	●

Südliche Krone
Corona Australis
(CrA)

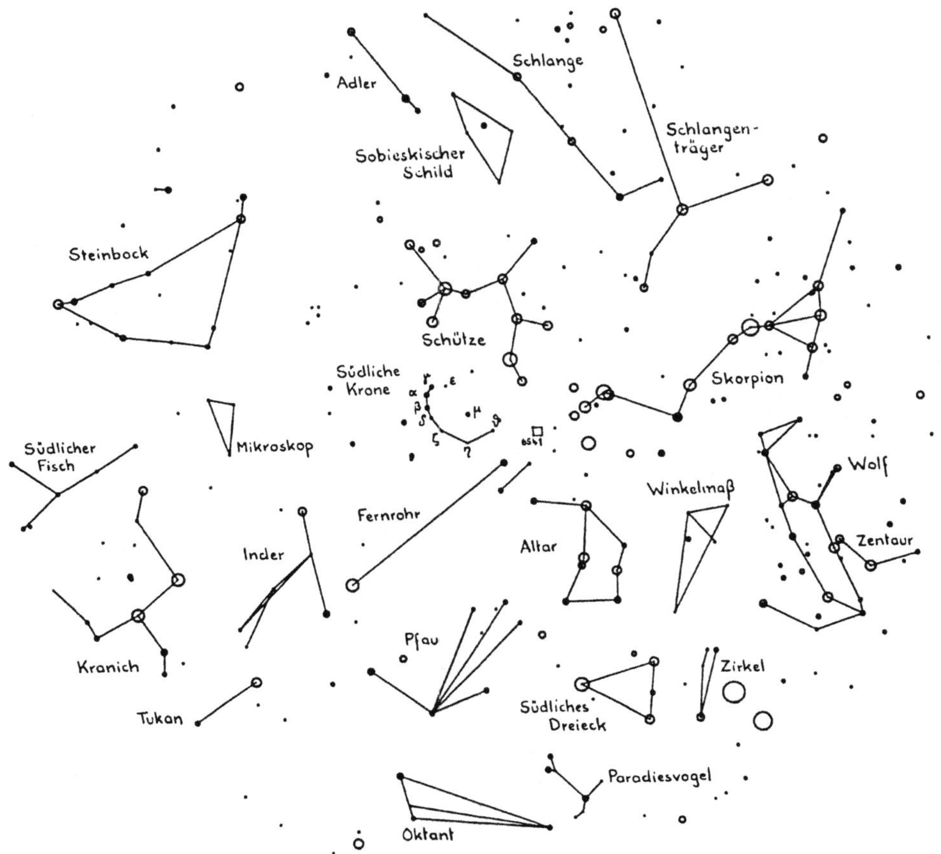

Mythologie und Geschichte

Etwa 150 v. Chr. war den griechischen Astronomen dieses Sternbild unter dem Namen Heroldstab bekannt. Um 150 n. Chr. findet man die Bezeichnung „südlicher Kranz". Es war auch der Name „Krone des Zentaur" gebräuchlich.

Bemerkenswerte Objekte

γ *CrA* ist ein visueller Doppelstern, dessen Sterne mit fast doppelter Sonnenmasse einander in 120 Jahren umkreisen. Sie erscheinen uns mit einer Helligkeit von $4{,}8^m$ und $5{,}1^m$. Sie sind von uns 65 Lichtjahre entfernt.

NGC 6541 ist ein Kugelsternhaufen, der von der Erde etwa 14 000 Lichtjahre entfernt ist und uns unter einem Winkel von 6,3′ und mit einer photographischen Helligkeit von $5{,}8^m$ erscheint.

Geographische Breite	Himmelskarten, auf denen das Sternbild zu finden ist											
	1	2	3	4	5	6	7	8	9	10	11	12
+ 75°-Karten												
+ 45°-Karten							●	●	●	●		
+ 15°-Karten						●	●	●	●	●	●	
– 15°-Karten					●	●	●	●	●	●	●	
– 45°-Karten	●	●	●	●	●	●	●	●	●	●	●	●
– 75°-Karten	●	●	●	●	●	●	●	●	●	●	●	●

Südliche Wasserschlange
Hydrus
(Hyi)

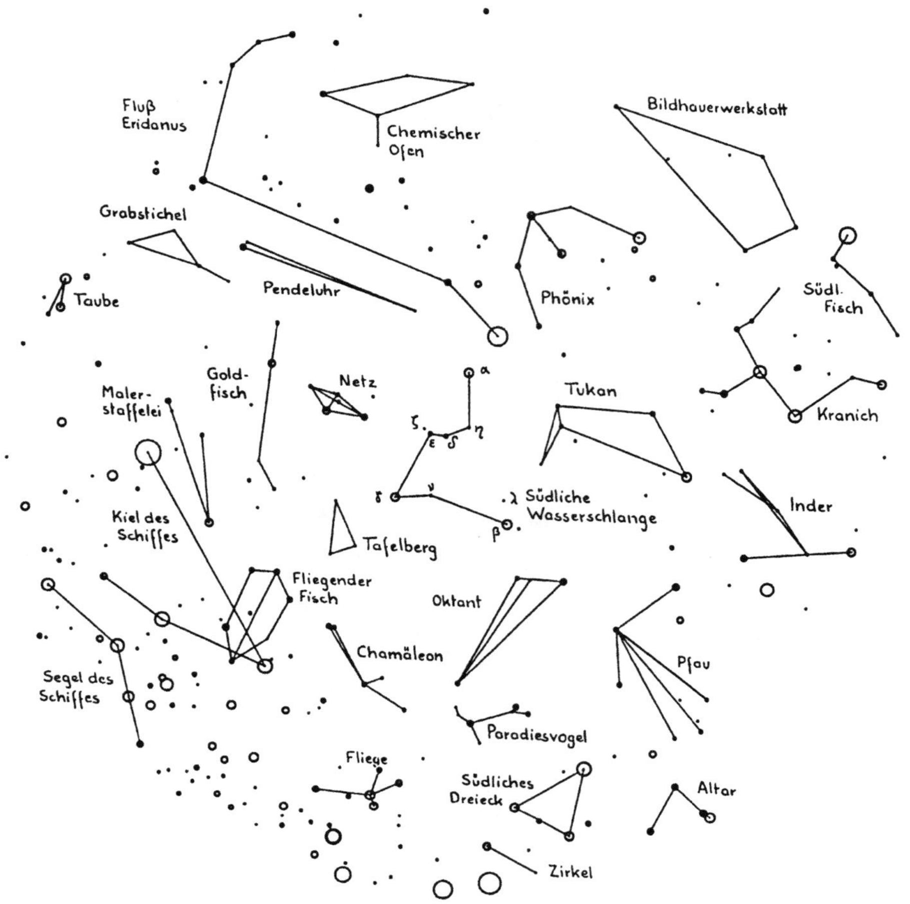

Geographische Breite	Himmelskarten, auf denen das Sternbild zu finden ist											
	1	2	3	4	5	6	7	8	9	10	11	12
+ 75°-Karten												
+ 45°-Karten												
+ 15°-Karten	●									●	●	●
− 15°-Karten	●	●	●	●	●	●	●	●	●	●	●	●
− 45°-Karten	●	●	●	●	●	●	●	●	●	●	●	●
− 75°-Karten	●	●	●	●	●	●	●	●	●	●	●	●

Tafelberg
Mensa
(Men)

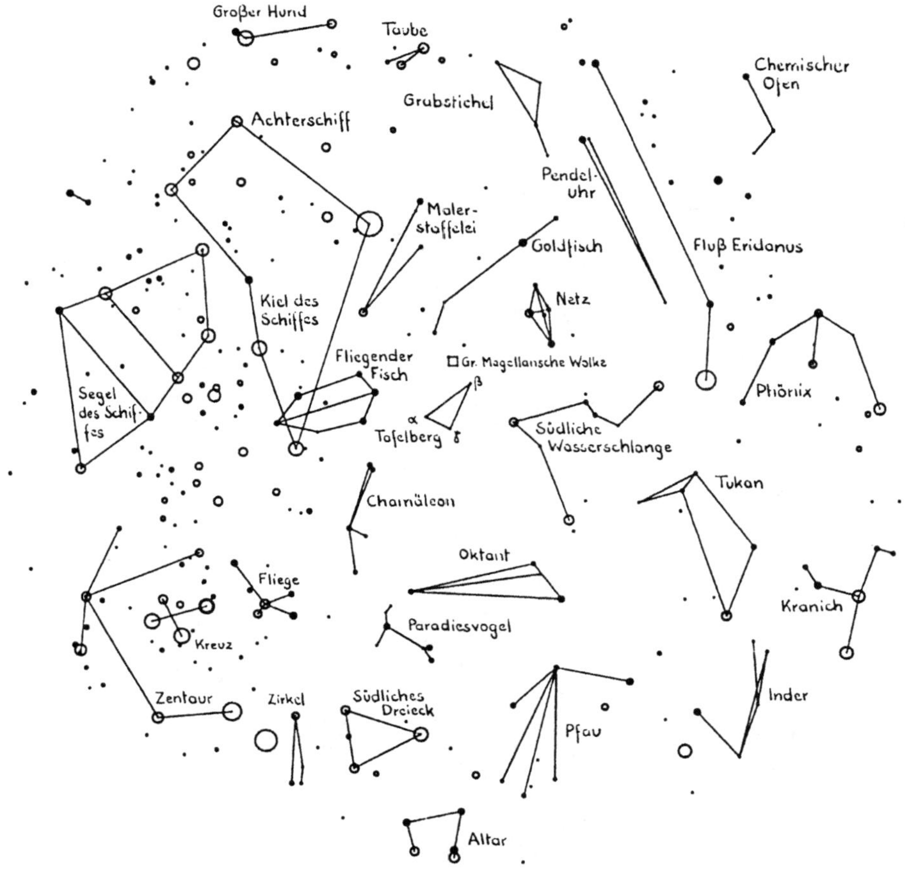

Mythologie und Geschichte

Der französische Astronom Abbé Nicolas Louis de Lacaille hat in den Jahren 1751 bis 1754 am Kap der Guten Hoffnung astronomische Beobachtungen durchgeführt und einen Katalog des südlichen Sternenhimmels herausgegeben. Das Sternbild des Tafelbergs geht auf seine Arbeiten zurück.

Bemerkenswerte Objekte

Große Magellansche Wolke Spiralnebel
Scheinbarer Durchmesser: 432′ x 432′
Helligkeit: $0{,}1^m$
Dieses Objekt gehört jedoch zum überwiegenden Teil zum Goldfisch (Dorado).

Geographische Breite	Himmelskarten, auf denen das Sternbild zu finden ist											
	1	2	3	4	5	6	7	8	9	10	11	12
+ 75°-Karten												
+ 45°-Karten												
+ 15°-Karten	●	●	●	●							●	●
− 15°-Karten	●	●	●	●	●	●	●	●	●	●	●	●
− 45°-Karten	●	●	●	●	●	●	●	●	●	●	●	●
− 75°-Karten	●	●	●	●	●	●	●	●	●	●	●	●

Taube
Columba
(Col)

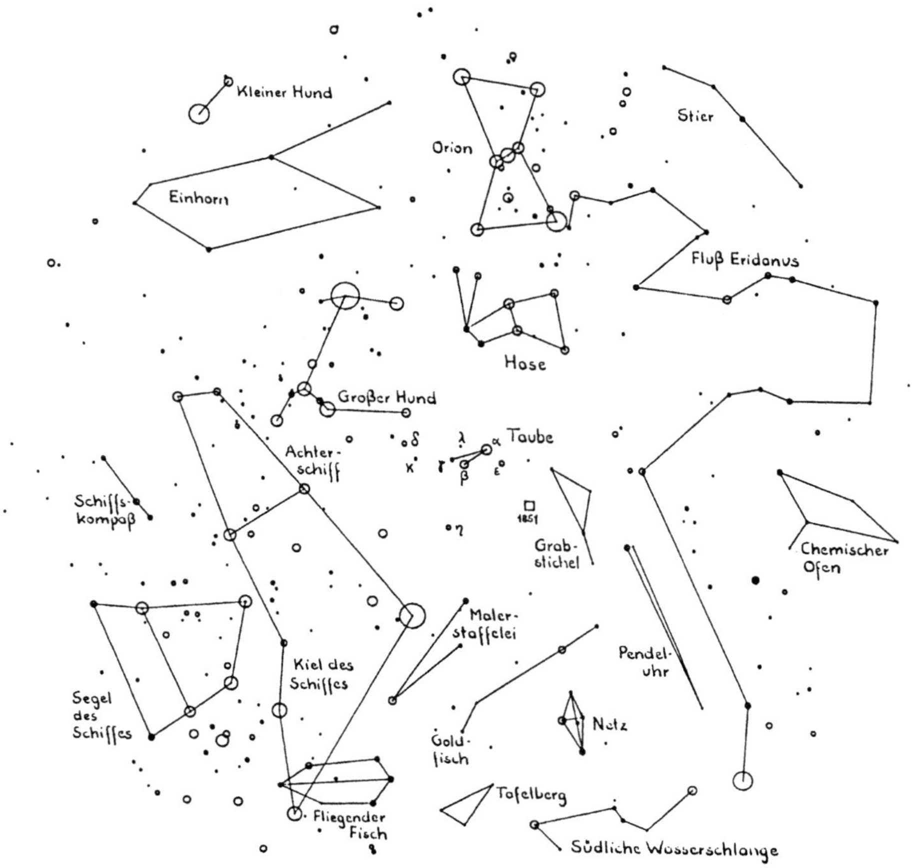

Mythologie und Geschichte

Das Sternbild der Taube ist mit der Argonautensage verknüpft. Die Argonauten – Iason und seine Begleiter – fuhren das Schiff Argo nach Kolchis, um das Goldene Vlies zu erobern. Der Ausgang des Bosporos zum Schwarzen Meer war zu beiden Seiten von Felswänden begrenzt. Wollte ein lebendes Wesen diese Durchfahrt passieren, so fuhren die Felswände aufeinander zu und vernichteten alles, was sich zwischen ihnen befand. Danach schoben sich die Felsen wieder auseinander. Die Argonauten entkamen dieser Falle jedoch wie durch ein Wunder, weil vor ihrem Schiff eine weiße Taube flog, die den Vernichtungsmechanismus vorzeitig ausgelöst hat. Als sich die Felsen wieder öffneten, konnte das Schiff Argo die gefährliche Schiffsschere, ohne ernstlich Schaden zu nehmen, passieren. Die wohlwollende Göttin Athene hat die Taube für ihre gute Tat als Sternbild an den Himmel versetzt. Man sieht das Sternbild der Taube am Himmel in unmittelbarer Nähe des Schiffs Argo.

Bemerkenswerte Objekte

α Col trägt die Namen Phakt, Phact oder Phaet. Der Ursprung des Namens ist unbekannt.

NGC 1851 Kugelsternhaufen
Scheinbarer Durchmesser: 5,3′
Photographische Helligkeit: $6{,}0^m$

Geographische Breite	Himmelskarten, auf denen das Sternbild zu finden ist											
	1	2	3	4	5	6	7	8	9	10	11	12
+ 75°-Karten												
+ 45°-Karten	●	●	●	●								●
+ 15°-Karten	●	●	●	●							●	●
– 15°-Karten	●	●	●	●	●					●	●	●
– 45°-Karten	●	●	●	●	●	●	●	●	●	●	●	●
– 75°-Karten	●	●	●	●	●	●	●	●	●	●	●	●

Tukan
Tucana
(Tuc)

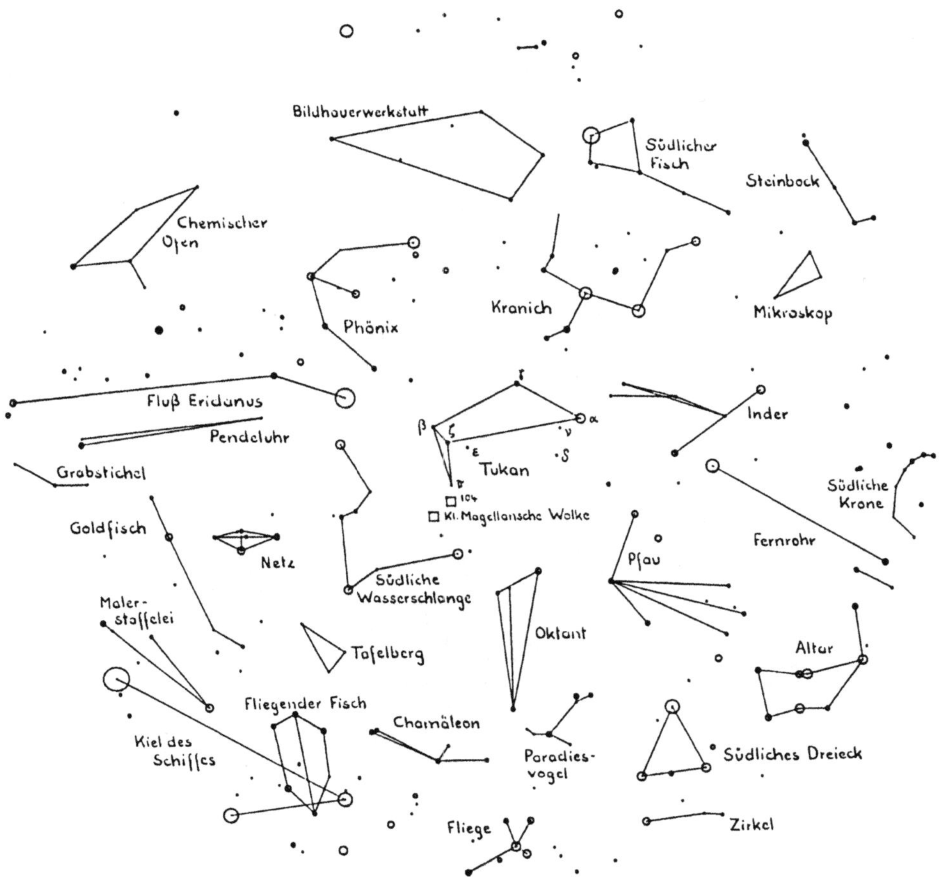

Mythologie und Geschichte

Der niederländische Seefahrer und Navigator Frederic Houtmann führte Ende des 16. Jahrhunderts eine Flotte nach Indonesien und brachte von dort eine Menge astronomischer Daten mit. Der deutsche Astronom Johann Bayer hat eine Reihe dieser Angaben in seinem Himmelskartenwerk Uranometria (1603) eingearbeitet. Auch dieses Sternbild hat dort seinen Ursprung.

Bemerkenswerte Objekte

β_1 β_2 *Tuc* ist ein Doppelstern.
Helligkeit der Komponenten: $4{,}5^m$ und $4{,}5^m$
Doppelsternabstand: $27''$

NGC 104 Kugelsternhaufen
Scheinbarer Durchmesser: $23{,}0'$
Photographische Helligkeit: $3{,}0^m$

Kleine Magellansche Wolke Spiralnebel
Scheinbarer Durchmesser: $150'$
Wirklicher Durchmesser: 8500 Lichtjahre
Helligkeit: $2{,}4^m$
Entfernung von der Erde: 180 000 Lichtjahre

Geographische Breite	Himmelskarten, auf denen das Sternbild zu finden ist											
	1	2	3	4	5	6	7	8	9	10	11	12
+ 75°-Karten												
+ 45°-Karten												
+ 15°-Karten								●	●	●	●	●
− 15°-Karten	●	●	●		●	●	●	●	●	●	●	●
− 45°-Karten	●	●	●	●	●	●	●	●	●	●	●	●
− 75°-Karten	●	●	●	●	●	●	●	●	●	●	●	●

Waage
Libra
(Lib)

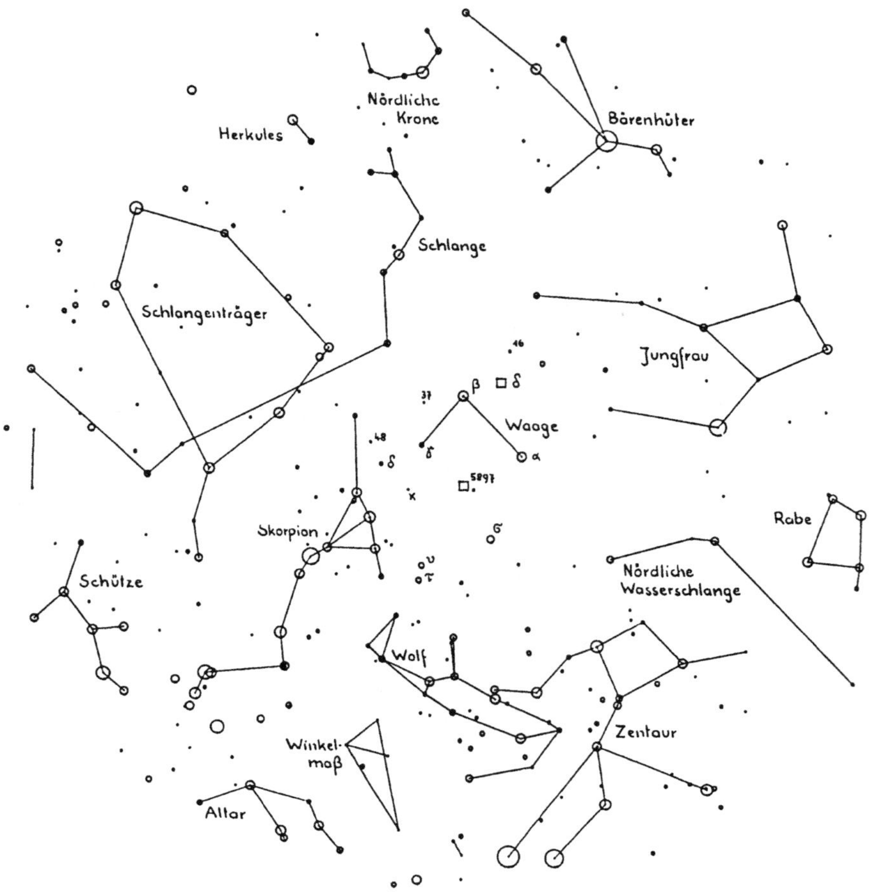

Mythologie und Geschichte

Die alten Griechen dürften das Sternbild der Waage nicht gekannt haben, weil sie die Sterne dem Skorpion zugezählt haben. Die beiden hellsten Sterne unserer Waage haben nämlich Namen, die das bestätigen – sie heißen „Scheren des Skorpions". Die Römer nehmen es für sich in Anspruch, die Waage als zwölftes Tierkreiszeichen eingeführt zu haben. Das Sternbild erscheint erstmalig im Julianischen Kalender, und Caesar, der pontifex maximus, gilt als Autor.

Bemerkenswerte Objekte

δ *Lib* ist ein weiß leuchtender veränderlicher Stern. Seine Helligkeit schwankt zwischen $4{,}8^m$ und $5{,}9^m$. Die Periodendauer beträgt 2,33 Tage. Dieser Stern ist eine Bedeckungsveränderliche.

NGC 5897 Kugelsternhaufen
Scheinbarer Durchmesser: 7,3′
Visuelle Helligkeit: $10{,}9^m$

Geographische Breite	Himmelskarten, auf denen das Sternbild zu finden ist											
	1	2	3	4	5	6	7	8	9	10	11	12
+ 75°-Karten					●	●	●	●	●			
+ 45°-Karten				●	●	●	●	●	●			
+ 15°-Karten				●	●	●	●	●	●			
– 15°-Karten			●	●	●	●	●	●	●			
– 45°-Karten			●	●	●	●	●	●	●	●		
– 75°-Karten	●	●	●	●	●	●	●	●	●	●	●	●

Walfisch
Cetus
(Cet)

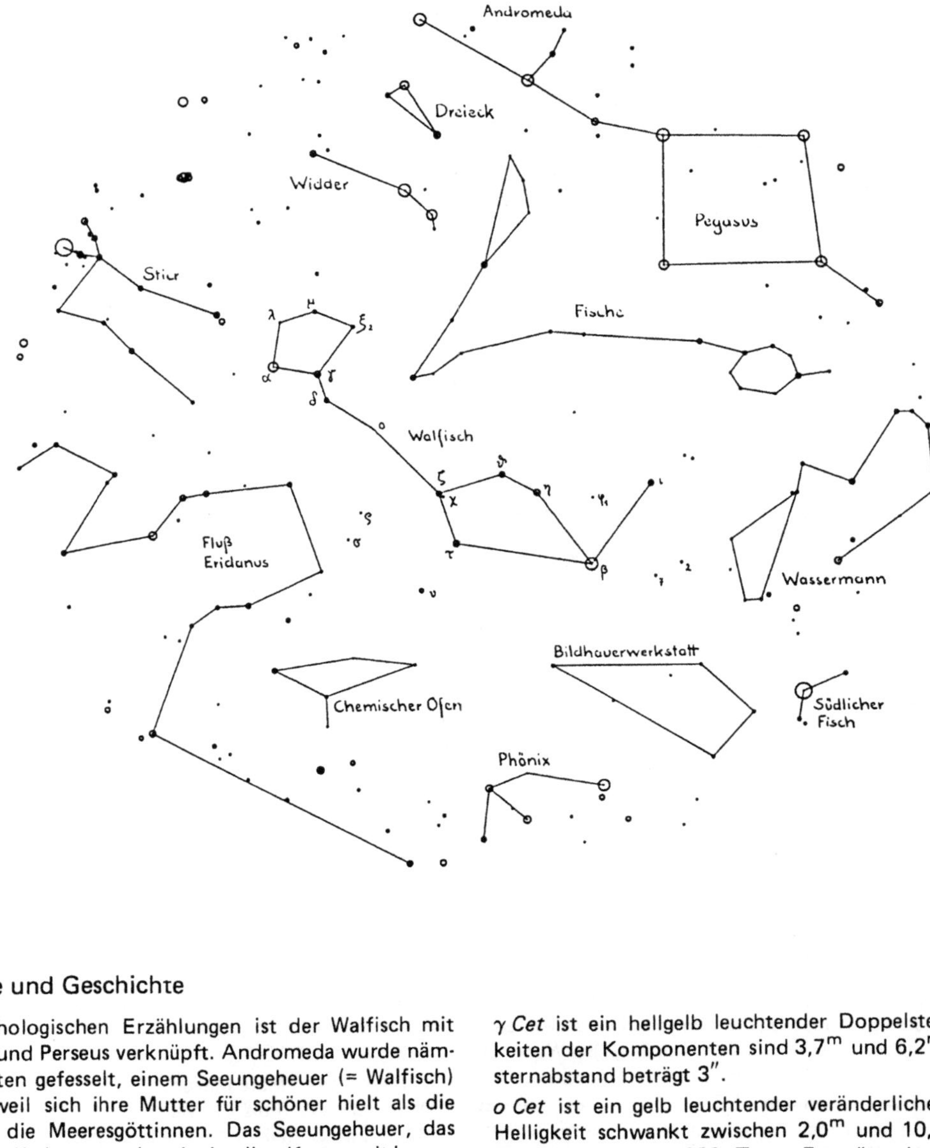

Mythologie und Geschichte

In den mythologischen Erzählungen ist der Walfisch mit Andromeda und Perseus verknüpft. Andromeda wurde nämlich, an Ketten gefesselt, einem Seeungeheuer (= Walfisch) ausgesetzt, weil sich ihre Mutter für schöner hielt als die Nereiden – die Meeresgöttinnen. Das Seeungeheuer, das Neptun in die Welt gesetzt hat, ist in allen Karten mit langen scharfkralligen Tatzen dargestellt, und wahrscheinlich schielt es auch hinauf zu seinem schönen Opfer. Dem Held Perseus gelingt es, mit der mystischen Hilfe des abgeschlagenen Medusenhauptes das Seeungeheuer zu töten und Andromeda zu retten.

Bemerkenswerte Objekte

α Cet ist ein orange leuchtender Stern; er heißt Menkar, was in der Übersetzung Nase oder Maul bedeutet.

β Cet = Deneb Kaitos ist eine arabische Bezeichnung für „Schwanz des Meeresungeheuers".

γ Cet ist ein hellgelb leuchtender Doppelstern. Die Helligkeiten der Komponenten sind $3{,}7^m$ und $6{,}2^m$. Der Doppelsternabstand beträgt 3″.

o Cet ist ein gelb leuchtender veränderlicher Stern. Seine Helligkeit schwankt zwischen $2{,}0^m$ und $10{,}1^m$. Die Periodendauer beträgt 332 Tage. Er trägt den Namen Mira (= wundervoller Stern).

Geographische Breite	Himmelskarten, auf denen das Sternbild zu finden ist											
	1	2	3	4	5	6	7	8	9	10	11	12
+ 75°-Karten	●								●	●	●	●
+ 45°-Karten	●	●							●	●	●	●
+ 15°-Karten	●	●							●	●	●	●
– 15°-Karten	●	●							●	●	●	●
– 45°-Karten	●	●							●	●	●	●
– 75°-Karten	●	●	●						●	●	●	●

Wassermann
Aquarius
(Aqr)

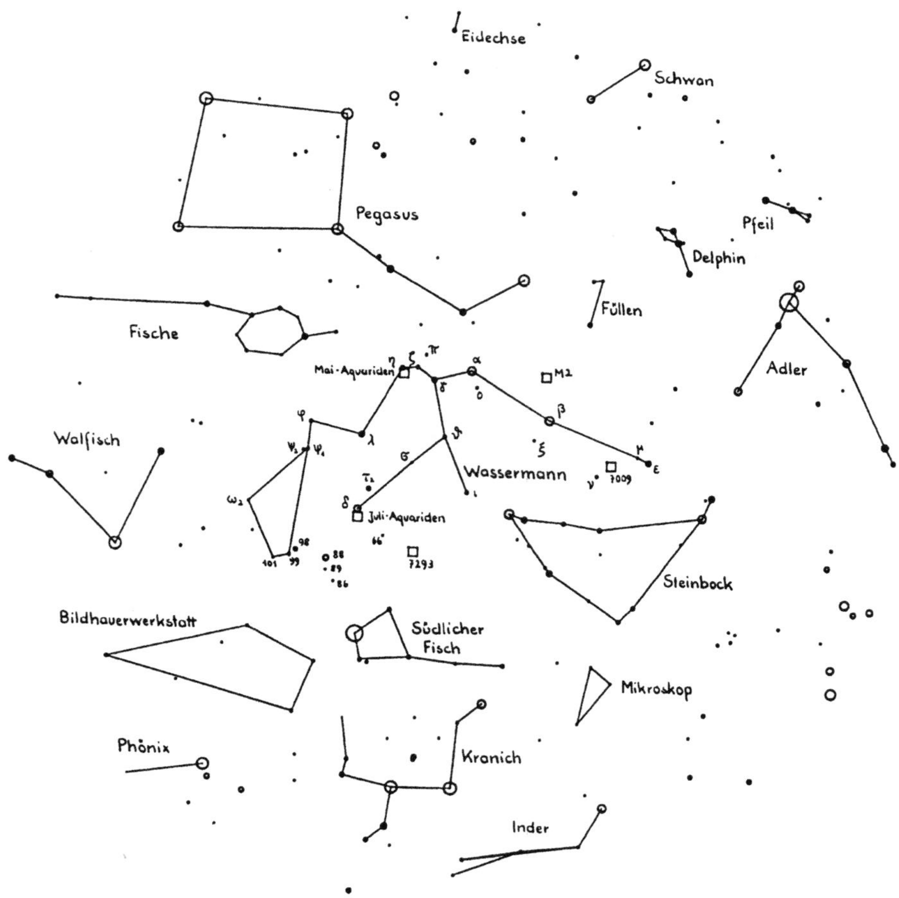

Mythologie und Geschichte

Dieses Sternbild ist auf sehr alten Steintafeln unverkennbar dargestellt. Man sieht einen Mann, oder auch einen Knaben, der Wasser aus einer Urne oder einem Eimer gießt. Wenn die Sonne in diesem Sternbild stand, war der Höhepunkt der Nil-Überschwemmung erreicht. Es wird behauptet, daß das Bild des Wassermanns viele tausend Jahre vor Christus entstanden ist. Der Wassermann war in der Mythologie eine machtvolle Gestalt und wurde auch als Hüter der Quellen angesehen.

Bemerkenswerte Objekte

ζ Aqr ist ein weiß leuchtendes System, in dem drei Sonnen umeinander kreisen. Die Umlaufzeiten liegen bei 600 Jahren. Dieses Dreifachsystem ist 76 Lichtjahre von uns entfernt.

NGC 7009 = Saturn-Nebel Planetarischer Nebel
Scheinbarer Durchmesser: 0,7′ × 0,4′
Helligkeit: $8{,}4^m$

M 2 = NGC 7089 Kugelsternhaufen
Scheinbarer Durchmesser: 8,2′
Visuelle Helligkeit: $6{,}3^m$

NGC 7293 = Helixnebel Planetarischer Nebel
Scheinbarer Durchmesser: 15′ × 12′
Helligkeit: $6{,}5^m$

Mai-Aquariden Meteorstrom
Dauer: 29. April bis 21. Mai
Maximum: 5. Mai

Juli-Aquariden Meteorstrom
Dauer: 25. Juli bis 10. August
Maximum: 3. August

Geographische Breite	Himmelskarten, auf denen das Sternbild zu finden ist											
	1	2	3	4	5	6	7	8	9	10	11	12
+ 75°-Karten									●	●	●	●
+ 45°-Karten								●	●	●	●	●
+ 15°-Karten								●	●	●	●	●
– 15°-Karten							●	●	●	●	●	●
– 45°-Karten	●						●	●	●	●	●	●
– 75°-Karten	●	●	●	●	●	●	●	●	●	●	●	●

Widder
Aries
(Ari)

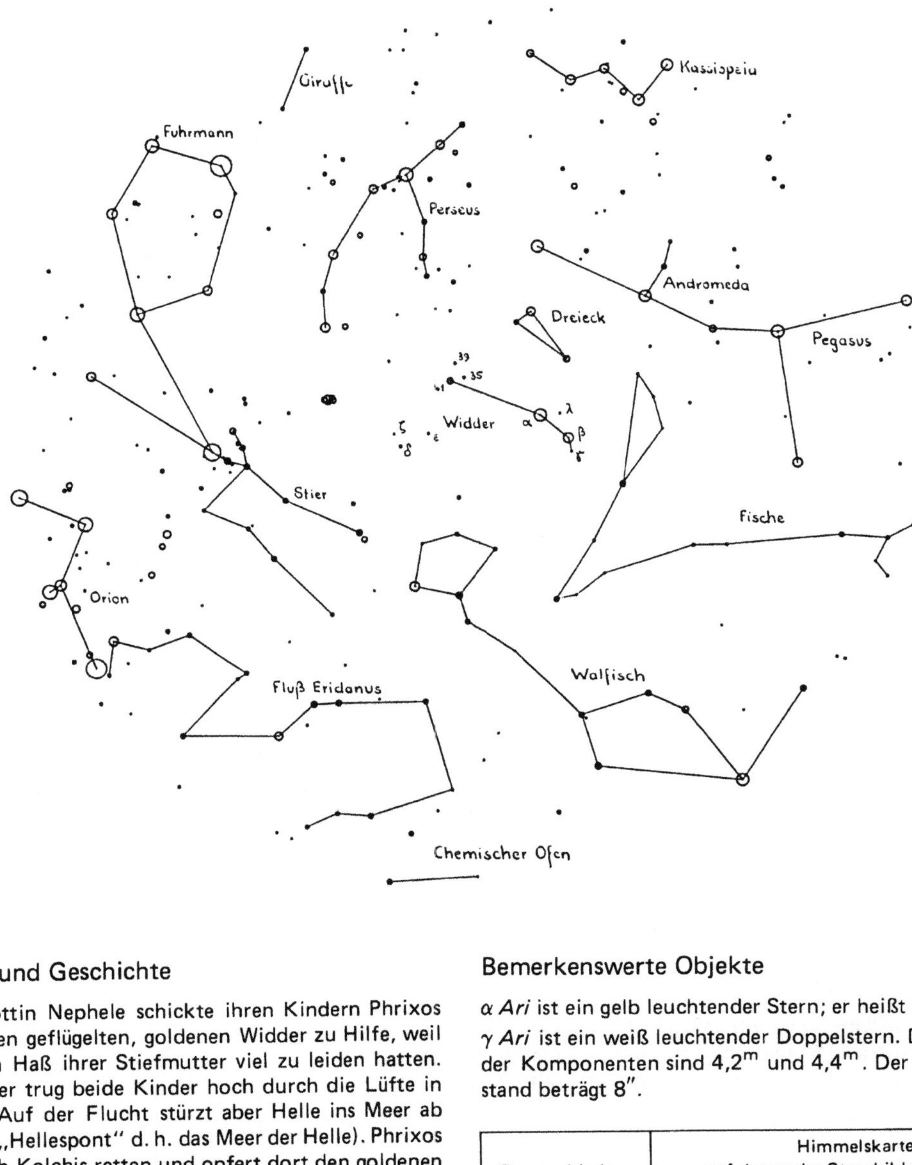

Mythologie und Geschichte

Die Wolkengöttin Nephele schickte ihren Kindern Phrixos und Helle einen geflügelten, goldenen Widder zu Hilfe, weil sie unter dem Haß ihrer Stiefmutter viel zu leiden hatten. Das Wundertier trug beide Kinder hoch durch die Lüfte in die Freiheit. Auf der Flucht stürzt aber Helle ins Meer ab und ertrinkt („Hellespont" d. h. das Meer der Helle). Phrixos kann sich nach Kolchis retten und opfert dort den goldenen Widder den Göttern. Das goldene Fell des Tieres – das Goldene Vlies – hat die Argonauten zur Schiffahrt nach Kolchis bewogen.

Steintafeln mit neubabylonischen Ritzzeichnungen zeigen den Mond zwischen dem Widder und den Plejaden und den Jupiter in der Nähe des Löwen und der Nördlichen Wasserschlange. Die Darstellungen sind mehr als zweitausend Jahre alt.

Bemerkenswerte Objekte

α *Ari* ist ein gelb leuchtender Stern; er heißt Hamal.

γ *Ari* ist ein weiß leuchtender Doppelstern. Die Helligkeiten der Komponenten sind $4{,}2^m$ und $4{,}4^m$. Der Doppelsternabstand beträgt 8″.

Geographische Breite	Himmelskarten, auf denen das Sternbild zu finden ist											
	1	2	3	4	5	6	7	8	9	10	11	12
+ 75°-Karten	●	●	●	●	●	●	●	●	●	●	●	●
+ 45°-Karten	●	●	●	●				●	●	●	●	●
+ 15°-Karten	●	●	●						●	●	●	●
− 15°-Karten	●	●							●	●	●	●
− 45°-Karten	●	●								●	●	●
− 75°-Karten	●										●	●

Winkelmaß
Norma
(Nor)

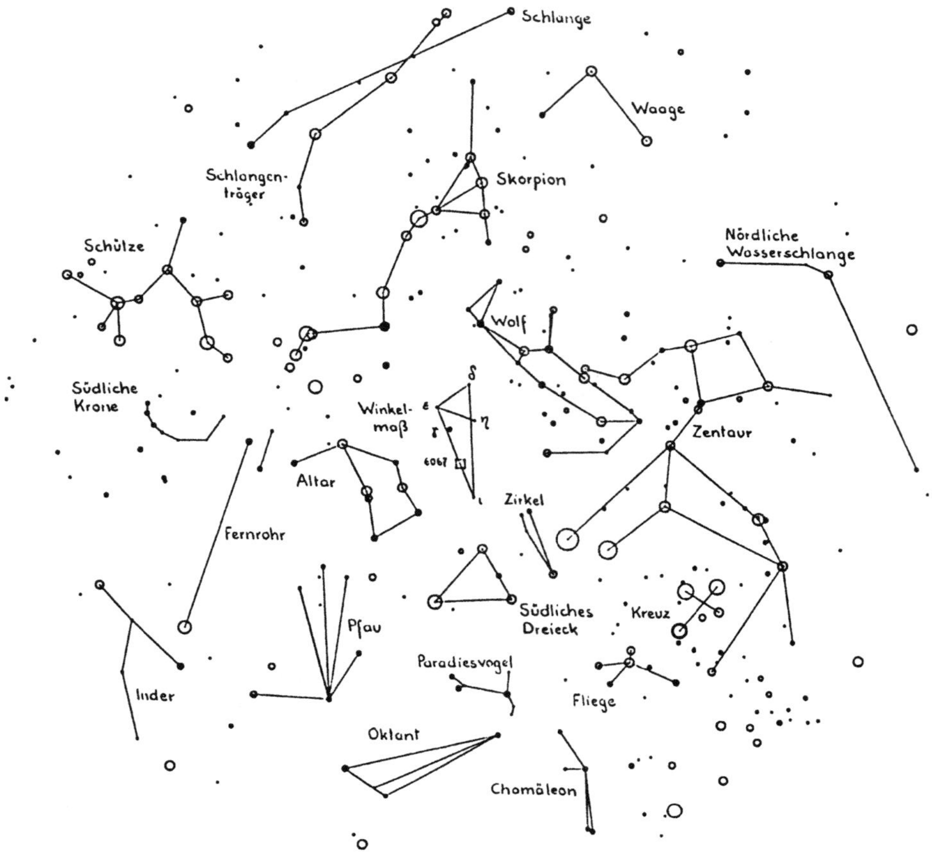

Mythologie und Geschichte

Der französische Astronom Abbé Nicolas Louis de Lacaille führte in den Jahren 1751 bis 1754 am Kap der Guten Hoffnung astronomische Beobachtungen durch und gab einen Katalog des südlichen Sternenhimmels heraus. Das Sternbild des Winkelmaßes geht auf seine Arbeiten zurück.

Bemerkenswerte Objekte

NGC 6067 ist ein ziemlich reicher offener Sternhaufen.
Scheinbarer Durchmesser: 15′
Visuelle Helligkeit: $6{,}7^m$
Es gehören etwa 120 Sterne zu diesem Objekt.

Geographische Breite	Himmelskarten, auf denen das Sternbild zu finden ist											
	1	2	3	4	5	6	7	8	9	10	11	12
+ 75°-Karten												
+ 45°-Karten						●	●					
+ 15°-Karten				●	●	●	●	●	●			
– 15°-Karten			●	●	●	●	●	●	●	●	●	
– 45°-Karten	●	●	●	●	●	●	●	●	●	●	●	●
– 75°-Karten	●	●	●	●	●	●	●	●	●	●	●	●

Wolf
Lupus
(Lup)

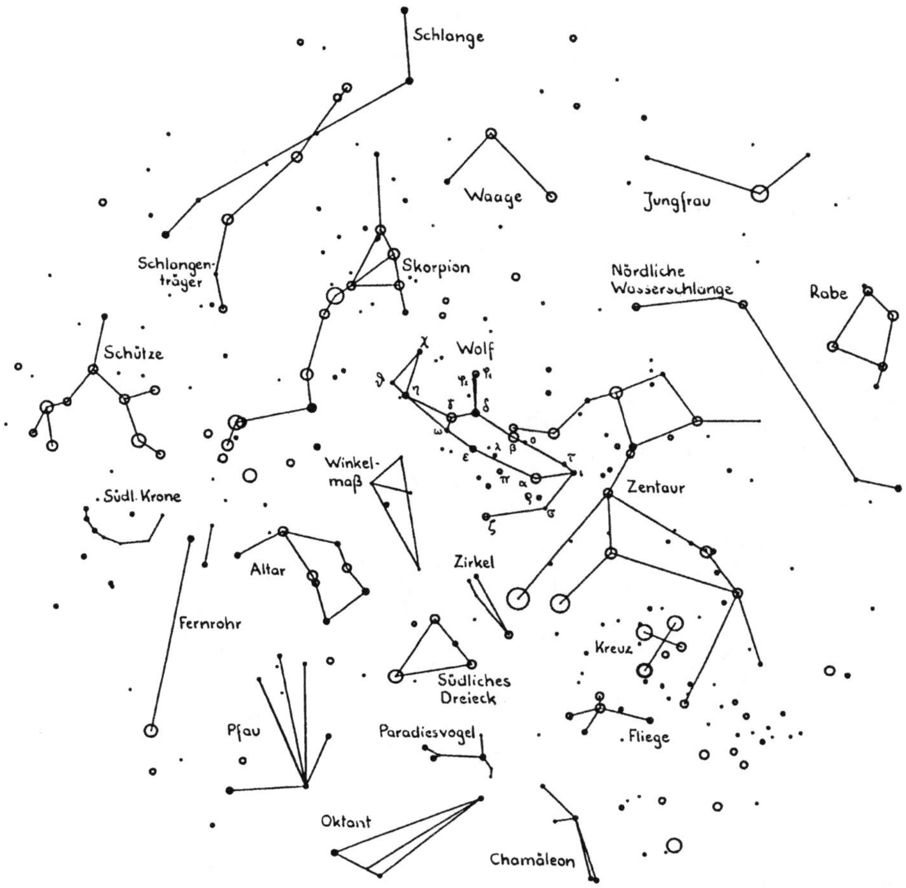

Mythologie und Geschichte

Auch dieses Sternbild dürfte den Griechen und Römern bekannt gewesen sein; man glaubt, daß sie hierin eine Bestie gesehen haben.

Geographische Breite	Himmelskarten, auf denen das Sternbild zu finden ist											
	1	2	3	4	5	6	7	8	9	10	11	12
+ 75°-Karten												
+ 45°-Karten					●	●	●					
+ 15°-Karten				●	●	●	●	●	●			
– 15°-Karten			●	●	●	●	●	●	●	●		
– 45°-Karten	●	●	●	●	●	●	●	●	●	●	●	●
– 75°-Karten	●	●	●	●	●	●	●	●	●	●	●	●

Zentaur
Centaurus
(Cen)

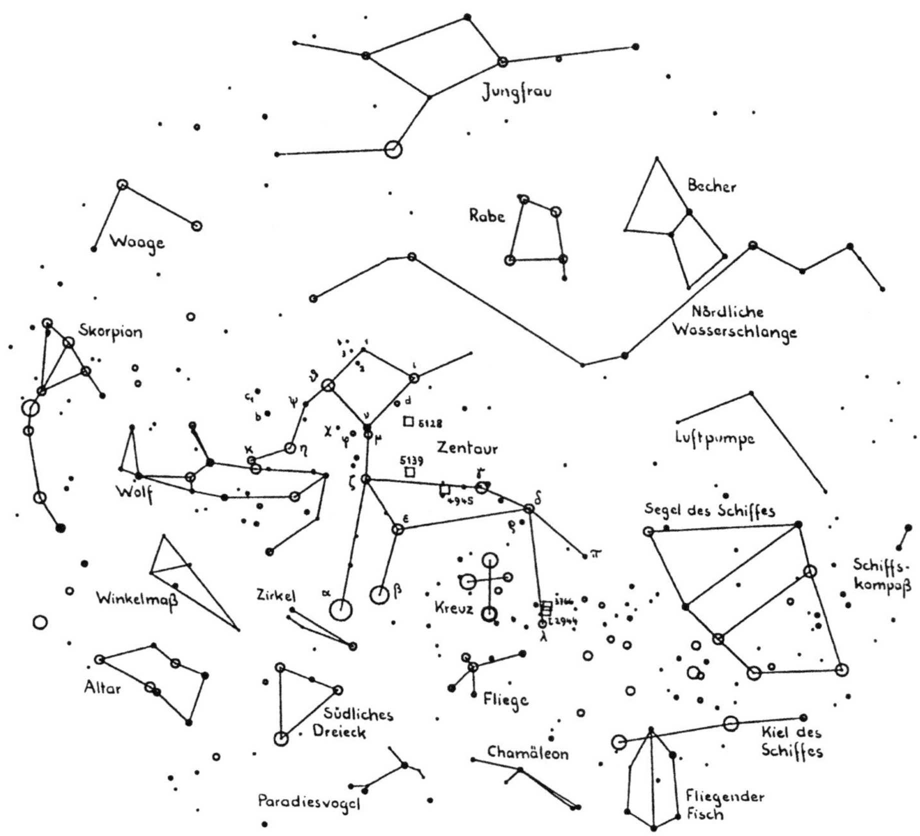

Mythologie und Geschichte

Zentauren sind wilde Fabelwesen der griechischen Mythologie. Sie haben einen menschlichen Oberkörper, aber einen Pferdeleib. Hierin hat man symbolhaft auch die geistige und sinnliche Natur des Menschen gesehen. Der Zentaur wird oft im Kampf mit dem Wolf dargestellt. Das Sternbild wurde von den Griechen mit Chiron identifiziert. Chiron war ein weiser und gerechter Zentaur. Er war der Erzieher von Achill, dem Held des Trojanischen Krieges.

Bemerkenswerte Objekte

α Cen ist ein weiß leuchtender Doppelstern. Die Helligkeiten der Komponenten betragen $0{,}0^m$ und $1{,}4^m$. Die beiden umeinander kreisenden Sterne haben etwa Sonnenmasse, und die Umlaufzeit ist 80 Jahre. Diese Sterne gehören zu unseren nächsten Nachbarn in der Milchstraße. Sie sind 4 Lichtjahre von uns entfernt.

NGC 3766 ist ein offener Sternhaufen mit einem scheinbaren Durchmesser von 10′. Seine Helligkeit ist $5{,}1^m$.

NGC 4945 Galaxie
Scheinbarer Durchmesser: 12′
Visuelle Helligkeit: 7^m
Entfernung von der Erde: 16 Millionen Lichtjahre

NGC 5128 Galaxie
Scheinbarer Durchmesser: 14′
Wirklicher Durchmesser: 49 000 Lichtjahre
Visuelle Helligkeit: 6^m
Entfernung von der Erde: 12 Millionen Lichtjahre

NGC 5139 = ω Kugelsternhaufen
Scheinbarer Durchmesser: 23′
Photographische Helligkeit: $3{,}0^m$
Entfernung von der Erde: 16 000 Lichtjahre

NGC I. 2944 Diffuser Nebel
Scheinbarer Durchmesser: 36′ × 66′
Helligkeit: $3{,}3^m$

Geographische Breite	Himmelskarten, auf denen das Sternbild zu finden ist											
	1	2	3	4	5	6	7	8	9	10	11	12
+ 75°-Karten												
+ 45°-Karten												
+ 15°-Karten			●	●	●	●	●					
− 15°-Karten		●	●	●	●	●	●	●	●			
− 45°-Karten	●	●	●	●	●	●	●	●	●	●	●	●
− 75°-Karten	●	●	●	●	●	●	●	●	●	●	●	●

Zirkel
Circinus
(Cir)

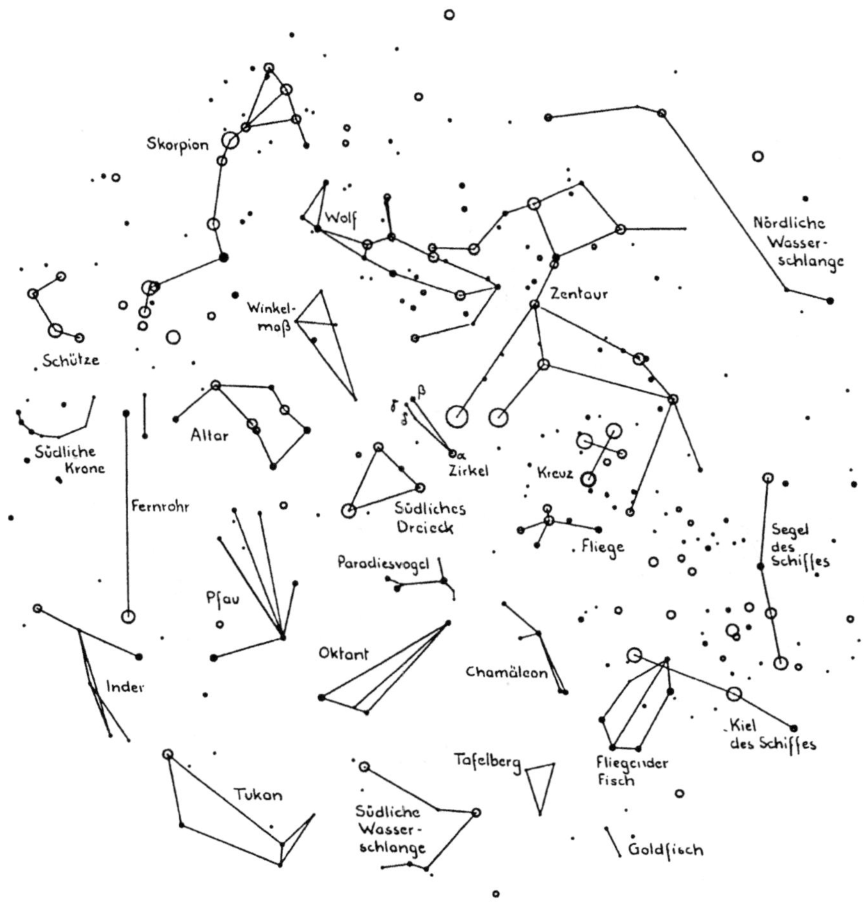

Geographische Breite	Himmelskarten, auf denen das Sternbild zu finden ist											
	1	2	3	4	5	6	7	8	9	10	11	12
+ 75°-Karten												
+ 45°-Karten												
+ 15°-Karten				●	●	●	●	●	●			
– 15°-Karten	●	●	●	●	●	●	●	●	●	●	●	
– 45°-Karten	●	●	●	●	●	●	●	●	●	●	●	●
– 75°-Karten	●	●	●	●	●	●	●	●	●	●	●	●

Zwillinge
Gemini
(Gem)

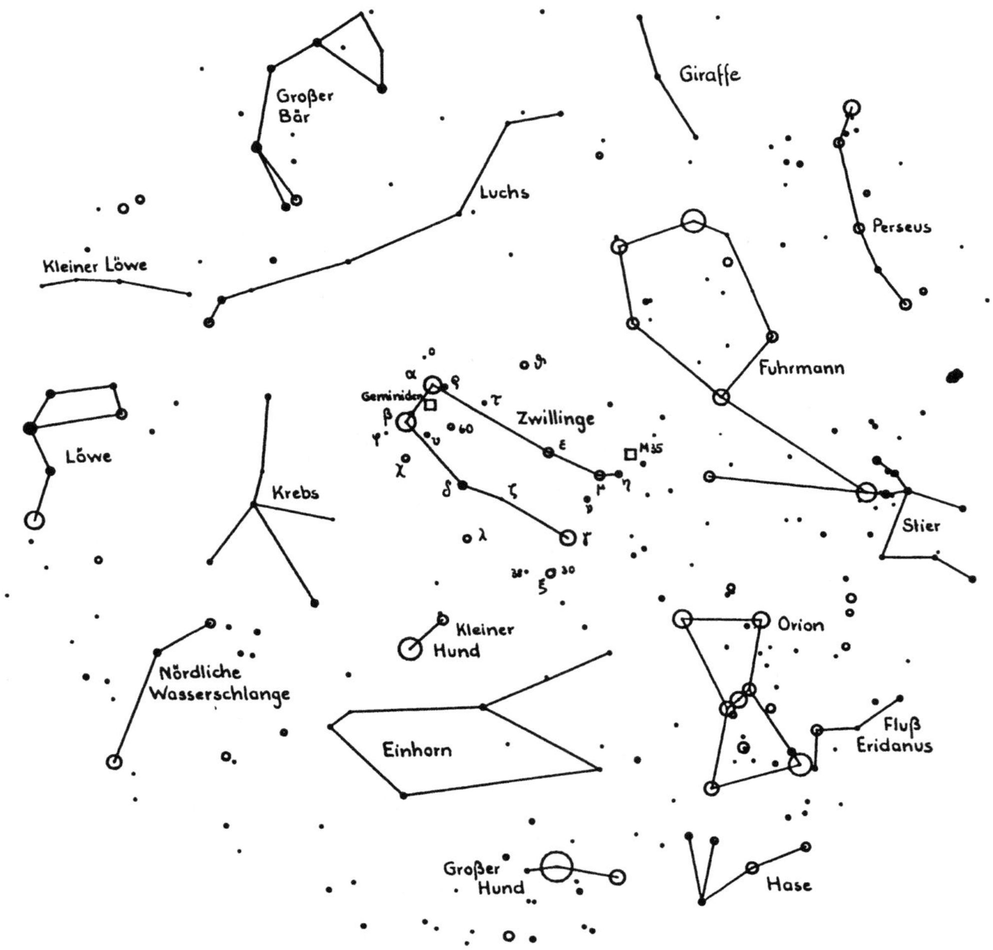

Mythologie und Geschichte

Seit dem Altertum hat man in diesem Sternbild stets zwei Personen gesehen. Die Griechen und Römer haben sie als Dioskuren gedeutet, die Zwillingssöhne des Zeus – Kastor und Pollux. Sie haben gemeinsam mit den griechischen Helden viele Abenteuer bestanden. Kastor fällt jedoch im Kampf und Zeus gestattet den unzertrennbaren Brüdern, daß sie abwechselnd ihre Tage im Olymp und in der Unterwelt verbringen.

Die Menschen haben in den Zwillingen stets „Retter" gesehen. So haben zum Beispiel die Seefahrer sie als Retter aus der Seenot verehrt. In winterlichen Stürmen sind die Sterne Kastor und Pollux oft in mattem Licht sogar auf Schiffen erschienen – wir würden heute St.-Elms-Feuer dazu sagen.

Bemerkenswerte Objekte

α Gem ist Castor; er ist ein weißbläulich leuchtender Doppelstern. Die Helligkeiten der Komponenten sind $2{,}0^m$ und $2{,}8^m$. Die beiden Sterne haben die 1,7fache bzw. 3,2fache Masse unserer Sonne. Die Umlaufzeit beträgt 420 Jahre. Die Entfernung von der Erde wird mit 49 Lichtjahren angegeben. Im Werk von Ptolemäus ist der Stern α Apoll und der Stern β Herkules benannt.

β Gem ist Pollux. Pollux ist ein orange leuchtender Stern.

γ Gem hat ein weißes Licht. Der Stern trägt den Namen Alhena.

η Gem ist ein veränderlicher Stern. Die Helligkeit schwankt zwischen $3{,}2^m$ und $4{,}2^m$. Die Periodendauer beträgt 234 Tage.

M 35 = NGC 2168 Offener Sternhaufen
Scheinbarer Durchmesser: 40′
Helligkeit: $5{,}3^m$

Geminiden Meteorstrom
Dauer: 5. bis 19. Dezember
Maximum: 12. Dezember

Geographische Breite	Himmelskarten, auf denen das Sternbild zu finden ist											
	1	2	3	4	5	6	7	8	9	10	11	12
+ 75°-Karten	●	●	●	●	●	●	●	●	●	●	●	●
+ 45°-Karten	●	●	●	●	●	●				●	●	●
+ 15°-Karten	●	●	●	●	●						●	●
– 15°-Karten	●	●	●	●	●						●	●
– 45°-Karten	●	●	●	●								●
– 75°-Karten												

Verzeichnisse und Zusammenstellungen

Verzeichnis der Sternbildnamen

In diesem Verzeichnis dient die international übliche, lateinische Fachbezeichnung als Ordnungsbegriff, das oft verwendete Abkürzungssymbol ist beigefügt. In allen Fällen folgt die deutsche Bezeichnung, die im Buchtext weitgehend verwendet wurde. Darüberhinaus ist auch die englische, französische und italienische Bezeichnung angegeben, sofern sie neben der Fachbezeichnung gebräuchlich ist. Das Verzeichnis wurde auf der Grundlage von R. H. Allens Buch über Star-Names and Their Meanings zusammengestellt, wo das Thema in umfassender Weise behandelt wurde.

Andromeda And
- Andromeda (dt.)
- Woman Chained (engl.)

Antlia Ant
- Luftpumpe (dt.)
- Air Pump (engl.)
- Machine Pneumatique (fr.)
- Machina Pneumatica (ital.)

Apus Aps
- Paradiesvogel (dt.)
- Bird of Paradise (engl.)
- Oiseau de Paradis (fr.)
- Uccello Paradiso (ital.)

Aquarius Aqr
- Wassermann (dt.)
- Waterman (engl.)
- le Verseau (fr.)
- Aquario (ital.)

Aquila Aql
- Adler (dt.)
- Eagle (engl.)
- Aigle (fr.)

Ara Ara
- Altar (dt.)
- Altar (engl.)
- Autel; Encensoir (fr.)
- Altare (ital.)

Aries Ari
- Widder (dt.)
- Ram (engl.)
- Bélier (fr.)
- Ariete (ital.)

Auriga Aur
- Fuhrmann (dt.)
- Charioteer; Wagoner (engl.)
- Cocher (fr.)
- Cocchiere (ital.)

Bootes Boo
- Bärenhüter (dt.)
- Bouvier (fr.)
- Boöte (ital.)

Caelum Cae
- Grabstichel (dt.)
- Graving-tool (engl.)
- Burin (fr.)
- Bulino (ital.)

Camelopardalis Cam
- Giraffe (dt.)
- Giraffe (engl.)
- Girafe (fr.)
- Giraffa (ital.)

Cancer Cnc
- Krebs (dt.)
- Crab (engl.)
- le Cancre; l'Écrevisse (fr.)
- il Cancro; Granchio (ital.)

Canes Venatici CVn
- Jagdhunde (dt.)
- Hunting Dogs (engl.)
- Chiens du Chasse (fr.)
- Levriere (ital.)

Canis Maior CMa
- Großer Hund (dt.)
- Greater Dog (engl.)
- Grand Chien (fr.)
- Cane Maggiore (ital.)

Canis Minor CMi
- Kleiner Hund (dt.)
- Lesser Dog (engl.)
- Petit Chien (fr.)
- Cane Minore (ital.)

Capricornus Cap
- Steinbock (dt.)
- Stone-buck; Ibex (engl.)
- Capricorne (fr.)
- Capricorno (ital.)

Carina Car
- Kiel des Schiffes (dt.)

Cassiopeia Cas
- Kassiopeia (dt.)
- Cassiope (engl.)

Centaurus Cen
- Zentaur (dt.)
- Centaur (engl.)

Cepheus Cep
- Cepheus (dt.)
- Céphée (fr.)
- Cefeo (ital.)

Cetus Cet
- Walfisch (dt.)
- Whale; Sea Monster (engl.)
- Baleine (fr.)

Chamaeleon Cha
- Chamäleon (dt.)
- Chameleon (engl.)
- Caméléon (fr.)
- Camaleonte (ital.)

Circinus Cir
- Zirkel (dt.)
- Pair of Compasses (engl.)
- Compas (fr.)
- Compasso (ital.)

Columba Col
- Taube (dt.)
- Noah's Dove (engl.)
- Colombe de Noé (fr.)
- Colomba (ital.)

Coma Berenices Com
- Haar der Berenike (dt.)
- Berenice's Hair (engl.)
- Chevelure (fr.)
- Chioma (ital.)

Corona Australis CrA
Südliche Krone (dt.)
Southern Crown (engl.)
Couronne Australe (fr.)
Corona Australe (ital.)

Corona Borealis CrB
Nördliche Krone (dt.)
Northern Crown (engl.)
Couronne Boréale (fr.)
Corona (ital.)

Corvus Crv
Rabe (dt.)
Crow (engl.)
Corbeau (fr.)
Corvo (ital.)

Crater Crt
Becher (dt.)
Cup (engl.)
Coupe (fr.)
Tazza (ital.)

Crux Cru
Kreuz (dt.)
Cross (engl.)
Croix (fr.)
Croce (ital.)

Cygnus Cyg
Schwan (dt.)
Swan (engl.)
Cygne (fr.)
Cigno (ital.)

Delphinus Del
Delphin (dt.)
Dolphin (engl.)
Dauphin (fr.)
Delfino (ital.)

Dorado Dor
Goldfisch (dt.)
Goldfish (engl.)
Dorade (fr.)

Draco Dra
Drache (dt.)
Dragon (engl.)
Dragon (fr.)
Drago (ital.)

Equuleus Equ
Füllen (dt.)
Foal (engl.)
Petit Cheval (fr.)
Cavallino (ital.)

Eridanus Eri
Fluß Eridanus (dt.)
River Eridanus (engl.)
Eridan (fr.)
Eridano (ital.)

Fornax For
Chemischer Ofen (dt.)
Chemical Furnace (engl.)
l'Apparat Chimique (fr.)

Gemini Gem
Zwillinge (dt.)
Twins (engl.)
Gémeaux (fr.)
Gemelli (ital.)

Grus Gru
Kranich (dt.)
Crane (engl.)
la Grue (fr.)
Grue (ital.)

Hercules Her
Herkules (dt.)

Horologium Hor
Pendeluhr (dt.)
Pendulum Clock (engl.)
Horologe (fr.)
Orologio (ital.)

Hydra Hya
Nördliche Wasserschlange (dt.)
Water-snake (engl.)
Hydre (fr.)
Idra (ital.)

Hydrus Hyi
Südliche Wasserschlange (dt.)
l'Hydre Mâle (fr.)

Indus Ind
Inder (dt.)
Indian (engl.)
Indien (fr.)
Indiano (ital.)

Lacerta Lac
Eidechse (dt.)
Lizard (engl.)
Lézard (fr.)
Lucertola (ital.)

Leo Leo
Löwe (dt.)
Lion (engl.)
Lion (fr.)
Leone (ital.)

Leo Minor LMi
Kleiner Löwe (dt.)
Lesser Lion (engl.)
Petit Lion (fr.)
Leoncino (ital.)

Lepus Lep
Hase (dt.)
Hare (engl.)
Lièvre (fr.)
Lepre (ital.)

Libra Lib
Waage (dt.)
Balance; Scales (engl.)
Balance (fr.)
Bilancia (ital.)

Lupus Lup
Wolf (dt.)
Wolf (engl.)
Loup (fr.)
Lupo (ital.)

Lynx Lyn
Luchs (dt.)
Lince (ital.)

Lyra Lyr
Leier (dt.)
Lyre; Harp (engl.)
Lyre (fr.)
Lira (ital.)

Mensa Men
Tafelberg (dt.)
Table Mountain (engl.)
Montagne de la Table (fr.)
Monte Tavola (ital.)

Microscopium Mic
Mikroskop (dt.)

Monoceros Mon
Einhorn (dt.)
Unicorn (engl.)
la Licorne (fr.)
Unicorno; Liocorno (ital.)

Musca Mus
Fliege (dt.)
Souther Fly; Indian Fly (engl.)
Mouche Australe (fr.)
Mosca Australe (ital.)

Norma Nor
Winkelmaß (dt.)
Level and Square (engl.)
l'Équerre et la Régle (fr.)
Riga e Squadra (ital.)

Octans Oct
Oktant (dt.)
Octant (fr.)
Ottante (ital.)

Ophiuchus Oph
Schlangenträger (dt.)
Serpent-holder (engl.)
Serpentaire (fr.)
Ofiuco (ital.)

Orion Ori
Orion (dt.)
Giant; Hunter; Warrior (engl.)

Pavo Pav
- Pfau (dt.)
- Peacock (engl.)
- Paon (fr.)
- Pavone (ital.)

Pegasus Peg
- Pegasus (dt.)
- Pégase (fr.)
- Pegaso (ital.)

Perseus Per
- Perseus (dt.)
- Champion (engl.)
- Persée (fr.)
- Perseo (ital.)

Phoenix Phe
- Phönix (dt.)
- Phénix (fr.)
- Fenice (ital.)

Pictor Pic
- Malerstaffelei (dt.)
- Painter's Easel (engl.)
- Chevalet du Peintre (fr.)
- Pittore (ital.)

Pisces Psc
- Fische (dt.)
- Fishes (engl.)
- Poissons (fr.)
- Pesci (ital.)

Piscis Austrinus PsA
- Südlicher Fisch (dt.)
- Southern Fish (engl.)
- Poisson Australe (fr.)
- Pesce Australe (ital.)

Puppis Pup
- Achterschiff (dt.)

Pyxis Pyx
- Schiffskompaß (dt.)
- Mariner's Compass (engl.)

Reticulum Ret
- Netz (dt.)
- (Rhomboidal) Net (engl.)
- Reticule; Rhombe (fr.)
- Reticolo (ital.)

Sagitta Sge
- Pfeil (dt.)
- Arrow (engl.)
- Flèche (fr.)
- Saetta (ital.)

Sagittarius Sgr
- Schütze (dt.)
- Archer (engl.)
- Sagittaire (fr.)
- Sagittario (ital.)

Scorpius Sco
- Skorpion (dt.)
- Scorpion (engl.)
- Scorpion (fr.)

Sculptor Scl
- Bildhauerwerkstatt (dt.)
- Sculptor's Workshop (engl.)
- l'Atelier du Sculpteur (fr.)
- Scultore (ital.)

Scutum Sct
- Sobieskischer Schild (dt.)
- Sobieski's Shield (engl.)
- Écu de Sobieski; Bouchiere de Sobieski (fr.)
- Scudo di Sobieski (ital.)

Serpens Ser
- Schlange (dt.)
- Serpent (engl.)
- le Serpent (fr.)
- il Serpente (ital.)

Sextans Sex
- Sextant (dt.)

Taurus Tau
- Stier (dt.)
- Bull (engl.)
- Le Taureau (fr.)
- il Toro (ital.)

Telescopium Tel
- Fernrohr (dt.)

Triangulum Tri
- Dreieck (dt.)
- Triangle (engl.)
- Triangle (fr.)
- Triangolo (ital.)

Triangulum Australe TrA
- Südliches Dreieck (dt.)
- Southern Triangle (engl.)

Tucana Tuc
- Tukan (dt.)
- Toucan (engl.)
- Toucan (fr.)
- Toucano (ital.)

Ursa Maior UMa
- Großer Bär (dt.)
- Greater Bear (engl.)
- Grande Ourse (fr.)
- Orsa Maggiore (ital.)

Ursa Minor UMi
- Kleiner Bär (dt.)
- Lesser Bear (engl.)
- Petite Ourse (fr.)
- Orsa Minore (ital.)

Vela Vel
- Segel des Schiffes (dt.)

Virgo Vir
- Jungfrau (dt.)
- Vierge (fr.)
- Vergine (ital.)

Volans Vol
- Fliegender Fisch (dt.)
- Flying Fish (engl.)
- Poisson Volant (fr.)

Vulpecula Vul
- Fuchs (dt.)
- Little Fox (engl.)
- Petit Renard (fr.)
- Volpe (ital.)

Verzeichnis der Sternbilder
(geordnet nach der deutschen Bezeichnung

deutsche Bezeichnung	lateinischer Name	Abkürzung
Achter-Schiff	Puppis	Pup
Adler	Aquila	Aql
Altar	Ara	Ara
Andromeda	Andromeda	And
Bärenhüter	Bootes	Boo
Becher	Crater	Crt
Bildhauerwerkstatt	Sculptor	Scl
Cepheus	Cepheus	Cep
Chamäleon	Chamaeleon	Cha
Chemischer Ofen	Fornax	For
Delphin	Delphinus	Del
Drache	Draco	Dra
Dreieck	Triangulum	Tri
Eidechse	Lacerta	Lac
Einhorn	Monoceros	Mon
Fernrohr	Telescopium	Tel
Fische	Pisces	Psc
Fliege	Musca	Mus
Fliegender Fisch	Volans	Vol
Fluß Eridanus	Eridanus	Eri
Fuchs	Vulpecula	Vul
Fuhrmann	Auriga	Aur
Füllen	Equuleus	Equ
Giraffe	Camelopardalis	Cam
Goldfisch	Dorado	Dor
Grabstichel	Caelum	Cae
Großer Bär	Ursa Maior	UMa
Großer Hund	Canis Maior	CMa
Haar der Berenike	Coma Berenices	Com
Hase	Lepus	Lep
Herkules	Hercules	Her
Inder	Indus	Ind
Jagdhunde	Canes Venatici	CVn
Jungfrau	Virgo	Vir
Kassiopeia	Cassiopeia	Cas
Kiel des Schiffes	Carina	Car
Kleiner Bär	Ursa Minor	UMi
Kleiner Hund	Canis Minor	CMi
Kleiner Löwe	Leo Minor	LMi
Kranich	Grus	Gru
Krebs	Cancer	Cnc
Kreuz	Crux	Cru
Leier	Lyra	Lyr
Löwe	Leo	Leo
Luchs	Lynx	Lyn
Luftpumpe	Antlia	Ant
Malerstaffelei	Pictor	Pic
Mikroskop	Microscopium	Mic
Netz	Reticulum	Ret
Nördl. Krone	Corona Borealis	CrB
Nördl. Wasserschlange	Hydra	Hya
Oktant	Octans	Oct
Orion	Orion	Ori
Paradiesvogel	Apus	Aps
Pegasus	Pegasus	Peg
Pendeluhr	Horologium	Hor
Perseus	Perseus	Per
Pfau	Pavo	Pav
Pfeil	Sagitta	Sge
Phönix	Phoenix	Phe
Rabe	Corvus	Crv
Schiffskompaß	Pyxis	Pyx
Schlange	Serpens	Ser
Schlangenträger	Ophiuchus	Oph
Schütze	Sagittarius	Sgr
Schwan	Cygnus	Cyg
Segel des Schiffes	Vela	Vel
Sextant	Sextans	Sex
Skorpion	Scorpius	Sco
Sobieskischer Schild	Scutum	Sct
Steinbock	Capricornus	Cap
Stier	Taurus	Tau
Südl. Dreieck	Triangulum Australe	TrA
Südl. Fisch	Piscis Austrinus	PsA
Südl. Krone	Corona Australis	CrA
Südl. Wasserschlange	Hydrus	Hyi
Tafelberg	Mensa	Men
Taube	Columba	Col
Tukan	Tucana	Tuc
Waage	Libra	Lib
Walfisch	Cetus	Cet
Wassermann	Aquarius	Aqr
Widder	Aries	Ari
Winkelmaß	Norma	Nor
Wolf	Lupus	Lup
Zentaur	Centaurus	Cen
Zirkel	Circinus	Cir
Zwillinge	Gemini	Gem

Doppelsterne und Mehrfachsysteme

Sternbild	Doppelsterne, Mehrfachsysteme
Andromeda (And)	γ
Bärenhüter (Boo)	ϵ, ξ
Cepheus (Cep)	δ
Delphin (Del)	β, γ
Drache (Dra)	$\nu_1\ \nu_2$
Einhorn (Mon)	β
Fluß Eridanus (Eri)	p, 32
Großer Bär (UMa)	ζ, ξ
Großer Hund (CMa)	α
Herkules (Her)	α, ζ, u
Jagdhunde (CVn)	α
Jungfrau (Vir)	γ
Kassiopeia (Cas)	α, γ, η
Kleiner Bär (UMi)	α
Kleiner Hund (CMi)	α
Krebs (Cnc)	ζ
Kreuz (Cru)	α
Leier (Lyr)	ϵ
Löwe (Leo)	γ
Nördliche Krone (CrB)	ζ
Nördliche Wasserschl. (Hya)	ϵ
Orion (Ori)	β, ζ
Schlange (Ser)	δ, ϑ
Schlangenträger (Oph)	λ, 70
Schwan (Cyg)	β, δ, τ, 61
Skorpion (Sco)	α
Steinbock (Cap)	$\alpha_1 \alpha_2$
Südliche Krone (CrA)	γ
Tukan (Tuc)	$\beta_1 \beta_2$
Walfisch (Cet)	γ
Wassermann (Aqr)	ζ
Widder (Ari)	γ
Zentaur (Cen)	α
Zwillinge (Gem)	α

Veränderliche Sterne

Sternbild	Veränderlicher Stern
Achter-Schiff (Pup)	L2, V
Adler (Aql)	η
Cepheus (Cep)	δ, μ
Fuhrmann (Aur)	ϵ, ζ
Herkules (Her)	g, u
Kassiopeia (Cas)	α, γ, R
Kiel d. Schiffes (Car)	η, I, R
Leier (Lyr)	β, R
Nördl. Wasserschlange (Hya)	R, U
Orion (Ori)	α
Perseus (Per)	β, ρ
Pfau (Pav)	κ
Schlange (Ser)	d
Schütze (Sgr)	W, X
Schwan (Cyg)	χ
Sobiesk. Schild (Sct)	R
Waage (Lib)	δ
Walfisch (Cet)	O
Zwillinge (Gem)	η

Offene Sternhaufen, Kugelsternhaufen, Nebel, Galaxien

NGC-Nummer	Sternbild	Objekt	Bemerkungen
55	Bildhauerwerkstatt	Galaxie	
104	Tukan	Kugelsternhaufen	*
224	Andromeda	Galaxie	M 31 * Andromedanebel
253	Bildhauerwerkstatt	Galaxie	
457	Kassiopeia	offener Sternhaufen	
581	Kassiopeia	offener Sternhaufen	M 103
598	Dreieck	Galaxie	M 33 *
869	Perseus	offener Sternhaufen	h Per *
884	Perseus	offener Sternhaufen	χ Per *
1039	Perseus	offener Sternhaufen	M 34
1805	Kassiopeia	diffuser Nebel	
1851	Taube	Kugelsternhaufen	
1904	Hase	Kugelsternhaufen	M 79
1912	Fuhrmann	offener Sternhaufen	M 38
1952	Stier	Planet. Nebel	M 1 Crab-Nebel
1960	Fuhrmann	offener Sternhaufen	M 36 *
1976	Orion	diffuser Nebel	M 42 * Orionnebel
1977	Orion	diffuser Nebel	Orionnebel
1982	Orion	diffuser Nebel	M 43 *
2068	Orion	diffuser Nebel	M 78
2070	Goldfisch	diffuser Nebel	Tarantel-Nebel *
2099	Fuhrmann	offener Sternhaufen	M 37 *
2168	Zwillinge	offener Sternhaufen	M 35 *
2237	Einhorn	diffuser Nebel	Rosetten-Nebel
2244	Einhorn	offener Sternhaufen	
2281	Fuhrmann	offener Sternhaufen	
2287	Großer Hund	offener Sternhaufen	M 41 *
2301	Einhorn	offener Sternhaufen	
2323	Einhorn	offener Sternhaufen	M 50
2403	Giraffe	Galaxie	
2437	Achterschiff	offener Sternhaufen	M 46
2516	Kiel des Schiffes	offener Sternhaufen	
2548	Nördl. Wasserschlange	offener Sternhaufen	M 48 *
2632	Krebs	offener Sternhaufen	M 44 Praesepe *
2682	Krebs	offener Sternhaufen	M 67
2683	Luchs	Galaxie	
3031	Großer Bär	Galaxie	M 81
3034	Großer Bär	Galaxie	M 82
3114	Kiel des Schiffes	offener Sternhaufen	
3115	Sextant	Galaxie	
3201	Segel des Schiffes	Kugelsternhaufen	
3242	Nördl. Wasserschlange	planetarischer Nebel	
3293	Kiel des Schiffes	offener Sternhaufen	
3587	Großer Bär	planetarischer Nebel	M 97 Owl-Nebel
3627	Löwe	Galaxie	M 66
3766	Zentaur	offener Sternhaufen	
4258	Jagdhunde	Galaxie	M 106
4374	Jungfrau	Galaxie	M 84
4472	Jungfrau	Galaxie	M 49
4486	Jungfrau	Galaxie	M 87
4569	Jungfrau	Galaxie	M 90

NGC-Nummer	Sternbild	Objekt	Bemerkungen
4590	Nördl. Wasserschlange	Kugelsternhaufen	M 68
4594	Jungfrau	Galaxie	M 104
4649	Jungfrau	Galaxie	M 60
4736	Jagdhunde	Galaxie	M 94
4755	Kreuz	offener Sternhaufen	Schmuckkästchen*
4826	Haar der Berenike	Galaxie	M 64
4945	Zentaur	Galaxie	
5024	Haar der Berenike	Kugelsternhaufen	M 53
5055	Jagdhunde	Galaxie	M 63
5128	Zentaur	Galaxie	
5139	Zentaur	Kugelsternhaufen	ω Cen *
5194/95	Jagdhunde	Galaxie	M 51
5236	Nördl. Wasserschlange	Galaxie	M 83
5272	Jagdhunde	Kugelsternhaufen	M 3 *
5457	Großer Bär	Galaxie	M 101
5497	Waage	Kugelsternhaufen	
5904	Schlange	Kugelsternhaufen	M 5 *
6067	Winkelmaß	offener Sternhaufen	
6093	Skorpion	Kugelsternhaufen	M 80
6121	Skorpion	Kugelsternhaufen	M 4 *
6192	Skorpion	offener Sternhaufen	
6205	Herkules	Kugelsternhaufen	M 13 *
6218	Schlangenträger	Kugelsternhaufen	M 12
6231	Skorpion	offener Sternhaufen	
6242	Skorpion	offener Sternhaufen	
6254	Schlangenträger	Kugelsternhaufen	M 10 *
6266	Schlangenträger	Kugelsternhaufen	M 62
6273	Schlangenträger	Kugelsternhaufen	M 19
6281	Skorpion	offener Sternhaufen	
6333	Schlangenträger	Kugelsternhaufen	M 9
6341	Herkules	Kugelsternhaufen	M 92 *
6362	Altar	Kugelsternhaufen	
6397	Altar	Kugelsternhaufen	*
6402	Schlangenträger	Kugelsternhaufen	M 14
6405	Skorpion	offener Sternhaufen	M 6 *
6475	Skorpion	offener Sternhaufen	M 7
6497	Schütze	offener Sternhaufen	M 23 *
6514	Schütze	diffuser Nebel	M 20 (*) Trifid-Nebel
6520	Skorpion	offener Sternhaufen	
6523	Schütze	diffuser Nebel	M 8 (*) Lagoon-Nebel
6541	Südl. Krone	Kugelsternhaufen	
6543	Drache	planetarischer Nebel	
6611	Schlange	offener Sternhaufen und Gasnebel	M 16
6613	Schütze	offener Sternhaufen	M 18
6618	Schütze	diffuser Nebel	M 17 Omega-Nebel
6626	Schütze	Kugelsternhaufen	M 28
6633	Schlangenträger	offener Sternhaufen	*
6656	Schütze	Kugelsternhaufen	M 22 *
6705	Sobieskischer Schild	offener Sternhaufen	M 11 *
6720	Leier	planetarischer Nebel	M 57 Ringnebel der Leier
6723	Schütze	Kugelsternhaufen	
6752	Pfau	Kugelsternhaufen	*

NGC-Nummer	Sternbild	Objekt	Bemerkungen
6809	Schütze	Kugelsternhaufen	M 55 *
6853	Fuchs	planetarischer Nebel	M 27 Hantel-Nebel Dumbbell-Nebel
6960	Schwan	diffuser Nebel	Cirrus-Nebel
6992	Schwan	diffuser Nebel	Cirrus-Nebel
7000	Schwan	diffuser Nebel	Nordamerika-Nebel
7009	Wassermann	planetarischer Nebel	Saturn-Nebel
7078	Pegasus	Kugelsternhaufen	M 15 *
7089	Wassermann	Kugelsternhaufen	M 2 *
7092	Schwan	offener Sternhaufen	M 39 *
7099	Steinbock	Kugelsternhaufen	M 30
7293	Wassermann	planetarischer Nebel	Helix (*)
7654	Kassiopeia	offener Sternhaufen	M 52
7692	Andromeda	planetarischer Nebel	
7793	Bildhauerwerkstatt	Galaxie	
NGC I.2391	Segel des Schiffes	offener Sternhaufen	
NGC I. 2944	Zentaur	diffuser Nebel	
NGC I.5067	Schwan	diffuser Nebel	Pelikan-Nebel
NGC Mel. 111	Haar der Berenike	offener Sternhaufen	
	Stier	offener Sternhaufen	Hyaden *
	Goldfisch (Tafelberg)	Galaxie	Gr. Magellansche Wolke *
	Tukan	Galaxie	Kl. Magellansche Wolke *
	Stier	offener Sternhaufen	M 45 Plejaden *

* Objekte für Feldstecherbeobachtung

Meteorströme

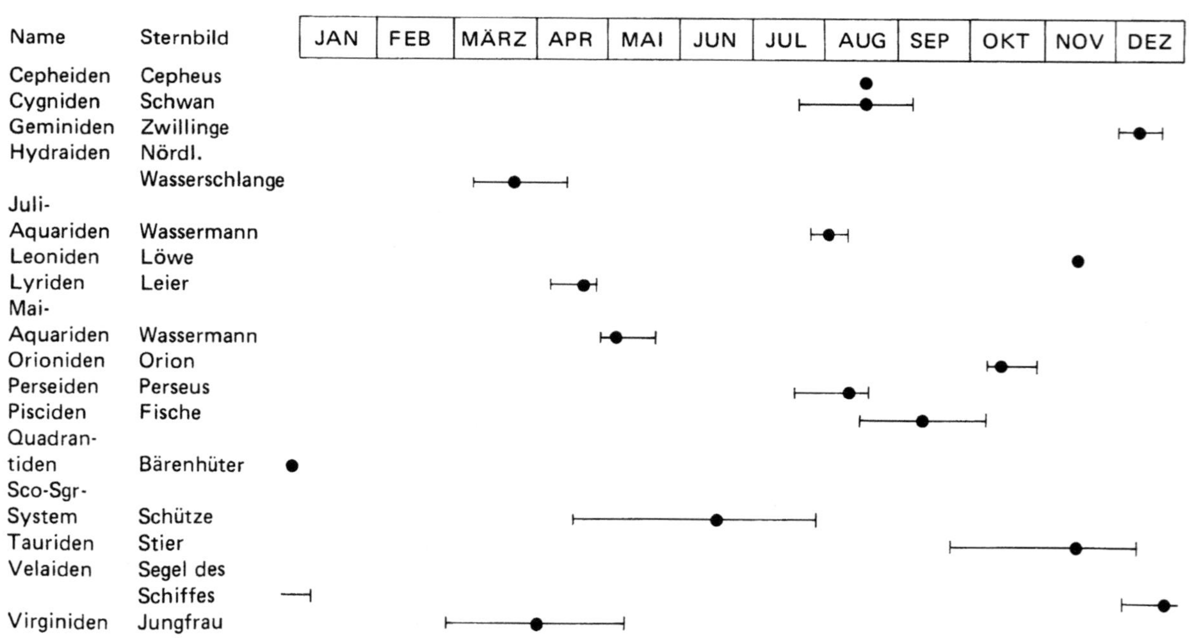

Die Linien geben die Dauer des Auftretens an; der Punkt markiert das Maximum.

Für das Berechnen der Sternpositionen und für das Zeichnen der Himmelskarten habe ich die Zahlenwerte der Rektaszension, der Deklination und der scheinbaren Sternhelligkeit, sowie die Namen, die Bezeichnungen und die Katalognummern der stellaren Objekte aus dem Katalogwerk von BECVAR [3] entnommen. Die Zeichnungen wurden in ihren Grundzügen von einem Computer ausgeführt.

Bei der Kontrolle der Himmelskarten waren mir insbesondere die Karten von SCHAIFERS [8] und BECVAR [3] und [4] aber auch der photographische Sternatlas von VEHRENBERG [13] sehr wertvoll.

Die Sternbildkonturen habe ich auf der Grundlage der Werke von THOMAS [12], SCHÜRER und SUTER [10] und BRONSART [6] gezeichnet. Thomas, der Nestor und große Förderer der Astrognosie geht in seiner Darstellung wiederum auf den Almagest von PTOLOMÄUS zurück. In manchen Fällen schienen mir geringfügige Änderungen zweckmäßig zu sein, damit die Sternbildkonturen einprägsamer werden.

Eine Auswahl instruktiver und bedeutender Objekte wird stets viel Subjektives enthalten; sicher wird man geneigt sein dasjenige aufzunehmen, was man selbst gerne immer wieder beobachtet. Bei der Auswahl habe ich mich aber auch an der Meinung des großen Kenners der Sternbilderkunde, THOMAS [12], orientiert. Aber auch die Zusammenstellungen besonderer Objekte, die SCHÜRER und SUTER [10] unter dem Patronat der Schweizerischen Astronomischen Gesellschaft herausgegeben haben, sowie die Tabellen von AHNERT [1] und SCHAIFERS-TRAVING [9] waren für mich eine wertvolle Quelle. Daten, Zahlenwerte und nähere Angaben wurden gleichfalls zu einem großen Teil aus diesen Literaturstellen entnommen. In manchen Fällen wurde auch die Farbe genannt, in der ein Stern dem Beobachter erscheint. Ich habe mich zu einer solchen vereinfachten Angabe entschlossen, weil ich den Text nicht durch Ausführungen über Spektralklassen belasten wollte. Die im Textteil genannten Farbtöne stammen von ALLEN [2] und W. H. SMYTH.

Wichtige Quellen zur Mythologie und Geschichte sind die Werke von THOMAS [12], BODE [5] und BRONSART [6]. Im letztgenannten Buch sind auch eine Reihe wertvoller Literaturzitate zu finden. Eine fast unerschöpfliche Fundgrube zur Mythologie und Geschichte der Sternbilder ist das Buch von ALLEN [2]. Tausende Namen, Zitate und Herkunftsangaben findet man hier zusammengestellt. Wenn man ein Buch sucht, wo die vielen weit verzweigten lebensvollen, heiteren, manchmal auch grausamen Geschichten erzählt werden, die sich in der griechischen Sagenwelt um die Sternbilder ranken, sollte man unbedingt das Buch von SCHADEWALDT [7] zur Hand nehmen. Dieser bekannte Fachmann für klassische Philologie versteht es, unbeschwert zu erzählen und bringt im Anhang auch einen ausführlichen Nachweis der antiken Schriftquellen. Wenn SCHWAB und EIGL [11] in ihrem Standardwerk der Meinung sind, daß „Mythos und Sage zu den heiligsten Gütern zählen, die die Menschen haben und daß wir uns die uralten und ewig jungen Stoffe immer wieder zu eigen machen sollen", so möchte ich dazu auch die Sternbilder zählen.

Schrifttum und Quellen

Eine ausführliche und sehr gut gegliederte Zusammenstellung astronomischer Literatur (fast 600 Titel) findet der Leser im Meyers Handbuch über das Weltall (Bibliographisches Institut, Mannheim 1973).

Bei meiner Arbeit zur Abfassung des Manuskriptes haben mir insbesondere folgende Bücher und Kartenwerke wertvolle Dienste erwiesen:

[1] AHNERT P.: Kalender für Sternfreunde. Johann Ambrosius Barth Verlag, Leipzig

[2] ALLEN R. H.: Star Names and Their Meanings. Neudruck: Dover Publications, N.Y., USA 1963

[3] BECVAR A.: Atlas of the Heavens.
Teil 1: Atlas Coeli 1950.0
Teil 2: Catalogue 1950.0
Sky Publishing Corporation, Cambridge, USA, 1964

[4] BECVAR A.: Atlanten
Teil 1: Atlas Borealis
Teil 2: Atlas Eclipticalis
Teil 3: Atlas Austalis.
Sky Publishing Corporation, Cambridge USA

[5] BODE J. E.: Vorstellung der Gestirne auf 34 Kupfertafeln nach der Pariser Ausgabe des Flamsteadschen Himmelsatlas. Berlin 1782. Neuauflage: Treugesell-Verlag, Düsseldorf, 1978

[6] BRONSART H. v.: Kleine Lebensbeschreibung der Sternbilder. Franckh'sche Verlagshandlung Stuttgart, 1963

[7] SCHADEWALDT W.: Griechische Sternsagen. Deutscher Taschenbuchverlag, dtv Nr. 660, München 1970

[8] SCHAIFERS K.: Atlas zur Himmelskunde. Bibliographisches Institut Mannheim, 1969.

[9] SCHAIFERS K., TRAVING G.: Meyers Handbuch über das Weltall. Bibliographisches Institut Mannheim 1973

[10] SCHÜRER M., SUTER H.: Erläuterungen zum Gebrauch der „Sirius"-Sternkarte. Verlag der Astronomischen Gesellschaft Bern.

[11] SCHWAB G., EIGL K.: Die schönsten Sagen des klassischen Altertums. Kremayr und Scheriau, Wien 1955

[12] THOMAS O.: Atlas der Sternbilder mit figuralen Darstellungen von Richard Teschner. Bergland-Buch, Salzburg 1945

[13] VEHRENBERG H.: Falkauer Atlas. Photographischer Sternatlas 1950.0. Treugesell-Verlag, Düsseldorf 1972.

Gesamtregister

Register der Sternbildnamen

Die nachfolgenden Suchbegriffe verweisen auf die deutschen Bezeichnungen, die bei den Karten der Sternbilder als Ordnungsbegriffe dienen. Die englischen, französischen und italienischen Sternbildnamen sind auf Seite 185 zusammengestellt.

Register der Sternennamen und der besonderen Objekte

Es wird bei den folgenden Suchbegriffen auf die deutsche Bezeichnung verwiesen, die bei den Karten der Sternbilder als Ordnungsbegriff dient.

Keilschriftliche Sternennamen findet man im Werk von B. L. van der Waerden: Die Anfänge der Astronomie (Erwachende Wissenschaft Bd. 2) Birkhäuser Verlag Basel und Stuttgart 1968.

GPSR Compliance

The European Union's (EU) General Product Safety Regulation (GPSR) is a set of rules that requires consumer products to be safe and our obligations to ensure this.

If you have any concerns about our products, you can contact us on ProductSafety@springernature.com

In case Publisher is established outside the EU, the EU authorized representative is:

Springer Nature Customer Service Center GmbH
Europaplatz 3
69115 Heidelberg, Germany

Batch number: 08567453

Printed by Printforce, the Netherlands